物理講義のききどころ　5

振動・波動のききどころ

物理講義のききどころ 5

振動・波動のききどころ

和田純夫──著

岩波書店

はじめに

他の巻でも書いたことだが，このシリーズは2つの目標の実現を目指して書き始めた．第一は，受験参考書に負けない「学習者に親切」な教科書を書こうということ，そして第二は，大学の物理らしい「物理学の本質」が理解できる解説をしようということである．

第一の目標をどのように目指したかは，この本を手に取っていただければすぐにわかっていただけるだろう．新しい知識の体系を理解するには，階段を一歩ずつ登っていかなければならない．そのためには，どこに階段があるのか，土台は何なのかを見きわめる必要がある．そこでまず，階段の一段一段を示すために，すべての内容を見開き2ページの項目に分割した．次に，その一段を登るためにはどこに力を入れなければならないのかを示すため，項目ごとに［ぽいんと］と［キーワード］を付けた．また，階段がどのようにつながっているのかを示すため，章ごとに［ききどころ］を示し，項目間の関係を表わす［チャート］を目次の前に付けた．もちろん説明の仕方も，できるだけ丁寧にしたつもりである．

読者の皆さんに物理をわかっていただき，試験でいい成績を取っていただきたいというのが筆者の願いであるが，単に問題解法のテクニックばかりでなく，物理学というものがどのように構成されているのか，その全体像も理解した気になっていただきたいとも願っている．これがこの本の第二の目標である．そのために，物理の本質にかかわることは多少面倒なことでも，正面から解説を試みた．学問をする以上はその本質を理解したいと思うのは当然のことである．そればかりでなく，一度本質を理解すれば，具体的な問題の解法もはるかに容易になるという，現実的な利点も忘れてはならない．

この巻で扱う「振動・波動」という分野はまず第一に，力学や電磁気学という，物理学の基本原理を応用する分野である．まず第I部(質点系の振動)と第II部(連続体の振動・波動)では，力学を，多数の質点からなる系，あるいは連続的につながった無限の自由度をもつ系に適用する方法が議論される．また第III部(電磁波と光学)では，電磁場の理論によりその存在が明らかになった，電磁波というものの性質が議論される．

以上が，通常の「振動・波動」の教科書で扱われている内容だが，この本ではもう一歩欲張ってみることにした．「振動・波動」とは単に，基礎原理を応用するばかりの分野ではない．物理学におけるより進んだ原理である，「場の理論」という概念が発展した分野でもある．現代物理学では，電磁波も光子という粒子の集合として理解される．そして，光子は電子などの他の粒子と同一の基本的枠組みで扱われる．このことを理解するには，電磁場の理論を力学的な場の理論として理解すること，そして，電子などに対する量子力学も，場の理論として再構成することが必要となる．それらを第 IV 部(場の古典論と場の量子論)で説明する．

この巻では，場の理論，特に場の量子論を使えるようになるまで進むことはできないが，現代物理学のこの基本概念がどのようなものであるのか，その考え方を理解していただくことを目指した．今後，より深く学習していく人のみならず，概念だけでも学びたいという人にも，多少なりとも役立つことができれば幸せである．

1995 年 7 月 3 日

和田純夫

この本の使い方

この本で特に注目していただきたいのは，各章の［ききどころ］，各節の［ぽいんと］と［キーワード］である．まずそこを読んで，そこでは何を学ばなければならないのかを理解し，そして目的意識をもって本文を読んでいただきたい．［ぽいんと］や［キーワード］に書いてあることが具体的にはどういうことなのか，それが理解できれば，式の細かいことでわからないことがあっても，あまり悩まずに先に進むことを勧める(もちろん，後で再度考えてみることは重要だが)．

また次のページに，各章の節見出しを使って，各項目間の関係を示した(チャート図)．ただし，表現は多少簡略してある．授業の進め方が教師により異なるから，授業の復習のときにどこを読んだらいいか，この図から考えていただきたい．また特定のことだけを早く知りたいと思うときにも，どれだけのことを学んでおかなければならないかがわかる．チャート図で二重線は，主要な流れを意味する．また，矢印で結ばれていない節を参照することもままあるが，その部分は無視しても全体の理解にはさしつかえないはずである．

章末問題の難易度には，かなりばらつきがある．詳しい説明を付けたので，解けなくても例題だと思って解答を読んでいただければ，本文の理解はさらに深まるだろう．本文には書けなかった詳しい計算を問題にしたものも多い．

第6章と第8章は，マクスウェル方程式とは何であるかという程度の知識は必要である．第10章では，シュレディンガー方程式，およびその単振動(調和振動子)の解についての基礎知識がいる．また第9章，第10章は，ラグランジアン，ハミルトニアンについての多少の知識があると読みやすいだろう(基本的なことは本文で説明はするが)．

●記法について

節はたとえば，1.2節などと表わす．これは第1章の2番目の節という意味である．

各節の式には，(1)，(2)という数字が付いている．同じ節の式はこの形で引用したが，他の節の式はたとえば(1.2.3)というように引用した．1.2節の(3)式という意味である．

章末問題は，たとえば1.2などと表わす．これは第1章の2問目という意味である．

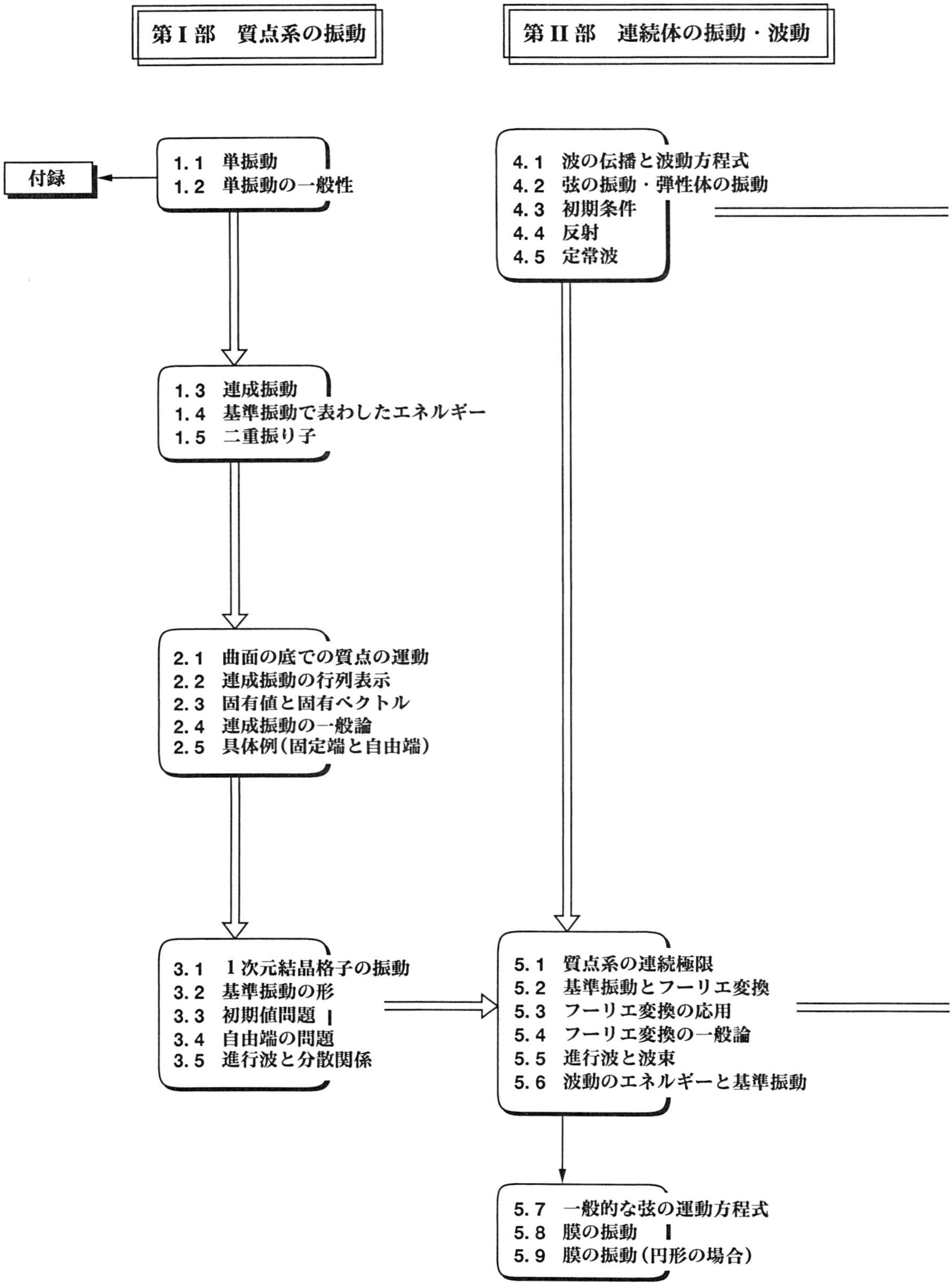
第 I 部　質点系の振動
第 II 部　連続体の振動・波動
付録
1. 1　単振動
1. 2　単振動の一般性
1. 3　連成振動
1. 4　基準振動で表わしたエネルギー
1. 5　二重振り子
2. 1　曲面の底での質点の運動
2. 2　連成振動の行列表示
2. 3　固有値と固有ベクトル
2. 4　連成振動の一般論
2. 5　具体例（固定端と自由端）
3. 1　1 次元結晶格子の振動
3. 2　基準振動の形
3. 3　初期値問題
3. 4　自由端の問題
3. 5　進行波と分散関係
4. 1　波の伝播と波動方程式
4. 2　弦の振動・弾性体の振動
4. 3　初期条件
4. 4　反射
4. 5　定常波
5. 1　質点系の連続極限
5. 2　基準振動とフーリエ変換
5. 3　フーリエ変換の応用
5. 4　フーリエ変換の一般論
5. 5　進行波と波束
5. 6　波動のエネルギーと基準振動
5. 7　一般的な弦の運動方程式
5. 8　膜の振動
5. 9　膜の振動（円形の場合）

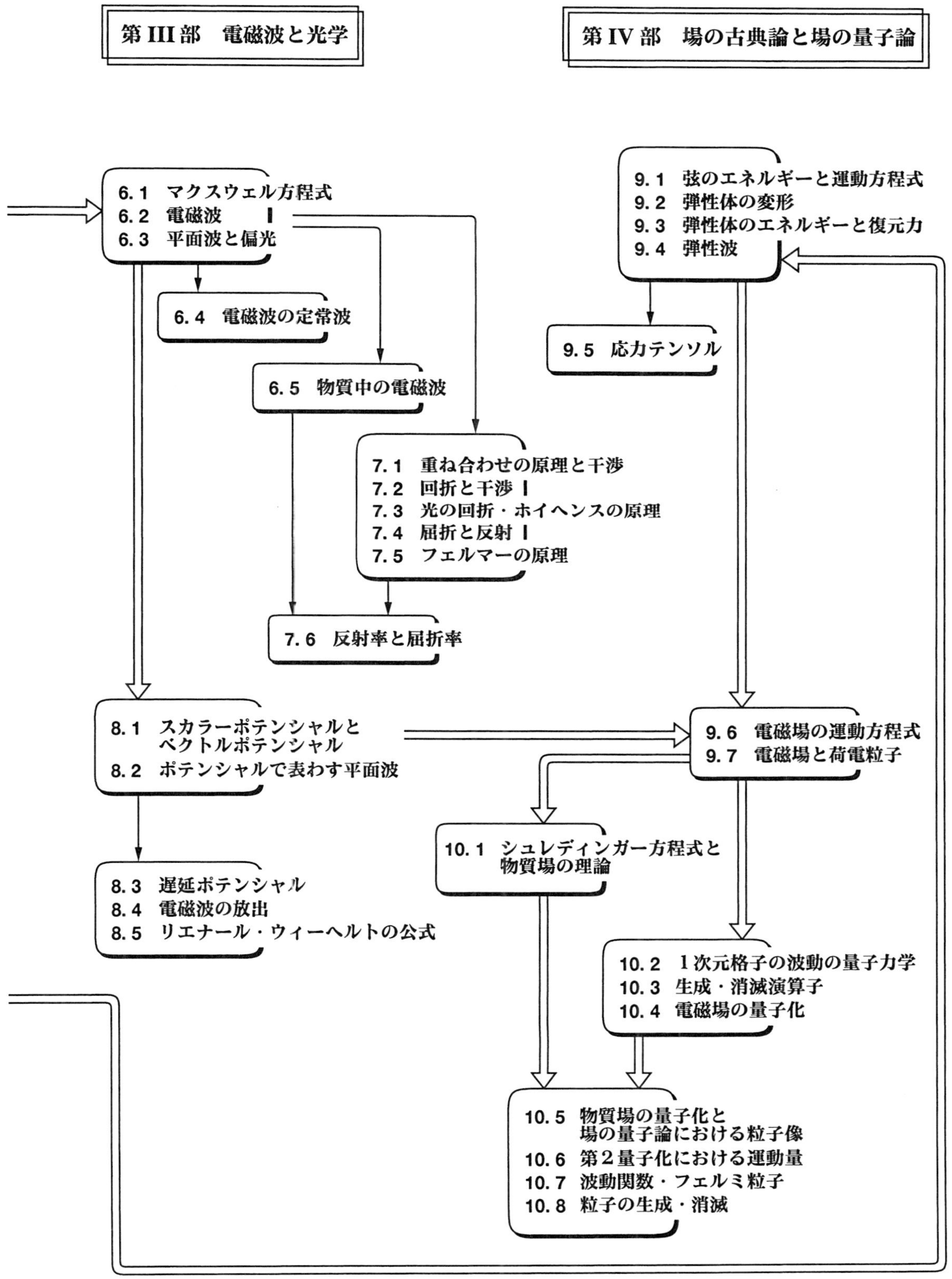

第III部　電磁波と光学
第IV部　場の古典論と場の量子論
6.1　マクスウェル方程式
6.2　電磁波
6.3　平面波と偏光
6.4　電磁波の定常波
6.5　物質中の電磁波
7.1　重ね合わせの原理と干渉
7.2　回折と干渉
7.3　光の回折・ホイヘンスの原理
7.4　屈折と反射
7.5　フェルマーの原理
7.6　反射率と屈折率
8.1　スカラーポテンシャルとベクトルポテンシャル
8.2　ポテンシャルで表わす平面波
8.3　遅延ポテンシャル
8.4　電磁波の放出
8.5　リエナール・ウィーヘルトの公式
9.1　弦のエネルギーと運動方程式
9.2　弾性体の変形
9.3　弾性体のエネルギーと復元力
9.4　弾性波
9.5　応力テンソル
9.6　電磁場の運動方程式
9.7　電磁場と荷電粒子
10.1　シュレディンガー方程式と物質場の理論
10.2　1次元格子の波動の量子力学
10.3　生成・消滅演算子
10.4　電磁場の量子化
10.5　物質場の量子化と場の量子論における粒子像
10.6　第2量子化における運動量
10.7　波動関数・フェルミ粒子
10.8　粒子の生成・消滅

目　次

1

単振動と連成振動

ききどころ

バネがその自然長から伸縮したときの，その先端の質点の運動，あるいは振り子が少し傾いたときの先端の質点の運動など，質点がその安定点から少しずれたときの運動が，単振動である．そしてそれを，質点系，つまり複数個の質点の場合に拡張したものを，連成振動と呼ぶ．たとえば，バネでつながっている複数の質点の運動，何重にも垂れ下がっている振り子の振れなど，質点系がその安定した配置から少しずれたときに起こる運動が連成振動になる．連成振動の運動方程式は，複数の変数(質点の座標)をもつ連立方程式だが，変数を選び直すことにより，1変数の単振動の方程式に書き替えられる．このときの変数を基準座標と呼び，それが表わす運動を基準振動と呼ぶ．まず，この章では簡単な例で，基準振動というものの考え方を説明する．

またこの本では，1.3節以降はすべて自由度が複数の問題を扱う．自由度が1つのまま単振動を複雑化した問題は，付録を参照のこと．

1.1 単振動

ぽいんと

バネの振動を例にとって，振動の基本事項を復習する．特に，単振動の運動方程式，その一般解やエネルギーを理解する．

キーワード：単振動，周期，振幅，振動数（周波数），角振動数（角速度），位相，初期位相，ポテンシャル，運動エネルギー

■バネの運動

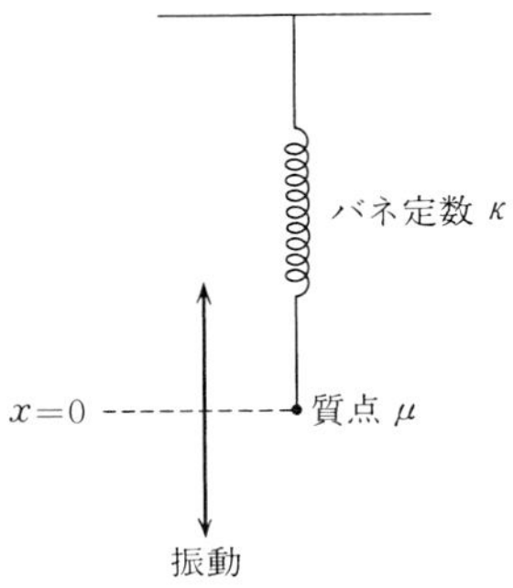

図 1

バネの先端に質量 μ の質点が付いているとする．バネが自然に垂れ下がった位置からのずれを x とすると，質点には x に比例した力が働く（図 1）．その比例係数（バネ定数）を κ とすれば，質点の運動方程式は

$$\mu\frac{d^2x}{dt^2} = -\kappa x \tag{1}$$

となる．$\omega^2 \equiv \kappa/\mu$ とすれば，(1)は

$$\frac{d^2x}{dt^2} = -\omega^2 x$$

と書ける．その最も一般的な解は三角関数を使って

$$x = A\cos(\omega t+\theta_0) \tag{2}$$

あるいは

▶$\sin(\theta+\pi/2) = \cos\theta$

$$x = A\sin(\omega t+\theta_0') \qquad \left(\theta_0'=\theta_0+\frac{\pi}{2}\right) \tag{2'}$$

と表わせる．ただし A と θ_0 は任意の定数であり，初期条件（ある時刻での，位置 x およびその微分（速度）の大きさ）を与えれば決まる．

■単 振 動

この運動の時刻と位置の関係を図で表わすと，図 2 のようになる．

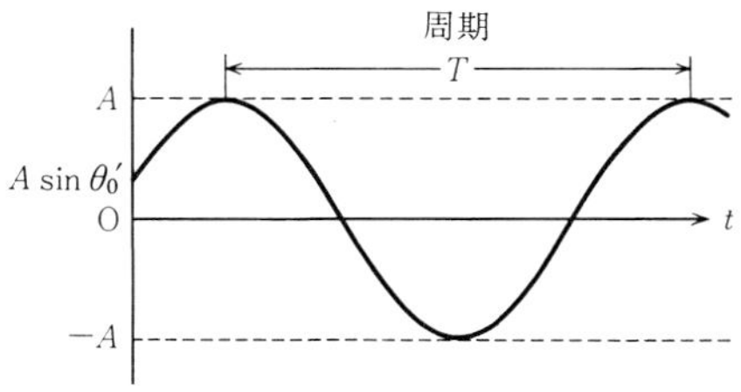

図 2

▶周期＝period，振動数（周波数）＝frequency，角速度＝angular velocity，角振動数＝angular frequency，初期位相＝initial phase

(2)の形で表わせる運動を，**単振動**と呼ぶ．ωt が 2π 増えるたびに質点は 1 回振動する．つまり，一定の周期 $T=2\pi/\omega$ での振動である．単振動に関する重要な用語をまとめておこう．

周期（T）：1 回の振動にかかる時間．$T=2\pi/\omega$．

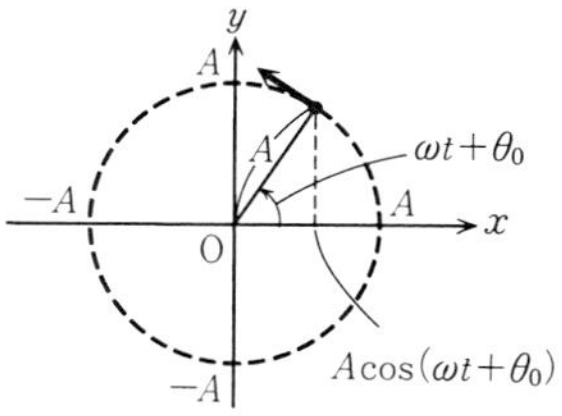

図 3

振幅(A)：質点は $x=A$ と $x=-A$ の間を振動するので，A をこの振動の振幅と呼ぶ．

振動数あるいは**周波数**(ν あるいは f)：振動の回数は，単位時間当たり $1/T=\omega/2\pi$ である．この量を ν あるいは f と書き，振動数あるいは周波数と呼ぶ．

角速度あるいは**角振動数**(ω)：(2)は，半径 A の円周上を等速で回転する点の，x 座標の変化とも考えられる(図 3 参照)．$\omega t+\theta_0$ が x 軸から測った角度である．単位時間経過するごとに角度は ω ラジアン増加するので，ω を角速度と呼ぶ．角振動数とも呼ばれる．

位相：角度 $\theta=\omega t+\theta_0$ のことを，この振動の位相という．θ_0 は時刻 0 での位相なので，**初期位相**と呼ばれる．

▶図 3 の xy 平面を複素平面($z=x+iy$)だと考えると，回転する質点の位置は $z=A(\cos\theta+i\sin\theta)=Ae^{i\theta}$ と表わせる．一般に複素数を $z=Ae^{i\theta}$ という形に書いたとき，θ のことを**位相**と呼ぶ．

■エネルギー

力 F がある関数 U により

$$F=-\frac{dU}{dx}$$

と表わされるとき，U を力 F に対する**ポテンシャル**(あるいはポテンシャルエネルギー)と呼ぶ．(1)の場合は

$$U=\frac{\kappa}{2}x^2$$

である．また $T=(\mu/2)(dx/dt)^2$ という量を**運動エネルギー**と呼び，U と T の和を全エネルギー(E と書く)と呼ぶ．

$$E=T+U=\frac{\mu}{2}\left(\frac{dx}{dt}\right)^2+\frac{\kappa}{2}x^2$$

全エネルギーは保存する．つまり時間が経過してもその値は変わらず，

$$\begin{aligned}\frac{dE}{dt}&=\mu\left(\frac{dx}{dt}\right)\cdot\frac{d}{dt}\left(\frac{dx}{dt}\right)+\kappa x\frac{dx}{dt}\\&=\frac{dx}{dt}\left(\mu\frac{d^2x}{dt^2}+\kappa x\right)=0\end{aligned}$$

となる．最後に運動方程式(1)を使った．エネルギーの保存は，解(2)を使っても確かめられる．実際

$$T=\frac{\mu}{2}A^2\omega^2\sin^2(\omega t+\theta_0),\qquad U=\frac{\kappa}{2}A^2\cos^2(\omega t+\theta_0)\tag{3}$$

であるから，$\omega^2=\kappa/\mu$ であることを使えば $T+U=\kappa A^2/2$(一定)であることがわかる．

1.2 単振動の一般性

ぽいんと

単振動という運動は，バネに限らない，一般性のある運動である．ポテンシャルに極小値があるとき，その周辺での微小振動として必ず実現する．

キーワード：微小振動，安定点

■谷底での振動

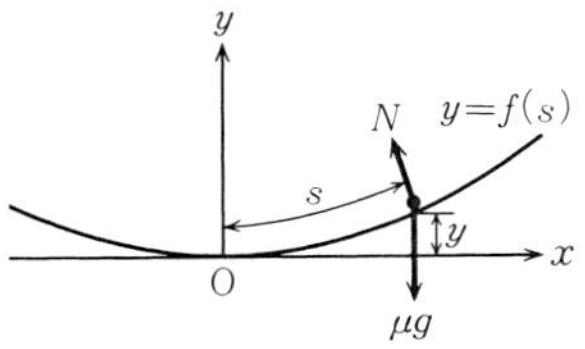

図1 斜面を滑る質点

図1のような斜面があったとする．谷底から斜面に沿って測った距離を s とする．また，水平方向を x，垂直方向を y とし，谷底を原点($x=y=0$)とする．そして坂の高さ y は s の関数であるが，それを

$$y = f(s)$$

と書こう．

この谷底で，摩擦を受けずに質量 μ の質点が動けるとしたときの運動を考えてみよう．質点にかかる力は，重力($=\mu g$)と，斜面からの抗力($=N$)だが，運動は斜面方向(s 方向)なのだから，それに垂直な抗力は考えなくてよい．

▶抗力は，重力の斜面に垂直な成分を打ち消す働きをする．重力の，斜面に平行な成分が，運動を決める力である．

運動方程式は，ポテンシャルから考えれば容易に求まる．実際，重力によるポテンシャルは $U=\mu gy$ だから，運動方程式は

$$\mu\frac{d^2s}{dt^2} = -\frac{dU}{ds} = -\mu g\frac{dy}{ds} \tag{1}$$

▶重力の斜面に平行な成分は，斜面の角度を θ とすると $-\mu g\times\sin\theta$ であるが，$\sin\theta=\dfrac{dy}{ds}$ であることは図2を見れば明らかだろう．

この式の解は，具体的に斜面の形を決めなければ求まらない．しかし質点が谷底のごく近傍のみで動いているとした場合には一般的な議論ができる(図2)．$y=f(s)$ を原点付近で多項式

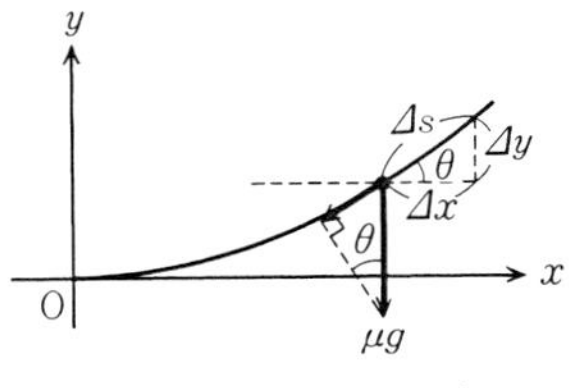

図2 重力の斜面方向の成分と斜面の角度 θ

$$y = f(s) = A + Bs + \frac{1}{2}Cs^2 + O(s^3) \tag{2}$$

というように近似する(テーラー展開)と，

$$A = f(s=0), \quad B = \frac{df}{ds}(s=0), \quad C = \frac{d^2f}{ds^2}(s=0)$$

であるが，図1のような場合(谷底が原点)は特に

$$A = B = 0$$

なので

$$\frac{dy}{ds} \simeq Cs + O(s^2)$$

となる．この近似式の誤差 $O(s^2)$ は s^2 に比例するので，s が小さい，つまり質点の振動の幅が小さい(**微小振動**)ときは無視できることに注意しよう．この近似を使うと運動方程式は

▶微小振動の近似では，$s\fallingdotseq x$ としてもよい．

$$\mu\frac{d^2s}{dt^2} \simeq -Ks \qquad (K\equiv \mu gC \text{ は定数}) \tag{3}$$

と，単振動の式になることがわかる．

■安定点と単振動

上の議論をさらに一般化する．質点μが，ある方向(x方向とする)に1次元的な運動をするとしよう．そして，質点に働くポテンシャルUが，$x=x_0$という位置で極小になるとする(図3)．

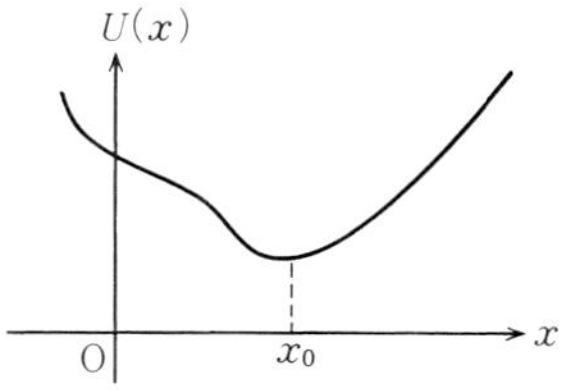

図3　一般のポテンシャルの安定点

▶$x=x_0$が安定点であるためには，(4)の他に$K>0$でなければならない．

$$\frac{dU}{dx}(x=x_0) = 0 \tag{4}$$

であるから，$x=x_0$では力は働かず，ここに静止した質点は永久に動きださない．つまり，$x=x_0$は**安定点**である．

次に，$x=x_0$付近で，Uを多項式で近似する．

$$U(x) = U(x=x_0)+\frac{1}{2}K(x-x_0)^2+\cdots \qquad \left(K\equiv\frac{d^2U}{dx^2}(x=x_0)\right)$$

(4)であるから$x-x_0$の1次の項はない．したがって，$x-x_0$が小さい(微小振動)として上の近似式を使うと，運動方程式は$\mu d^2x/dt^2=-dU/dx$より，

$$\mu\frac{d^2x}{dt^2} \simeq -K(x-x_0)$$

となる．これは$s\equiv x-x_0$とすれば

$$\mu\frac{d^2s}{dt^2} \simeq -Ks$$

であるから，やはり単振動の方程式になる．つまり，安定点の付近の微小振動は，常に単振動で近似できるということになる．

［例］　2つのバネをつなぐ

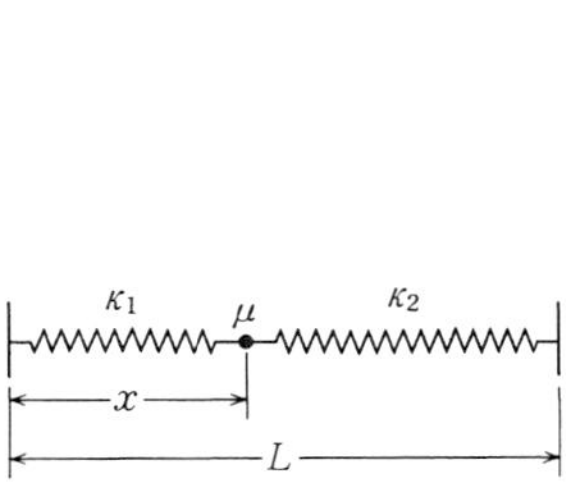

図4　バネにはさまれた質点

▶同じバネ($\kappa_1=\kappa_2$, $l_1=l_2$)の場合は，当然$x_0=L/2$となる．

図4のように，バネ定数がκ_1, κ_2，自然長がl_1, l_2の2つのバネではさまれている質点の運動を考えよう．ポテンシャルは

$$U = \frac{1}{2}\kappa_1(x-l_1)^2+\frac{1}{2}\kappa_2(L-x-l_2)^2$$

となる．まず，安定点を探すと

$$\frac{dU}{dx} = \kappa_1(x-l_1)-\kappa_2(L-x-l_2)=0 \quad\Rightarrow\quad x_0 = \frac{\kappa_1 l_1+\kappa_2(L-l_2)}{\kappa_1+\kappa_2}$$

となる．また安定点での2次微分は

$$\frac{d^2U}{dx^2}(x=x_0) = \kappa_1+\kappa_2$$

であるから，質点は$\omega^2=(\kappa_1+\kappa_2)/\mu$の単振動をすることがわかる．

1.3 連成振動

ぽいんと

バネでつながっている2つの質点の運動を考える．各質点の運動は単純な単振動ではないが，2つの単振動(基準振動と呼ぶ)の組合せで表わせる．このような運動を連成振動と呼ぶ．

キーワード：連成振動，変数分離，基準振動，基準振動数，基準座標

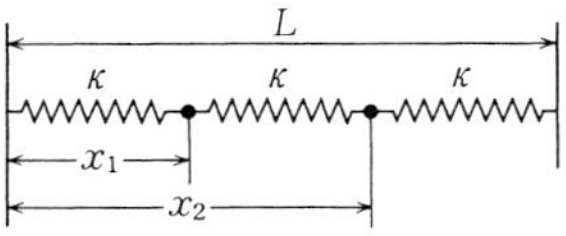

図1 バネでつながった2質点

▶$L=3l$ であってもなくてもよい．

▶$\dfrac{\partial U}{\partial x_1}$ とは，x_2 を定数とみなしたときの x_1 による微分である．$\dfrac{\partial U}{\partial x_2}$ はその逆．

[例] バネでつながった質点の振動

例題 図1のように，2つの質点が3つのバネでつながっている．話を簡単にするために，両質点の質量は等しく，また3つのバネのバネ定数(κ)および自然長(l)も，すべて等しいとする．そのときの質点の運動を求めよ．(この問題のように，質点が複数個組み合わさった振動を**連成振動**とよぶ.)

[解法] 各質点の座標を x_1, x_2 とすれば，ポテンシャルは

$$U=\frac{\kappa}{2}(x_1-l)^2+\frac{\kappa}{2}(x_2-x_1-l)^2+\frac{\kappa}{2}(L-x_2-l)^2 \qquad (1)$$

である．したがって各質点の運動方程式は，

$$\begin{aligned}\mu\frac{d^2x_1}{dt^2}&=-\frac{\partial U}{\partial x_1}=-\kappa(x_1-l)+\kappa(x_2-x_1-l)\\ \mu\frac{d^2x_2}{dt^2}&=-\frac{\partial U}{\partial x_2}=-\kappa(x_2-x_1-l)+\kappa(L-x_2-l)\end{aligned} \qquad (2)$$

となる．

上式の右辺には x_1 と x_2 が混ざっているので，2式を組み合わせて解かなければならない．2式の和と，2式の差を計算する．

$$x_+=x_2+x_1, \qquad x_-=x_2-x_1$$

とすれば

$$\mu\frac{d^2x_+}{dt^2}=-\kappa(x_+-L)$$

$$\mu\frac{d^2x_-}{dt^2}=-3\kappa\left(x_--\frac{L}{3}\right)$$

▶単一の変数の式になることを，**変数分離**(x_+ と x_- の分離)という．

となる．それぞれ x_+, x_- 単一の式なので，1つずつ解くことができる．まず安定点は，$d^2x_+/dt^2=0$, $d^2x_-/dt^2=0$ より

$$x_+=L, \qquad x_-=L/3$$

$$\Rightarrow \quad x_1=L/3, \qquad x_2=2L/3$$

▶安定点からのずれ，x_+-L, $x_--L/3$ が，単振動の式を満たす．

である．全体を3等分する位置に，2つの質点がくる．また安定点からのずれの運動は単振動になり，

$$x_+ = L + A_+\cos(\omega_+ t+\theta_+) \qquad (\omega_+{}^2 = \kappa/\mu)$$
$$x_- = \frac{L}{3} + A_-\cos(\omega_- t+\theta_-) \qquad (\omega_-{}^2 = 3\kappa/\mu) \tag{3}$$

$A_\pm, \theta_\pm$ は任意定数である．各質点の運動は，この2つの単振動の組合せで表わされる．

$$x_1 = \frac{x_+ - x_-}{2} = \frac{L}{3} + \frac{A_+}{2}\cos(\omega_+ t+\theta_+) - \frac{A_-}{2}\cos(\omega_- t+\theta_-)$$
$$x_2 = \frac{x_+ + x_-}{2} = \frac{2L}{3} + \frac{A_+}{2}\cos(\omega_+ t+\theta_+) + \frac{A_-}{2}\cos(\omega_- t+\theta_-) \tag{4}$$

■基準振動

x_1 と x_2 を適当に組み合わせた $x_\pm$ の運動は単振動である．これをこの系の**基準振動**と呼ぶ．$\omega_\pm$ が**基準振動数**である．また，$x_\pm$ を**基準座標**と呼ぶ．それぞれの基準振動がどのような運動を表わしているのかを考えてみよう．まず x_+ の運動を調べるには，もう一方の振動 x_- を安定点に固定する，つまり $A_-=0$ とすればよい．すると，

$$x_- = x_2 - x_1 = L/3$$

であるから，2質点は等距離で左右に振動していることがわかる．つまり x_+ は，真ん中のバネの長さが変わらないまま，左右のバネが同方向に振動する運動を表わすことがわかる．

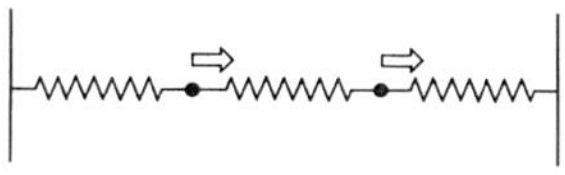

(a) x_+ の振動(同じ向きに動く)

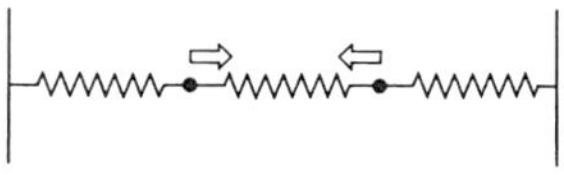

(b) x_- の振動(逆向きに動く)

図2　基準振動

x_- の運動を調べるには，$A_+=0$ とする．これは，$x_+=L$，つまり

$$x_1(\text{左側のバネの長さ}) = L - x_2(\text{右側のバネの長さ})$$

であることを意味する．つまり左右のバネが同時に，逆方向に伸縮を繰り返す運動である(図2)．

例題　質点 x_1 を安定点($x_1=L/3$)，質点 x_2 を右側に d ずらした位置($x_2=2L/3+d$)に置き，手を離す．各質点はその後，どのような運動をするか．手を離した瞬間を $t=0$ として計算せよ．

[解法]　各基準振動に対する初期条件を考えて解けばよい．$t=0$ では

$$x_+ = L+d, \qquad x_- = \frac{L}{3}+d$$

であり，また速度はゼロ，すなわち(3)より

$$\frac{dx_+}{dt} = \frac{dx_-}{dt} = 0 \quad \Rightarrow \quad \theta_+=\theta_-=0$$

なので，$A_+=A_-=d$．したがって，

$$x_1 = \frac{L}{3} + \frac{d}{2}(\cos\omega_+ t - \cos\omega_- t)$$
$$x_2 = \frac{2L}{3} + \frac{d}{2}(\cos\omega_+ t + \cos\omega_- t)$$

1.4 基準振動で表わしたエネルギー

ぽいんと

前節の問題をエネルギーという側面から考えてみよう．基準座標を用いると，運動方程式が変数分離するばかりでなく，エネルギーも変数分離していることがわかる．そして，この両者の関係は，一般化された運動方程式(ラグランジュ方程式)というもので理解できる．

キーワード：規格化，一般座標，ラグランジュ方程式

■安定点を原点とする座標

振動の問題を考えるときは，安定点を原点とする座標を考えると便利である．2つの質点を3つのバネでつないだ前節の問題では，安定点は

$$x_1 = L/3, \quad x_2 = 2L/3$$

であることがわかっているので，新しい座標 u_1 と u_2 を

$$u_1 \equiv x_1 - L/3, \quad u_2 \equiv x_2 - 2L/3 \tag{1}$$

というように定義する．すると運動方程式は前節の(2)より

$$\mu\frac{d^2u_1}{dt^2} = -2\kappa u_1 + \kappa u_2, \quad \mu\frac{d^2u_2}{dt^2} = \kappa u_1 - 2\kappa u_2 \tag{2}$$

となる．右辺には u_i の1次の項しか現われないことに注意しよう．u_i は安定点を原点に選んだ座標なので，$u_1 = u_2 = 0$ で力がゼロにならなければならないからである．

このことは，ポテンシャルの段階で考えてもわかる．(1)を前節のポテンシャル(1)に代入すると

$$U(u_1, u_2) = U_0 + \kappa(u_1{}^2 - u_1u_2 + u_2{}^2) \quad (U_0 \text{ は } u_1 = u_2 = 0 \text{ での値}) \tag{3}$$

となり，u_i についての1次の項がなくなる．原点が安定点であることの，必然的な結果である．

▶原点では，

$$\frac{\partial U}{\partial u_1} = \frac{\partial U}{\partial u_2} = 0$$

■基準座標とエネルギー

$$u_+ \equiv (u_2 + u_1)/\sqrt{2}, \quad u_- \equiv (u_2 - u_1)/\sqrt{2} \tag{4}$$

と，新しい座標 $u_\pm$ を定義すれば，(2)は

$$\mu\frac{d^2u_+}{dt^2} = -\kappa u_+, \quad \mu\frac{d^2u_-}{dt^2} = -3\kappa u_- \tag{5}$$

となる．u_+ だけの式と u_- だけの式に分かれている(変数分離)．$u_\pm$ は，前節の $x_\pm$ の原点をずらし $\sqrt{2}$ で割っただけだから，こちらを基準座標と呼んでもよい．

▶$\sqrt{2}$ で割ったのは，各係数の2乗の和を1にするためである．これを**規格化**という．必ずしも規格化をする必要はないが，便利になることは後でわかる．

▶一般の場合(バネ定数がバネごとに異なる場合など)には，単なる和と差が基準座標になるとは限らない．次節参照．

運動方程式が変数分離するような座標が基準座標であるが，実は変数分離はエネルギーでも起こっている．(4)より

$$u_1 \equiv (u_+ - u_-)/\sqrt{2}, \quad u_2 \equiv (u_+ + u_-)/\sqrt{2} \tag{6}$$

であるから，(3)は

$$U = U_0 + \frac{1}{2}\kappa u_+^2 + \frac{3}{2}\kappa u_-^2 \qquad (7)$$

となる．$u_\pm$についての1次の項がないのは当然だが，さらに，2次のu_+u_-という項もなくなっている．これが，ポテンシャルにおける変数分離である．また運動エネルギーは

$$T = \frac{\mu}{2}(\dot{u}_1^2 + \dot{u}_2^2) = \frac{\mu}{2}(\dot{u}_+^2 + \dot{u}_-^2) \qquad (8)$$

であり，こちらはu_iで表わしても$u_\pm$で表わしても変数分離している．

▶ $\dot{u}_1$の・は時間による微分を意味する．

▶ (4)で規格化をしたのでTの係数が変わっていない．

■基準座標で考える運動方程式

$u_\pm$の運動方程式(5)は，u_iの運動方程式(2)から導いたものだが，(7)，(8)を使うと直接求めることができる．実際，

$$\mu \frac{d^2 u_\pm}{dt^2} = -\frac{\partial U}{\partial u_\pm} \qquad (9)$$

という式を計算してみれば，(5)と一致することはすぐわかるだろう．

$u_\pm$に対する運動方程式が(9)のように書ける理由を簡単に説明しておこう．まず，1変数の場合を考える．力が保存力なら運動方程式は

$$\mu \frac{d^2 x}{dt^2} = -\frac{dU}{dx} \qquad (10)$$

というように，右辺はポテンシャルエネルギーで表わせるが，左辺も運動エネルギーを使って書くことができる．実際，$T = \mu\dot{x}^2/2$であるから，

$$\frac{dT}{d\dot{x}} = \mu\dot{x}$$

これを使えば，(10)は

$$\frac{d}{dt}\left(\frac{dT}{d\dot{x}}\right) = -\frac{dU}{dx} \qquad (11)$$

▶ Uにu_+u_-という項がないので，u_+とu_-が混ざらないことに注意．結局，基準振動を求めるという問題は，エネルギーが(7)，(8)のように，分離した形で書ける変数を見つけるという問題に等しい．

次に，質点が2つある場合(2変数)を考えよう．質点の配置を表わすには，各質点の座標を使ってもいいが，$u_\pm$のように，それを任意に組み合わせた別の2つの変数(**一般座標**と呼ぶ)で表わすことができる．それを$\tilde{u}_1, \tilde{u}_2$とし，TとUも

$$T = T(\dot{\tilde{u}}_1, \dot{\tilde{u}}_2), \quad U = U(\tilde{u}_1, \tilde{u}_2)$$

というように，その2変数で表わしたとしよう．すると運動方程式は

$$\frac{d}{dt}\left(\frac{\partial T}{\partial \dot{\tilde{u}}_i}\right) = -\frac{\partial U}{\partial \tilde{u}_i} \quad (i=1,2) \qquad (12)$$

と書ける．$\tilde{u}_1 = u_+, \tilde{u}_2 = u_-$の場合は，これに(8)の$T$を代入すれば(9)になり，(7)も使えば(5)が求まる．

▶ 変数の決め方によっては，Tが$\dot{\tilde{u}}_i$ばかりでなく$\tilde{u}_i$自身にも依存してしまうことがある(例:極座標)．その場合は$L \equiv T - U$という量(ラグランジアン)を使って，

$$\frac{d}{dt}\left(\frac{\partial L}{\partial \dot{\tilde{u}}_i}\right) = \frac{\partial L}{\partial \tilde{u}_i}$$

が正しい運動方程式(ラグランジュ方程式)になる．ただし，Lは$\tilde{u}_i$と$\dot{\tilde{u}}_i$の関数とみなす(力学の巻参照)．

1.5 二重振り子

ぽいんと

前節までに扱ったバネの問題は，バネも質点の質量もすべて等しいという，単純なものであった．そのため，2質点の座標の和と差を考えることにより，すぐに基準座標が求まった．より一般的な問題では計算も複雑になる．しかし，変数分離する基準座標を探すという方針は一般的にも通用する．ここでは二重振り子というものを例にとって，一般的な解法を考えてみよう．

キーワード：二重振り子

■二重振り子のポテンシャル

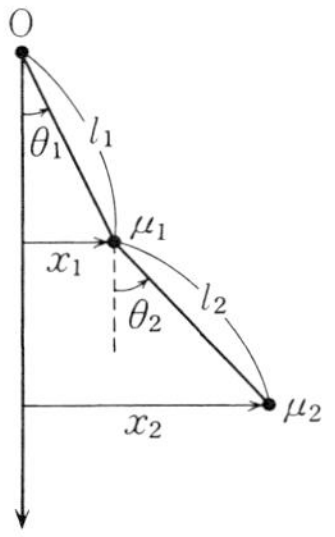

図1　二重振り子

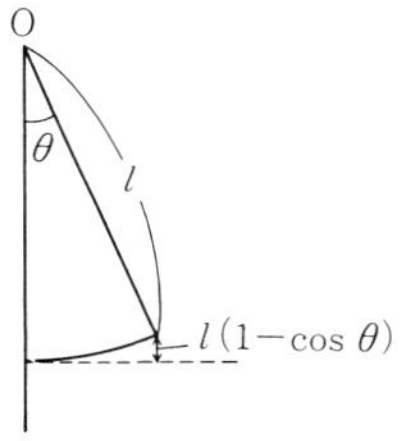

図2　質点の上昇

二重振り子とは，図1のように，振り子が2つつながったものである．まず第1段階として，この系のポテンシャルを考えてみよう．

振り子が垂れ下がっている状態のポテンシャルエネルギーをゼロとする．一般に，長さ l の振り子が角度 θ だけ振れているときの質点の上昇は

$$l(1-\cos\theta) \tag{1}$$

であり（図2），重力によるポテンシャルはそれに μg を掛けたものになる．したがって図1の場合は，

$$\begin{aligned} U = &\ \mu_1 g l_1(1-\cos\theta_1) \\ &+\mu_2 g\{l_1(1-\cos\theta_1)+l_2(1-\cos\theta_2)\} \end{aligned} \tag{2}$$

振り子の振れが微小だとして，(2)を振れの2次の項まで求めておこう．まず，角度が小さい場合の cos の展開式を使えば，

$$1-\cos\theta \simeq \frac{1}{2}\theta^2 \qquad (\cos\theta \simeq 1-\theta^2/2)$$

また，質点のずれ x_1, x_2 を図1のように定義すれば，θ が小さいとき，$\sin\theta \fallingdotseq \theta$ より，

$$\theta_1 \simeq x_1/l_1, \qquad \theta_2 \simeq (x_2-x_1)/l_2$$

であるから，(2)は結局

$$\begin{aligned} U &\simeq \frac{1}{2}\mu_1 g l_1 \theta_1{}^2+\frac{1}{2}\mu_2 g l_1 \theta_1{}^2+\frac{1}{2}\mu_2 g l_2 \theta_2{}^2 \\ &\simeq \frac{1}{2}\left(\frac{\mu_1 g}{l_1}+\frac{\mu_2 g}{l_1}\right)x_1{}^2+\frac{1}{2}\frac{\mu_2 g}{l_2}(x_2-x_1)^2 \end{aligned} \tag{3}$$

したがって，各質点 x_1, x_2 に対する運動方程式は

$$\begin{aligned} \mu_1\frac{d^2x_1}{dt^2} &\simeq -\left(\frac{\mu_1 g}{l_1}+\frac{\mu_2 g}{l_1}\right)x_1+\frac{\mu_2 g}{l_2}(x_2-x_1) \\ \mu_2\frac{d^2x_2}{dt^2} &\simeq -\frac{\mu_2 g}{l_2}(x_2-x_1) \end{aligned} \tag{4}$$

▶質点の運動は厳密には x 方向ではなく，少し上に持ち上がるが，振動が微小だとしてその効果は無視する．厳密な運動方程式を書くには，角度を変数として用いるのがよい（力学の巻参照）．

■基準座標

ここで話を簡単にするために，$l_1=l_2$，$\mu_1=\mu_2$ と仮定しよう．(4)は

$$\frac{d^2x_1}{dt^2} = -3\kappa x_1+\kappa x_2$$
$$\frac{d^2x_2}{dt^2} = \kappa x_1-\kappa x_2 \tag{5}$$

▶以下，(5)が厳密な式だとして議論を進める．

となる(ただし $\kappa\equiv g/l_1$)．かなり簡単な式にはなったが，これでも単純に和と差を取っただけでは変数は分離しない．そこで上の2式の一般的な一次結合を考える．上の式を A 倍，下の式を B 倍して加えると

$$\frac{d^2}{dt^2}(Ax_1+Bx_2) = -\kappa(3A-B)x_1-\kappa(-A+B)x_2 \tag{6}$$

となる．これが1つの変数 Ax_1+Bx_2 の式とみなせるには，右辺も Ax_1+Bx_2 に比例していなければならない．つまり，

$$B/A = (-A+B)/(3A-B) \tag{7}$$

であれば，(6)は

$$\frac{d^2}{dt^2}(Ax_1+Bx_2) = -\kappa\frac{3A-B}{A}(Ax_1+Bx_2) \tag{8}$$

となる．(7)を整理すると，

$$B/A = 1\pm\sqrt{2} \qquad (\equiv\xi_\pm)$$

であるから，(8)は，$A=1$ として $x_\pm\equiv x_1+\xi_\pm x_2$ とすれば

$$\frac{d^2}{dt^2}x_\pm = -\omega_\pm{}^2x_\pm \qquad (\omega_\pm{}^2\equiv\kappa(3-\xi_\pm)) \tag{9}$$

となる．これの解はそれぞれ単振動であり，$x_\pm$ が基準座標となる．

■エネルギー

この基準座標を使って，エネルギーを書き替えてみよう．まず $x_\pm$ を逆に解くと，

$$x_1 = \frac{1}{2\sqrt{2}}(-\xi_-x_++\xi_+x_-), \qquad x_2 = \frac{1}{2\sqrt{2}}(x_+-x_-)$$

となるので，運動エネルギーとポテンシャルはそれぞれ，

▶$x_\pm$ を規格化して定義しなかったので，T の係数は通常の運動エネルギーのものと異なっているが，前節(11)を使えば正しい運動方程式が求まる．

$$T = \frac{1}{2}\mu\dot{x}_1{}^2+\frac{1}{2}\mu\dot{x}_2{}^2 = \frac{2-\sqrt{2}}{8}\mu\dot{x}_+{}^2+\frac{2+\sqrt{2}}{8}\mu\dot{x}_-{}^2$$
$$U = \mu\kappa x_1{}^2+\frac{\mu\kappa}{2}(x_2-x_1)^2 = \frac{3-2\sqrt{2}}{4}\mu\kappa x_+{}^2+\frac{3+2\sqrt{2}}{4}\mu\kappa x_-{}^2 \tag{10}$$

となる．予想どおり，x_+ と x_- が分離した形となっている．また，これを使って前節(10)の公式通りに計算すれば，運動方程式(9)が求まる(章末問題)．

章末問題

[1.1節]

▶ ・は時間微分を表わす($\dot{x} \equiv dx/dt$).

1.1 角振動数 ω の単振動の解を，以下の($t=0$ での)初期条件のもとで求めよ．

(1) $x = x_0$, $\dot{x} = 0$. (2) $x = 0$, $\dot{x} = v_0$.

1.2 単振動では，運動エネルギーの平均値とポテンシャルエネルギーの平均値が等しいことを示せ．

[1.2節]

1.3 自然長 l，バネ定数 κ のバネで，両側からつながれた質量 μ の質点が，垂直方向のみに，摩擦なしに動けるようになっているとする(図1)．微小振動するときの角振動数を求めよ(重力は考えなくてよい)．

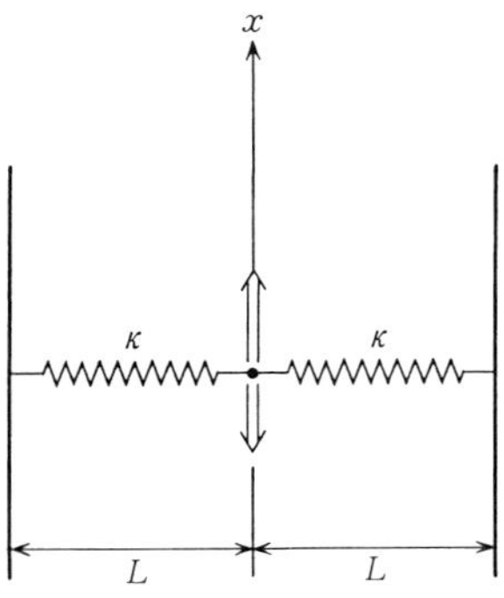

図1 バネではさまれた質点($L>l$ とする)

1.4 断面積 S のシリンダーに，中の気体がもれない質量 μ の仕切りが入っている(図2)．仕切りが，摩擦を受けずに上下に微小振動するときの角振動数を求めよ．ただし，安定点での内部の体積と圧力をそれぞれ V, P とし，振動は断熱的に起きるので中の気体は PV^{γ}＝一定(γ は定数)という関係を満たしているとする(安定点からずれたときの圧力の変化を求めればよい)．

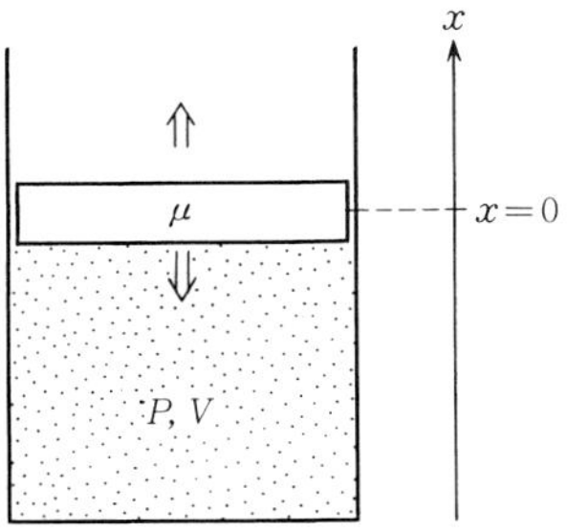

図2 気体の入ったシリンダー

[1.3節]

1.5 1.3節の例題で，中央のバネのバネ定数(κ' とする)が，左右のもの(κ とする)と異なるときの，安定点と基準振動の角振動数を求めよ．

1.6 上問で，x_1 が安定点，x_2 が安定点からプラスの方向へ d だけ移動した位置に静止しているという初期条件で，解を求めよ．特に $\kappa' \ll \kappa$ の場合に，質点がどのような運動をしているかを説明せよ(**うなり**と呼ばれる)．

[1.4節]

1.7 (1.4.4)で $\sqrt{2}$ で割らずに u_i を定義したときの運動方程式を，(1.4.2)から，また(1.4.12)からそれぞれ求め，一致することを確かめよ．

[1.5節]

1.8 運動方程式(1.5.4)を，ポテンシャルは使わずに，張力を考えることによって求めよ．

1.9 (1.5.10)と，ラグランジュ方程式(1.4.12)を使って，運動方程式(1.5.9)を求めよ．

1.10 1.5節の二重振り子の各基準振動は，どのような運動か．

1.11 図3のように，2つの同じ振り子が，その間隔に等しい自然長をもつバネでつながれている．振り子の，バネの方向の振動に対する，基準振動を求めよ．

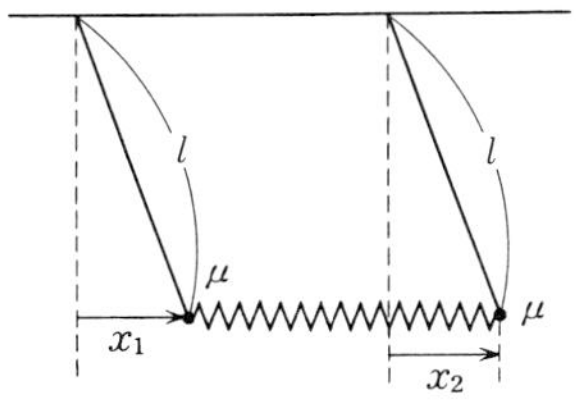

図3 バネでつながれた振り子

2

行列で表わす基準振動

ききどころ

連成振動の運動方程式は質点の座標変数の１次の方程式である．またその運動エネルギーやポテンシャルエネルギーは，質点の座標変数の２次式になる．このような式は，行列を使うことにより簡単な形で表現することができる．しかも，連成振動の基準座標を求めるという問題は，この行列の固有ベクトル，固有値を求めるという問題に等しい．線形代数という数学の分野の基本的な定理と，連成振動という物理の基本的な問題との関連を説明しよう．

2.1 曲面の底での質点の運動

ぽいんと

1.3節では，バネでつながっている2つの質点の連成振動を考えた．しかし質点が1つであっても，それが2方向(たとえば前後左右)に振動するという場合は，数学的にはやはり連成振動となる．しかもこの場合，基準振動は，この質点のある特定の方向への振動を表わすことがわかる．

キーワード：主軸

■曲面の底でのポテンシャル

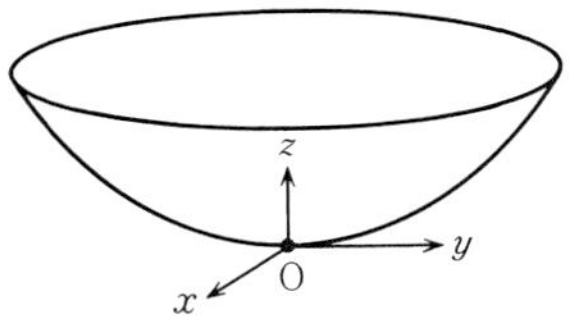

図1 お碗の底を原点とする座標系

お碗の底のようになっている曲面上で，質点が摩擦を受けずにすべって運動する場合を考えよう(図1)．水平方向を x, y で表わし，z 軸を垂直方向にとる．曲面の方程式，つまり，各 (x, y) における曲面の高さ z を

$$z = z(x, y)$$

と書く．また話を簡単にするために，曲面の底を座標の原点とする．つまり

$$z(0,0) = 0 \qquad (1)$$

であり，しかも原点が曲面の最低点なのだから

$$\frac{\partial z}{\partial x} = \frac{\partial z}{\partial y} = 0 \qquad (x=y=0\text{ で}) \qquad (2)$$

でもある．原点付近で $z(x, y)$ を多項式で近似すると，上の2条件から，定数項，1次の項がなくなり，

$$z(x, y) = Ax^2+Bxy+Cy^2+(3\text{ 次以上の項}) \qquad (3)$$

というように2次の項から始まる．また重力によるポテンシャルは $U=\mu gz$ であるから，原点付近では(3)に μg を掛けたものである．これを

$$U \simeq \frac{1}{2}K_x x^2+K_{xy}xy+\frac{1}{2}K_y y^2 \qquad (4)$$

と表わすことにしよう．K_x, K_y, K_{xy} はすべて定数である．

▶原点での微分は $\frac{\partial^2 U}{\partial x^2}=K_x$，$\frac{\partial^2 U}{\partial y^2}=K_y$，$\frac{\partial^2 U}{\partial x \partial y}=K_{xy}$．

■楕円の主軸と基準振動

この曲面上を摩擦を受けずに動く質点の運動方程式は，運動が原点付近で起きるとすれば，質点の位置の x, y 座標を (x, y) とすると(4)から

$$\mu\frac{d^2x}{dt^2} \simeq -K_x x-K_{xy}y$$
$$\mu\frac{d^2y}{dt^2} \simeq -K_{xy}x-K_y y \qquad (5)$$

となる．$K_{xy} \neq 0$ である限り x 方向の運動と y 方向の運動とがからみあっている．そこで，やはり基準振動を探さなければならない．

▶厳密には，質点は x や y 方向に動くのではなく，曲面に沿って z 方向にも動く．しかし底付近では，(2)なので，垂直方向の動きは水平方向に比べて小さいとし，無視する．

この問題では，基準振動の幾何学的な意味がはっきりしている．曲面と水平面との交線(つまりポテンシャルが一定という等高線)は，

$$\frac{1}{2}K_x x^2 + K_{xy}xy + \frac{1}{2}K_y y^2 = 一定 \tag{6}$$

という式になるが，これは楕円を表わす．楕円は，座標を回転させて

$$x = \tilde{x}\cos\theta - \tilde{y}\sin\theta, \qquad y = \tilde{x}\sin\theta + \tilde{y}\cos\theta \tag{7}$$

▶ $\begin{pmatrix} x \\ y \end{pmatrix} = \begin{pmatrix} \cos\theta & -\sin\theta \\ \sin\theta & \cos\theta \end{pmatrix}\begin{pmatrix} \tilde{x} \\ \tilde{y} \end{pmatrix}$

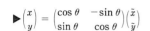

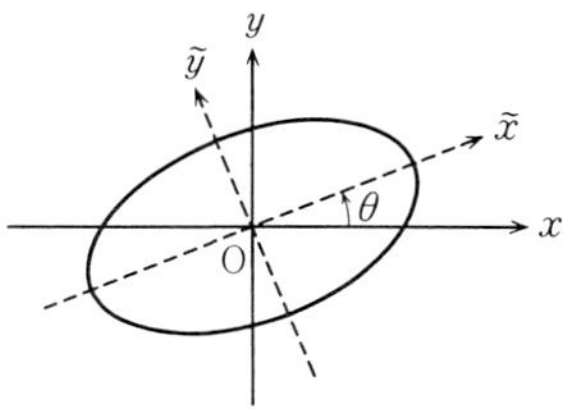

図 2 楕円の主軸方向(点線)

とし(図 2)，回転角をうまく選べば，必ず，$\tilde{x}\tilde{y}$ 項のない

$$(6) = \frac{1}{2}K_{\tilde{x}}\tilde{x}^2 + \frac{1}{2}K_{\tilde{y}}\tilde{y}^2 \tag{8}$$

という形になる．実際，(7)を(6)に代入すると

$$\begin{aligned}(6) = &\frac{1}{2}(K_x\cos^2\theta + K_y\sin^2\theta + K_{xy}\sin 2\theta)\tilde{x}^2 \\ &+ \frac{1}{2}(K_x\sin^2\theta + K_y\cos^2\theta - K_{xy}\sin 2\theta)\tilde{y}^2 \\ &+ \{(K_y - K_x)\sin 2\theta + 2K_{xy}\cos 2\theta\}\tilde{x}\tilde{y}\end{aligned}$$

となるから

$$\tan 2\theta = \frac{2K_{xy}}{K_x - K_y} \tag{9}$$

と選べば，$\tilde{x}\tilde{y}$ の項がなくなる．またこのとき，(8)の $K_{\tilde{x}}, K_{\tilde{y}}$ は

$$K_{\tilde{x}}(K_{\tilde{y}}) = \frac{K_x + K_y \pm \sqrt{(K_x - K_y)^2 + 4K_{xy}{}^2}}{2} \tag{10}$$

となる．この $\tilde{x}$ 方向，$\tilde{y}$ 方向を**主軸**という(長いほうが長軸，短いほうが短軸である)．また，この新しい変数を用いても，運動エネルギーは変わらない(左の注参照)．したがって，$\tilde{x}, \tilde{y}$ 方向の運動方程式は

▶ $x^2 + y^2 = \tilde{x}^2 + \tilde{y}^2$ であることに注意．

$$\mu\frac{d^2\tilde{x}}{dt^2} = -K_{\tilde{x}}\tilde{x}, \qquad \mu\frac{d^2\tilde{y}}{dt^2} = -K_{\tilde{y}}\tilde{y} \tag{11}$$

となり，2 つの変数は分離する．つまり主軸方向の振動が，この質点の運動の基準振動なのである．

(11)は単振動の方程式だから，その解はわかっている．それを(7)に代入すれば，$\tilde{x}$ 方向，$\tilde{y}$ 方向の振動の組合せとして質点の運動が求まる．質点は，主軸に沿って動いている場合に限り，直線上を振動することができる($\tilde{x}$ または $\tilde{y}$ がゼロの場合)．より一般には，底の周囲を回りながら振動する，複雑な曲線上を動く．

ポテンシャルの形(4)を(1.4.3)と比較すると，1.4 節の連成振動は，

$$K_x = K_y = 2\kappa, \qquad K_{xy} = -\kappa \tag{12}$$

の場合に相当することがわかる．したがって $\theta = \pi/4$ であるが，このことは，(7)と(1.4.6)を比較してもわかる．

2.2 連成振動の行列表示

ぽいんと

一般に，2つの変数をもつ連成振動は，その2変数を座標軸とする平面の，座標系の回転の問題であることがわかった．この見方を多変数の場合に拡張するには，エネルギーの形，そして座標の変換を行列で表わしておくと便利である．

キーワード：対称行列，回転行列，転置行列，直交行列

■ポテンシャルの行列表示

前節で説明した計算を，行列の形式で表わしてみよう．まず，座標軸を変換する前のポテンシャル，前節の(4)は，

$$U = \frac{1}{2}(x, y)\boldsymbol{K}\begin{pmatrix} x \\ y \end{pmatrix}, \qquad \boldsymbol{K} = \begin{pmatrix} K_x & K_{xy} \\ K_{xy} & K_y \end{pmatrix} \tag{1}$$

▶対称行列とは $\begin{pmatrix} a & b \\ c & d \end{pmatrix}$ で $b=c$.

と書ける．$\boldsymbol{K}$ は**対称行列**になっている．前節(4)と一致させるためには，右上の成分と左下の成分の和が $2K_{xy}$ になっていればよいのだが，上のように等分して対称行列にしておくと，以下の議論がはるかに簡単になる．

また，座標軸を変換した後のポテンシャル，前節の(8)は

$$U = \frac{1}{2}(\tilde{x}, \tilde{y})\tilde{\boldsymbol{K}}\begin{pmatrix} \tilde{x} \\ \tilde{y} \end{pmatrix}, \qquad \tilde{\boldsymbol{K}} = \begin{pmatrix} K_{\tilde{x}} & 0 \\ 0 & K_{\tilde{y}} \end{pmatrix} \tag{2}$$

と書ける．$\tilde{\boldsymbol{K}}$ は対称であるばかりでなく，対角行列になっている．

変換前後の変数の関係，前節の(7)も行列を使って

$$\begin{pmatrix} x \\ y \end{pmatrix} = \boldsymbol{O}\begin{pmatrix} \tilde{x} \\ \tilde{y} \end{pmatrix}, \qquad \boldsymbol{O} = \begin{pmatrix} \cos\theta & -\sin\theta \\ \sin\theta & \cos\theta \end{pmatrix} \tag{3}$$

と書ける．$\boldsymbol{O}$ は座標軸の回転を表わしているので**回転行列**と呼ばれる．これは

$$(x, y) = (\tilde{x}, \tilde{y})\,{}^{t}\boldsymbol{O}, \qquad {}^{t}\boldsymbol{O} = \begin{pmatrix} \cos\theta & \sin\theta \\ -\sin\theta & \cos\theta \end{pmatrix} \tag{3'}$$

▶$\begin{pmatrix} a & b \\ c & d \end{pmatrix}$ の転置行列(transposed matrix)とは $\begin{pmatrix} a & c \\ b & d \end{pmatrix}$.

とも書ける．ただし，${}^{t}\boldsymbol{O}$ とは $\boldsymbol{O}$ の**転置行列**を意味する．回転行列の転置行列は，その回転行列の逆行列(逆変換)となっている．つまり，

$$\boldsymbol{O}\cdot{}^{t}\boldsymbol{O} = {}^{t}\boldsymbol{O}\cdot\boldsymbol{O} = 1 \qquad (1 \text{ は単位行列}) \tag{4}$$

この式は，実際に上記の $\boldsymbol{O}$ と ${}^{t}\boldsymbol{O}$ で計算すればすぐにわかるが，$\boldsymbol{O}$ が ${}^{t}\boldsymbol{O}$ とは逆向きの回転を表わしていることに気づけば，当然のことである．一般に，(4)を満たす n 行 n 列の行列 $\boldsymbol{O}$ を**直交行列**と呼ぶ．

▶回転行列は2行2列の直交行列だが，回転行列でない2行2列の直交行列もある．右ページ参照．

転置行列が逆変換であることを考えれば，次の関係もすぐ理解できる．

$$\begin{pmatrix} \tilde{x} \\ \tilde{y} \end{pmatrix} = {}^{t}\boldsymbol{O}\begin{pmatrix} x \\ y \end{pmatrix}, \qquad (\tilde{x}, \tilde{y}) = (x, y)\boldsymbol{O} \tag{5}$$

次に，(3)と(3′)を(1)に代入したとき(2)に等しくなるためには，

$$ {}^t\boldsymbol{O}\cdot\boldsymbol{K}\cdot\boldsymbol{O} = \tilde{\boldsymbol{K}} \tag{6}$$

でなければならない．この式は，対称行列($\boldsymbol{K}$)を，ある直交行列($\boldsymbol{O}$)とその転置行列(${}^t\boldsymbol{O}$)ではさむと，対角行列($\tilde{\boldsymbol{K}}$)になるということを意味している．

■具 体 例

以上の議論を，1.3，1.4 節で扱った，バネでつながった2質点の運動の場合に適用してみよう．まず(1)の行列 $\boldsymbol{K}$ は，前節(12)からもわかるように，

$$\boldsymbol{K} = \begin{pmatrix} 2\kappa & -\kappa \\ -\kappa & 2\kappa \end{pmatrix} \tag{7}$$

である．また，質点の座標と基準座標との関係は，(1.4.6)より

$$\begin{pmatrix} u_1 \\ u_2 \end{pmatrix} = \boldsymbol{O}\begin{pmatrix} u_+ \\ u_- \end{pmatrix}, \qquad \boldsymbol{O} = \begin{pmatrix} 1/\sqrt{2} & -1/\sqrt{2} \\ 1/\sqrt{2} & 1/\sqrt{2} \end{pmatrix} \tag{8}$$

▶$\boldsymbol{O}$ は，$\theta=\pi/4$ の回転行列になっている．

となっている．この $\boldsymbol{O}$ が直交行列であること，つまり(4)を満たすことは，容易に確かめることができる．また，基準座標で表わしたときの行列 $\tilde{\boldsymbol{K}}$ は，(1.4.7)より

$$\tilde{\boldsymbol{K}} = \begin{pmatrix} \kappa & 0 \\ 0 & 3\kappa \end{pmatrix} \tag{9}$$

である．そして，以上の行列が(6)という関係を満たすことは，各自確かめていただきたい(章末問題 2.3)．

注意(直交行列の性質) 2行2列の場合に例をとって，直交行列の性質をいくつか説明しておこう．

$\begin{pmatrix} a & b \\ c & d \end{pmatrix}$ が直交行列だとすれば，(4)より

$$\begin{pmatrix} a & b \\ c & d \end{pmatrix}\begin{pmatrix} a & c \\ b & d \end{pmatrix} = \begin{pmatrix} 1 & 0 \\ 0 & 1 \end{pmatrix}, \qquad \begin{pmatrix} a & c \\ b & d \end{pmatrix}\begin{pmatrix} a & b \\ c & d \end{pmatrix} = \begin{pmatrix} 1 & 0 \\ 0 & 1 \end{pmatrix}$$

である．第1の式は，2つのベクトル (a,b), (c,d) が，それぞれ規格化され，しかも直交していることを意味する．また第2の式は2つのベクトル (a,c), (b,d) がそれぞれ規格化され，互いに直交していることを意味する．つまり

$$a^2+b^2 = c^2+d^2$$
$$= a^2+c^2 = b^2+d^2 = 1$$

$$(a,b)\begin{pmatrix} c \\ d \end{pmatrix} = (a,c)\begin{pmatrix} b \\ d \end{pmatrix} = 0$$

また2行2列であっても回転行列でない直交行列もあり，たとえば

$$\begin{pmatrix} \cos\theta & \sin\theta \\ \sin\theta & -\cos\theta \end{pmatrix}$$

これは前節(7)で $\tilde{y}$ の符号を変えた場合に対応する．つまり，座標軸を回転したのち，片方の座標軸の向きを反転させたことになっている(図1)．

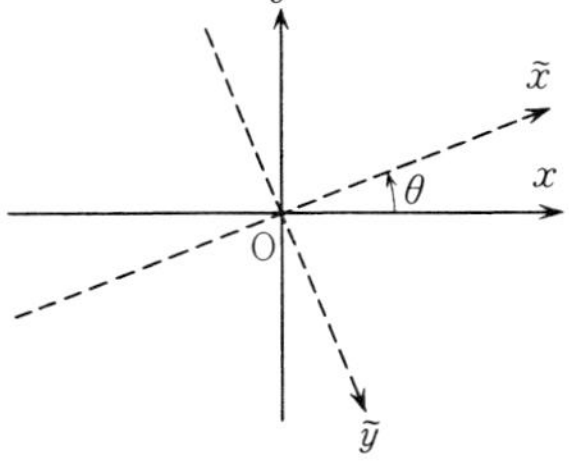

図1 座標軸を回転し，$\tilde{y}$ を反転させる．

2.3 固有値と固有ベクトル

ぽいんと

基準振動を求めるという問題は，ポテンシャルを表わす行列を対角化する直交行列を求めるという問題であることがわかった．変数が2つの場合は，楕円の主軸の方向へ座標軸を回す回転行列を求めればよいが，変数の数がさらに多いときにも通用する，より一般的な求め方がある．対称行列の固有値と固有ベクトルというものを使う，この方法を説明しよう．

キーワード：固有ベクトル，固有値，直交性

■固有値と固有ベクトル

$\boldsymbol{K}$ を行列とする．そのとき

$$\boldsymbol{K}\begin{pmatrix} a_1 \\ a_2 \\ \vdots \end{pmatrix} = \lambda \begin{pmatrix} a_1 \\ a_2 \\ \vdots \end{pmatrix} \tag{1}$$

という関係があれば，ベクトル $(a_1, a_2, \cdots)$ を行列 $\boldsymbol{K}$ の**固有ベクトル**，λ を**固有値**と呼ぶ．たとえば，前節の(7)を考えると

$$\begin{pmatrix} 2\kappa & -\kappa \\ -\kappa & 2\kappa \end{pmatrix}\begin{pmatrix} 1/\sqrt{2} \\ 1/\sqrt{2} \end{pmatrix} = \kappa\begin{pmatrix} 1/\sqrt{2} \\ 1/\sqrt{2} \end{pmatrix}, \quad \begin{pmatrix} 2\kappa & -\kappa \\ -\kappa & 2\kappa \end{pmatrix}\begin{pmatrix} -1/\sqrt{2} \\ 1/\sqrt{2} \end{pmatrix} = 3\kappa\begin{pmatrix} -1/\sqrt{2} \\ 1/\sqrt{2} \end{pmatrix} \tag{2}$$

▶2番目の固有ベクトルは $(1/\sqrt{2}, -1/\sqrt{2})$ としてもよい．ただし下の $\boldsymbol{O}$ は回転行列にはならなくなる．

だから，固有ベクトルは $(1/\sqrt{2}, 1/\sqrt{2})$ と $(-1/\sqrt{2}, 1/\sqrt{2})$，そしてそれに対する固有値は κ と 3κ になる．固有ベクトルを何倍しても(1)の関係は満たされるが，(2)ではそれを規格化している．

$$\left(\pm\frac{1}{\sqrt{2}}\right)^2 + \left(\frac{1}{\sqrt{2}}\right)^2 = 1$$

特に $\boldsymbol{K}$ が(n 行 n 列の)対称行列である場合には，以下の性質が成り立つ．

[1]　n 個の互いに直交する固有ベクトルが存在する．上の例では

$$\textbf{直交性}\quad (1/\sqrt{2},\ 1/\sqrt{2})\cdot\begin{pmatrix} -1/\sqrt{2} \\ 1/\sqrt{2} \end{pmatrix} = -\frac{1}{2}+\frac{1}{2} = 0$$

▶[2]で $|\cdots|$ とは行列式を表わす．また $\lambda\boldsymbol{1}$ とは，$\begin{pmatrix} \lambda & & 0 \\ & \lambda & \\ 0 & & \ddots \end{pmatrix}$ という行列を意味する．

[2]　固有値は，$|\boldsymbol{K}-\lambda\boldsymbol{1}|=0$ の解である．上の例では

$$\begin{vmatrix} 2\kappa-\lambda & -\kappa \\ -\kappa & 2\kappa-\lambda \end{vmatrix} = (2\kappa-\lambda)^2-\kappa^2 = 0 \quad\Rightarrow\quad \lambda = \kappa \quad \text{または} \quad 3\kappa$$

▶$\boldsymbol{O} = \begin{pmatrix} \vdots & \vdots & \vdots & \cdots \end{pmatrix}$
↑ ↑ ↑
固有ベクトル

[3]　n 個の固有ベクトルを規格化し，横に並べて行列 $\boldsymbol{O}$ を作る(各列を固有ベクトルにする)と，$\boldsymbol{O}$ は直交行列になる．上の例では，$\boldsymbol{O}$ は前節(8)の回転行列に一致する．

[4]　$\boldsymbol{O}$ を使って

$$\tilde{\boldsymbol{K}} \equiv {}^t\boldsymbol{O}\cdot\boldsymbol{K}\cdot\boldsymbol{O}$$

と $\tilde{\boldsymbol{K}}$ を定義すると，$\tilde{\boldsymbol{K}}$ は n 個の固有値を対角線上に並べた対角行列になる．上の例では，$\tilde{\boldsymbol{K}}$ は前節(9)に他ならない．その成分が $\boldsymbol{K}$ の固有値に一致していることに注意．

以上の性質により，固有ベクトルと固有値を求めれば，行列 $\boldsymbol{O}$ がわかり，それを使って前節(5)により変数変換をすれば，ポテンシャルが変数分離する(つまり $\boldsymbol{K}$ が対角化される)ことがわかる．

■運動エネルギー

基準座標を求めるには，ポテンシャルばかりでなく運動エネルギーも変数分離させなければならない．まず，関与している物体の質量がすべて等しい場合には，

$$T = \frac{1}{2}\mu(\dot{x}_1{}^2+\dot{x}_2{}^2+\cdots) = \frac{1}{2}\mu(\dot{x}_1, \dot{x}_2, \cdots)\begin{pmatrix}\dot{x}_1\\ \dot{x}_2\\ \vdots\end{pmatrix}$$

$$= \frac{1}{2}\mu(\dot{\tilde{x}}_1, \dot{\tilde{x}}_2, \cdots){}^{\mathrm{t}}\boldsymbol{O}\cdot\boldsymbol{O}\begin{pmatrix}\dot{\tilde{x}}_1\\ \dot{\tilde{x}}_2\\ \vdots\end{pmatrix} = \frac{1}{2}\mu(\dot{\tilde{x}}_1{}^2+\dot{\tilde{x}}_2{}^2+\cdots)$$

▶前節(3)，(3′)および ${}^{\mathrm{t}}\boldsymbol{O}\cdot\boldsymbol{O}=1$ を使った．

となるから，直交行列で変数変換をすれば変数分離は $\tilde{x}_i$ でも実現している．また質量が異なる場合には，

$$T = \frac{1}{2}(\mu_1\dot{x}_1{}^2+\mu_2\dot{x}_2{}^2+\cdots) = \frac{1}{2}(\dot{y}_1{}^2+\dot{y}_2{}^2+\cdots),\quad \text{ただし } y_i \equiv \sqrt{\mu_i}\,x_i$$

というように新しい変数 y_i を定義してから同じ議論をすればよい．

▶この場合，ポテンシャルも y_i で書き替えてから対角化をする．

■固有ベクトルの物理的意味

固有ベクトルから作った行列 $\boldsymbol{O}$ が，基準振動の角振動数を求めるのに役立つことを説明したが，固有ベクトル 1 つ 1 つも基準振動と密接な関係がある．n 行 n 列の一般的な場合を考え，

$$\begin{pmatrix}x_1\\ x_2\\ \vdots\end{pmatrix} = \boldsymbol{O}\begin{pmatrix}\tilde{x}_1\\ \tilde{x}_2\\ \vdots\end{pmatrix} = \begin{pmatrix}a_{11} & a_{12} & \cdots\\ a_{21} & a_{22} & \cdots\\ \vdots & \vdots & \ddots\end{pmatrix}\begin{pmatrix}\tilde{x}_1\\ \tilde{x}_2\\ \vdots\end{pmatrix}$$

とする．$\boldsymbol{O}$ の各列(縦方向)が固有ベクトルになっている．次に，i 番目の基準振動だけが起きているとする．つまり $\tilde{x}_i$ 以外の基準座標はゼロ，$\tilde{x}_j=0\,(j\neq i)$ である．すると，もとの座標については

$$\begin{pmatrix}x_1\\ x_2\\ \vdots\end{pmatrix} = \begin{pmatrix}a_{1i}\\ a_{2i}\\ \vdots\end{pmatrix}\tilde{x}_i \tag{3}$$

つまりもとの座標 x_i は，i 番目の固有ベクトル $(a_{1i}, a_{2i}, \cdots)$ に比例して運動する．固有ベクトルは，基準振動の実際の動きを表わしているのである．

2.4 連成振動の一般論

ぽいんと

自由度が3つ以上の場合も含む，一般的な振動を考える．1自由度の場合，安定点のまわりの微小な運動が単振動であったが，多自由度の場合には連成振動となる．そしてそれは必ず，単振動である基準振動の組合せで表わすことができる．

■多自由度の場合の安定点

複数の質点が力を及ぼし合っており，その力が保存力，つまりポテンシャルで表わされるとしよう．質点の配置を表わす座標を$(x_1, x_2, \cdots, x_N)$とする．1.3節の場合のように，質点がすべて1次元的な運動をするときは，Nは質点の数に等しい．また2.1節のように質点が2方向に運動する場合には，Nは質点の数の2倍である．またポテンシャルは一般に，変数x_iすべての関数となる．そして，ある質点のある座標をx_iとすれば，その質点に働く力のx_i方向の成分は，

$$-\frac{\partial U}{\partial x_i}$$

という式で表わされる．

1.2節では，一般のポテンシャル$U(x)$の安定点(極小点)のまわりでの微小振動が，単振動になることを示した．同様の議論が，多変数のポテンシャル$U(x_1, x_2, \cdots)$に対してもできる．

安定点では力が働かない．多変数の場合は，すべての力を考えなければならないから，質点のある配置が安定であるためには，その位置で

$$\frac{\partial U}{\partial x_i} = 0 \qquad (i=1, 2, \cdots, N) \tag{1}$$

がすべて満たされていなければならない．

▶ただし(1)だけでは，その位置がポテンシャルの「極小」になるとは限らない．右ページの注参照．

■ポテンシャルの行列表示

次に，この安定点の回りの運動を考えてみよう．ただし話を簡単にするために，座標軸をずらして，この安定点が座標軸の原点となるようにする．つまり，原点で(1)が成り立ち，しかも

$$U(0, 0, \cdots) = 0 \tag{2}$$

であるとする．この条件のもとで，ポテンシャルを安定点(原点)の回りで多項式で近似すると，

$$U = \sum_{i,j} \frac{1}{2} K_{ij} x_i x_j + (3\text{次以上の項}) \tag{3}$$

となる．(1)および(2)であるため，0次の項および1次の項はない．また，たとえば x_1x_2 に比例する部分は

$$\frac{1}{2}K_{12}x_1x_2+\frac{1}{2}K_{21}x_2x_1$$

▶一般には，$K_{ij}=K_{ji}$ である．

というように2つに分けられているが，$K_{12}=K_{21}$ となるように等分する．

前節でもしたように，(3)を行列表示すると，

$$U \simeq \frac{1}{2}(x_1, x_2, \cdots)\boldsymbol{K}\begin{pmatrix} x_1 \\ x_2 \\ \vdots \end{pmatrix}$$

となる．$\boldsymbol{K}$ は対称行列になっていることに注意しよう．

▶ただし，$\boldsymbol{K}$ の固有値，つまり $\boldsymbol{K}$ の成分がすべて正でなければ，原点は安定点(極小)にはならないので，運動は振動にはならない(章末問題参照)．

ここまでくれば，後は前節までの議論が使える．$\boldsymbol{K}$ を対角化する直交行列 $\boldsymbol{O}$ を見つけ，それを使って基準座標を定義すれば問題が解ける．

■運動方程式と固有値・固有ベクトル

エネルギーではなく運動方程式から基準振動を求めるときも，対称行列の性質を使った考え方が役に立つ．まず，連成振動の運動方程式を

▶質量はすべて等しいとする．質点により質量が異なるときは，前節で説明した変数変換をした上での議論だとする．

$$\mu\frac{d^2x_1}{dt^2} = -K_{11}x_1-K_{12}x_2-\cdots$$
$$\vdots$$

と書く．ある1つの基準振動だけが起きているとすれば，すべての座標はその角振動数(ω とする)で動いているはずだから，

$$x_i = a_i\sin(\omega t+\theta_0)$$

と書ける．基準振動の形を決めているのがベクトル $(a_1, a_2, \cdots)$ である．これを上の式に代入して $\sin\omega t$ で割れば

$$-\mu\omega^2 a_1 = -K_{11}a_1-K_{12}a_2-\cdots \quad \text{etc.},$$

$$\Rightarrow \begin{pmatrix} K_{11}-\mu\omega^2 & K_{12} & \cdots \\ K_{21} & K_{22}-\mu\omega^2 & \cdots \\ \vdots & \vdots & \ddots \end{pmatrix}\begin{pmatrix} a_1 \\ a_2 \\ \vdots \end{pmatrix} = 0 \qquad (4)$$

とも書ける．ω を定数と考えれば，これは N 個の変数 a_i に対する N 個の連立方程式である．そして，a_i が完全に決まるとすれば，それはすべての a_i がゼロという解しかありえない．つまりその角振動数 ω での振動は起こらないということになる．しかし数学の定理によれば，ω の値を適当に選んで(4)の左辺の行列式をゼロにすれば，a_i は完全には決まらず，ゼロでなくてもよくなる．行列式は，ω の N 次の多項式になる．これは前節[2]の固有値 λ を決める条件($\mu\omega^2$ が λ に対応する)に他ならない．そしてこのように ω を決めたとき(4)は，行列 $\boldsymbol{K}$ の固有ベクトル $(a_1, a_2, \cdots)$ を求める式になっている(固有値は $\mu\omega^2$)．結局，変数変換をして基準振動を求めるという方法と同等であることがわかる．

2.5 具 体 例(固定端と自由端)

ぽいんと

前節の議論の例として，3つの質点がバネでつながっている場合を議論する．

キーワード：固定端，自由端

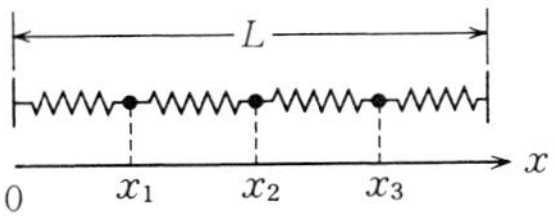

図1 バネでつながった3質点

■バネでつながった3質点の運動(固定端の場合)

例題 図1のように，3つの質点がバネでつながっているときの振動を求めよ．質点の質量 μ，バネ定数 κ，バネの自然長 l はすべて等しいとする．(両端は壁に固定されているので，これを**固定端**の問題という．あとで，固定されていない自由端の問題を考える.)

［解法］ 各質点の座標を $x_i(i=1,2,3)$ とする．ポテンシャルは

$$U = \frac{\kappa}{2}\{(x_1-l)^2+(x_2-x_1-l)^2+(x_3-x_2-l)^2+(L-x_3-l)^2\} \quad (1)$$

となる．これを各座標で微分してゼロとすれば安定点が求まるが，計算しなくとも答が

$$x_1 = L/4, \quad x_2 = L/2, \quad x_3 = 3L/4$$

となることは想像がつくだろう．また，安定点からのずれを

$$u_1 \equiv x_1-L/4, \quad u_2 \equiv x_2-L/2, \quad u_3 \equiv x_3-3L/4$$

で表わせば，ポテンシャルは(安定点での値を U_0 として)

$$U = U_0+\kappa(u_1{}^2+u_2{}^2+u_3{}^2-u_1u_2-u_2u_3)$$

となる．これも，(1)と2次の係数だけ比較すればすぐに求まる．

▶ $u_i=0$（安定点)では各質点に力が働かないのだから，u_i についての1次の項はない．

次に，これを行列表示すると

$$U = U_0+\frac{1}{2}(u_1, u_2, u_3)\boldsymbol{K}\begin{pmatrix} u_1 \\ u_2 \\ u_3 \end{pmatrix}, \qquad \boldsymbol{K} = \begin{pmatrix} 2\kappa & -\kappa & 0 \\ -\kappa & 2\kappa & -\kappa \\ 0 & -\kappa & 2\kappa \end{pmatrix}$$

であり，$\boldsymbol{K}$ の固有値は $|\boldsymbol{K}-\lambda\mathbf{1}|=0$ より

$$\begin{vmatrix} 2\kappa-\lambda & -\kappa & 0 \\ -\kappa & 2\kappa-\lambda & -\kappa \\ 0 & -\kappa & 2\kappa-\lambda \end{vmatrix} = (2\kappa-\lambda)^3-2\kappa^2(2\kappa-\lambda) = 0$$

$$\Rightarrow \quad \lambda = 2\kappa, \ (2\pm\sqrt{2})\kappa \ (\equiv \lambda_\pm \text{と書く})$$

となる．固有ベクトル((a,b,c) とする)は

$$\begin{pmatrix} 2\kappa & -\kappa & 0 \\ -\kappa & 2\kappa & -\kappa \\ 0 & -\kappa & 2\kappa \end{pmatrix}\begin{pmatrix} a \\ b \\ c \end{pmatrix} = \lambda\begin{pmatrix} a \\ b \\ c \end{pmatrix} \quad \Rightarrow \quad \begin{cases} 2\kappa a-\kappa b = \lambda a \\ -\kappa a+2\kappa b-\kappa c = \lambda b \\ -\kappa b+2\kappa c = \lambda c \end{cases}$$

という連立方程式を，上の λ それぞれに対して解けば求まる．ただし，3

▶λ が固有値の場合は，2 式が満たされていれば，もう 1 つの式は自動的に満たされる．これが，$a=b=c=0$ とならない理由である．この問題の場合は，第 1 式と第 3 式を使うのが手っ取りばやい．

式すべて使う必要はなく，適当な 2 つを使って $a:b:c$ の比を求め，あとは規格化条件より値を決める．結果は

$$\lambda = 2\kappa \text{ のとき } \begin{pmatrix} 1/\sqrt{2} \\ 0 \\ -1/\sqrt{2} \end{pmatrix}, \quad \lambda = \lambda_{\pm} \text{ のとき } \begin{pmatrix} 1/2 \\ \mp 1/\sqrt{2} \\ 1/2 \end{pmatrix} \tag{2}$$

この 3 つが，どのような基準振動に対応するのか考えておこう．前節でも述べたように，固有ベクトル (a,b,c) に対応する基準振動では，x_1, x_2, x_3 が $a:b:c$ の比で運動している．したがって(2)の最初の固有ベクトルは，真ん中の質点が静止し，両側が逆向きに動く振動，λ_- は，すべてが同じ方向に動く振動，λ_+ は真ん中だけ逆向きに動く振動に対応することがわかる(図 2)．角振動数は $\sqrt{\lambda/\mu}$ で与えられるが，λ_- の場合が一番小さく λ_+ の場合が一番大きい．これも，振動の様子がわかれば見当がつく．(質点にかかる力が大きいほど，振動が速くなることを考えよ.)

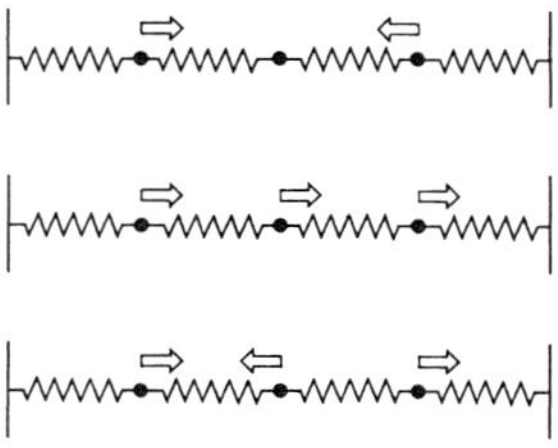
図 2　3 つの基準振動

■バネでつながった 3 質点の運動(自由端の場合)

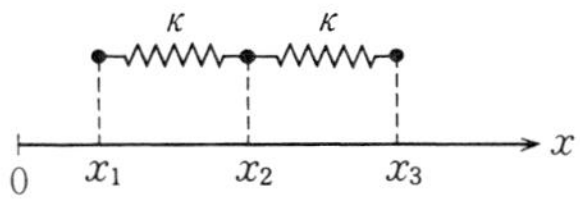

図 3　自由端の問題

例題　図 3 のように，3 つの質点が，同じ性質のバネ 2 つでつながれている場合の運動を考えよ．ただし質点はすべて，バネの方向にのみ動くとする．(両端が壁につながれていないので，**自由端**の問題という.)

［解法］　ポテンシャルは

$$U = \frac{\kappa}{2}\{(x_2-x_1-l)^2+(x_3-x_2-l)^2\}$$

安定点では $x_2-x_1=l$，$x_3-x_2=l$ であることはすぐにわかるが，この 2 条件だけでは 3 つの質点の位置は決まらない．この系はどこにもつながっていないので，全体の位置が決まらないのは当然である．そこで取りあえず

$$u_1 \equiv x_1, \quad u_2 \equiv x_2-l, \quad u_3 \equiv x_3-2l$$

とすると(安定点では $u_1=u_2=u_3$)

$$\begin{aligned} U &= \frac{\kappa}{2}(u_1{}^2+2u_2{}^2+u_3{}^2-2u_1u_2-2u_2u_3) \\ &= \frac{1}{2}(u_1, u_2, u_3)\begin{pmatrix} \kappa & -\kappa & 0 \\ -\kappa & 2\kappa & -\kappa \\ 0 & -\kappa & \kappa \end{pmatrix}\begin{pmatrix} u_1 \\ u_2 \\ u_3 \end{pmatrix} \end{aligned} \tag{3}$$

となる．したがって，固有値 λ は $|\boldsymbol{K}-\lambda\mathbf{1}|=0$ より

$$(\kappa-\lambda)^2(2\kappa-\lambda)-2(\kappa-\lambda)\lambda^2 = 0 \quad \Rightarrow \quad \lambda = 0, \kappa, 3\kappa \tag{4}$$

となる．$\lambda=0$ に対応する基準座標を $\tilde{x}_1$ とすれば，運動方程式は

$$\mu\frac{d^2\tilde{x}_1}{dt^2}\,(=-\lambda\tilde{x}_1) = 0 \quad \Rightarrow \quad \tilde{x}_1 \text{ は等速運動}$$

▶他の基準座標は単振動である．詳細は章末問題参照．

また，その固有ベクトルは $(1,1,1)$ に比例するから，これは 3 質点が同じ方向に等速で動く運動に対応していることがわかる．

章末問題

［2.1節］

2.1

$$U = \frac{17}{4}x^2 - \frac{15}{2}xy + \frac{17}{4}y^2$$

を，主軸を表わす座標 x, y で書き直せ．また，$t=0$ で $(x, y)=(1, 0)$ かつ速度はゼロという初期条件のもとで，この曲面上での，質点($\mu=1$ とする)の運動の軌跡の概略図を書け．

2.2 1.5節右ページの条件を満たす二重振り子に対応する，曲面の式を求めよ．また，(2.1.9)より主軸の方向を求め，それが1.5節の結果と一致することを確かめよ．

［2.2節］

2.3 2.2節の(7),(8),(9)を使って，(6)を確かめよ．

［2.3節］

2.4 (i) 1.5節右ページの条件を満たす二重振り子の，ポテンシャルを表わす行列 $\boldsymbol{K}$ を求めよ(問題2.2参照)．(ii) その固有値から角振動数を求め，1.5節の結果に一致することを確かめよ．(iii) 固有ベクトルを求めて，それが(2.3.3)の意味で基準振動の動きを表わしていることを示せ．(iv) $\boldsymbol{K}$ を対角化する直交行列を求めよ．それが(2.2.4)を満たしていることも確かめよ．(v) その直交行列が，質点の座標を，1.5節で求めた基準座標に変換する行列になっていることを確かめよ．

［2.4節］

2.5 行列 $\boldsymbol{K}$ に負の固有値があったら，x はどのような運動をするか．それは，2.1節の曲面上の運動で考えると，どのような状況に対応するか．

［2.5節］

2.6 2.5節の固定端の問題の初期条件($t=0$)として，x_2 だけが安定点から d だけずれた状態で，(3質点とも)静止しているとする．その後の質点の運動を求めよ．

2.7 2.5節の自由端の問題(2.5.3)の3つの固有ベクトルを求め，それがどのような基準振動に対応しているかを考えよ．

2.8 3つの同じバネでつながった，3つの同じ質量の質点と，それをつなぐ3つの同じバネが，半径 a の輪に沿って，摩擦を受けずに動けるようになっている(図1)．そのときの基準振動を求めよ．

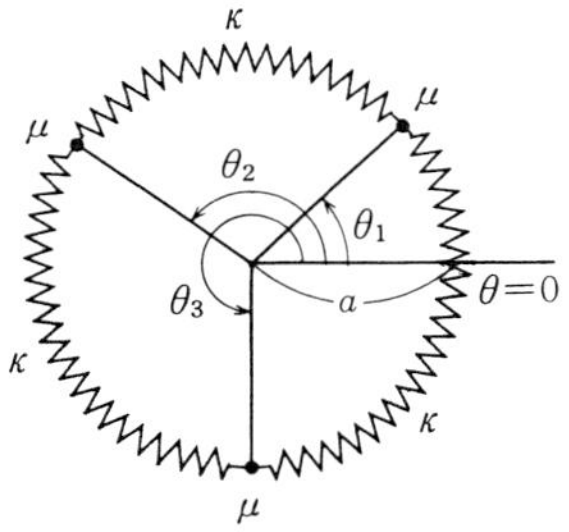

図1 輪になった3つのバネ

3

質点系が作る波動

きききどころ

多数の質点を，同じバネでつなげて一列に並べる．原子が規則正しく並んでいる結晶格子の簡単な模型である．質点は，横方向(バネの方向)のみに動くとする．各質点は振動をするが，全体としては波のような動きになる．鎖の両端を固定した場合，両端には何もつけない場合，あるいは鎖が無限につながっている場合などにわけて，どのような波が生じるかを計算する．波長と振動数との関係，あるいは波長と波の動く速さとの関係などを議論する．

3.1 1次元結晶格子の振動

ぽいんと

質点が一列に N 個，バネによってつながれている場合の振動を考える．全体が波のように動く振動が基準振動になる．これを**波動**と呼ぶ．原子が規則的に並んでいる物質(結晶格子)の振動に対する基本的な模型である．

キーワード：波動

■バネの連鎖

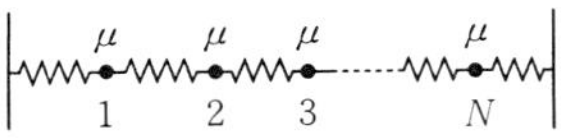

図1 両端が固定された質点の鎖

図1のように，N 個の質点が $N+1$ 個のバネで一列につながっており，各質点は左右にのみ動けるとしよう．質点の質量 μ，バネ定数 κ，バネの長さはすべて等しいとし，また両端は固定されている(固定端)とする．

全体の長さを L とすれば，各質点が $L/(N+1)$ の間隔に並んだ状態が，この系の安定点である．そこからの各質点のずれを u としよう．するとポテンシャルは，2.5節と同じ議論で

$$U = U_0+\kappa(u_1{}^2+u_2{}^2+\cdots+u_N{}^2-u_1u_2-u_2u_3-\cdots-u_{N-1}u_N) \quad (1)$$

となることはすぐに想像できるだろう．これは

▶自然長からのずれを x とすると，バネのポテンシャルエネルギーは $\kappa x^2/2$ だから，安定点でバネが自然長だとすれば(1′)の形はすぐに理解できる．しかし(1′)はそうでなくても成り立つ式である．

$$U = U_0+\frac{1}{2}\kappa\{u_1{}^2+(u_2-u_1)^2+(u_3-u_2)^2+\cdots+(u_N-u_{N-1})^2+u_N{}^2\} \quad (1')$$

とも書ける．あるいは行列表示すると

$$U = U_0+\frac{1}{2}(u_1, u_2, \cdots)\begin{pmatrix} 2\kappa & -\kappa & 0 & O \\ -\kappa & 2\kappa & -\kappa & \\ 0 & -\kappa & 2\kappa & \\ & O & & \ddots \end{pmatrix}\begin{pmatrix} u_1 \\ u_2 \\ u_3 \\ \vdots \end{pmatrix}$$

■基準振動

▶u_n に働く力は $-\dfrac{\partial U}{\partial u_n}$.

運動方程式は，$n=1$ あるいは $n=N$ の場合を除き，

$$\mu\frac{d^2u_n}{dt^2} = -\kappa(-u_{n-1}+2u_n-u_{n+1}) \quad (2)$$

▶$u_0=u_{N+1}=0$ は，固定端という問題の条件からも納得できる．

である．しかし $u_0=u_{N+1}=0$ と定義すれば，この式は $n=1$ あるいは $n=N$ でも成り立つ．

ある特定の基準振動(角振動数を ω とする)だけが起きているとすれば，すべての質点が比例して動くので，

$$u_n = a_n\sin(\omega t+\theta_0) \qquad (a_n \text{は定数}) \quad (3)$$

と書ける．これを(2)に代入すれば

$$\mu\omega^2a_n = \kappa(-a_{n-1}+2a_n-a_{n+1}) \quad (4)$$

となる．ただし $a_0=a_{N+1}=0$．前章では，右辺を行列表示し，まずその行

列の固有値を計算するという方法を説明した．しかし変数が増えると行列式を解くのは難しくなる．そこで(4)の解を直接見つけることを試みよう．

まず，基準振動は全体として，sin のような波の形をしているという予想をたてる．各質点の動きは横方向であるが，その振れ幅を縦軸にとってグラフを描くと，図2のようになるという意味である．

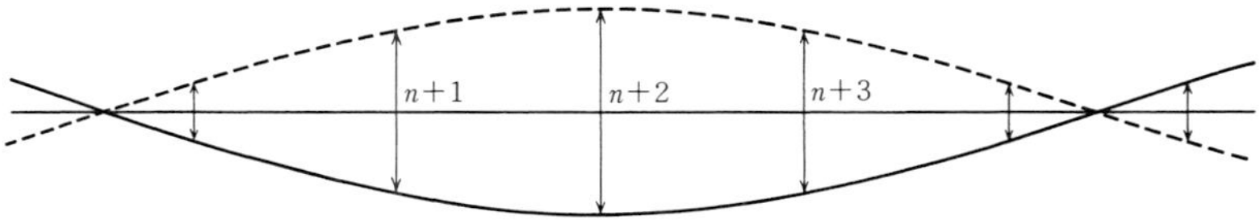

図2 各質点の動きを縦に示した図

そこで，k をある定数とし，

$$a_n = C \sin kn \qquad (C \text{ は定数}) \tag{5}$$

という形になるという予想をたてる．cos ではなく sin にしたのは，$a_0=0$ とするためである．また $a_{N+1}=0$ でもあるので

$$k = \pi m/(N+1) \qquad (m \text{ は整数}) \tag{6}$$

という条件もつく．(5)が(4)の解になっているためには，

▶(4)で $\sin k(n\pm1) = \sin kn \cos k \pm \cos kn \sin k$ を使う．

$$\mu\omega^2 = 2\kappa(1-\cos k) \left(=4\kappa \sin^2 \frac{k}{2}\right) \tag{7}$$

でなければならないから，(6)と組み合わせて，基準振動の角振動数が

▶各基準振動の形の説明は次節参照．

$$\omega^2 = \frac{4\kappa}{\mu} \sin^2 \frac{\pi m}{2(N+1)} \tag{8}$$

という値を取ることがわかる．

m は任意の整数なので，(8)を見るとこれで無限個の基準振動があるようにも見えるが，実はそうではない．m が1から N までの解ですべてが尽くされている．たとえば $m=N+1$ だったら $k=\pi$ だから

$$a_n = C \sin \pi n = 0$$

となる．この式は sin 関数で表わされているので，一見，波のようだが，実はどの質点も動いていない($u_n=0$)．質点はとびとびにしかないので，n が整数でないときは実際の運動には関係がない．

また，m がさらに大きいときも

$$a_n \propto \sin \frac{\pi m}{N+1} n = \sin \frac{\pi\{m-2(N+1)\}}{N+1} n \tag{9}$$

▶m を $m-2(N+1)$ に減らしていき，必要ならば最後に $m \leftrightarrow -m$ とする．

という式を使えば，かならず $1 \leqq m \leqq N$ の範囲のものと同等であることがわかる．したがって，無限個の基準振動があるわけではない．変数が N 個ならば，基準振動の数も N 個でなければならない．

3.2 基準振動の形

ぽいんと

前節で求めた基準振動が，どのような振動を表わすのかを調べる．m 番目の基準振動は，波長が $2L/m$（L は系全体の長さ）の定常波であることがわかる．また，基準座標を定義し，質点の座標との変換公式を求める．

キーワード：波長，定常波

■基準振動の形

▶以下，各質点を表わす添字は n，各基準振動を表わす添字は m とする．

前節の計算により，N 個の基準振動があることがわかった．各基準振動の角振動数 ω_m（$m=1,\cdots,N$）は前節(8)で決まり，その基準振動による各質点の動きは，前節の(3)と(5)より

$$u_n(m\text{ 番目の基準振動}) = C_m(t)\sin\frac{\pi m}{N+1}n$$
$$\text{ただし，} C_m(t) \propto \sin(\omega_m t+\theta_0) \qquad (1)$$

となる．質点の一般の運動は，このような N 個の基準振動の和になるが，まず各基準振動が，どのような質点の運動を表わすのかを図示しておこう．質点は実際には左右に動くのだが，その動きを上下方向に図示する．まず $m=1$ の場合には，ある特定の時刻には図1のようになる．$\sin\dfrac{n\pi}{N+1}$ より予想されるように，波の形をしている．半波長分である．そして全体が $C_1(t)$ に比例するのだから，この波は図では，形を変えないで上下運動（実際には左右の振動）をする．波は振動はするが，その形は変わらない．このような波を**定常波**という．

図1　$m=1$ の基準振動の形

▶波の山から山までの距離を**波長**という．

$m=2$ あるいは3の場合も図示した（図2）．一般に，m 番目の基準振動は，$m/2$ 波長分の定常波である．波の節（振動しない部分）は，両端を除くと $m-1$ 個ある．そしてもし $m=N+1$ だったら，すべての質点が節の位置にきてしまい，何も動かなくなることは，前節でも説明した通りである．

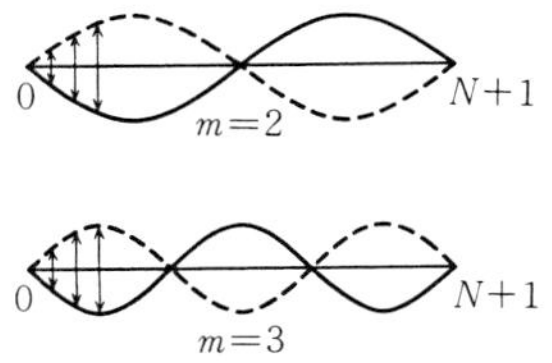

図2　$m=2,3$ の基準振動の形

■基準座標

前章までの計算では，まず特定の角振動数で振動する基準座標というものを具体的に求めてから，各質点の運動を考えた．しかし前節では，各基準振動に対応する質点の運動を直接求めたので，まだ基準座標は定義していない．しかし複数の基準振動が組み合わさった，より一般的な質点の運動を扱うには，基準座標を定義しておく必要がある．

基準座標とは，(2.3.3)の $\tilde{x}_i$ のように，各基準振動全体の大きさを表わす，(1)の $C_m(t)$ に比例した量である．m 番目の基準座標を $\tilde{u}_m(t)$ とす

れば，(1)は

▶$\tilde{u}_m(t) \propto \sin(\omega_m t+\theta_0)$

$$u_n(m\text{ 番目の基準振動}) = a_{nm}\tilde{u}_m(t)$$
$$a_{nm} \equiv c_m \sin\frac{\pi m}{N+1}n \qquad (c_m\text{ は定数}) \tag{2}$$

と書ける．したがって，一般にはすべての基準振動を加えて

$$u_n(t) = \sum_m a_{nm}\tilde{u}_m(t)$$

となる．行列表示すれば，

$$\begin{pmatrix} u_1 \\ u_2 \\ \vdots \end{pmatrix} = \boldsymbol{O}\begin{pmatrix} \tilde{u}_1 \\ \tilde{u}_2 \\ \vdots \end{pmatrix}, \qquad \boldsymbol{O} \equiv \begin{pmatrix} a_{11} & a_{12} & \cdots \\ a_{21} & a_{22} & \cdots \\ \vdots & \vdots & \ddots \end{pmatrix}$$

この行列$\boldsymbol{O}$が直交行列であれば，前章の議論(特に2.4節)がすべて使えるが，実際，係数c_mをうまく選べばそうすることができる．それを示すのが，次の定理である．

▶cosに対する同様な定理は，次節参照．

定理

$$\sum_{n=1}^{N}\sin\frac{\pi mn}{N+1}\sin\frac{\pi m'n}{N+1} = \begin{cases} \dfrac{N+1}{2} & m=m'\text{ のとき} \\ 0 & m\neq m'\text{ のとき} \end{cases} \tag{3}$$

[証明の方針] $m=m'$の場合を考える．三角関数を指数関数になおして計算する．$A\equiv\pi/(N+1)$として

▶$\sin\theta = \dfrac{e^{i\theta}-e^{-i\theta}}{2i}$

$$\left(\sin\frac{\pi mn}{N+1}\right)^2 = \left(\frac{e^{iAmn}-e^{-iAmn}}{2i}\right)^2 = \frac{2-e^{2iAmn}-e^{-2iAmn}}{4}$$

である．また$e^{in\theta}=(e^{i\theta})^n$であることに注意して等比数列の和の公式を使うと

$$\sum_{n=1}^{N}e^{2iAmn} = e^{2iAm}\frac{1-e^{2iAmN}}{1-e^{2iAm}} = \frac{e^{2iAm}-e^{2iAm(N+1)}}{1-e^{2iAm}} = -1$$

▶$e^{2iAm(N+1)}=e^{2\pi im}=\cos 2\pi m + i\sin 2\pi m=1$
(mは整数だから)

同様に

$$\sum_{n=1}^{N}e^{-2iAmn} = -1$$

したがって

$$\text{与式} = \frac{1}{4}\left\{\left(\sum_{n=1}^{N}2\right)+2\right\} = \frac{1}{4}(2N+2) = \frac{N+1}{2}$$

$m\neq m'$の場合も同様にできる(章末問題参照)．(終)

この定理を用いると，(2)で

$$c_m = \sqrt{2/(N+1)}$$

とすれば，N個のベクトル$(a_{1m}, a_{2m}, \cdots)$は規格化されることがわかる．しかも互いに直交しているから，それを並べた行列$\boldsymbol{O}$は直交行列となる．

▶N個のベクトル$(a_{1m}, a_{2m}, \cdots)$の規格化と直交性を

$$\sum_{m=1}^{N}a_{im}a_{jm} = \delta_{ij}$$

と表わす．
δ_{ij}とは$i=j$のとき1，$i\neq j$のとき0を意味する記号(**クロネッカーのデルタ**と呼ぶ)．

3.3 初期値問題

ぽいんと

前節までの計算で，バネでつながった質点系の基準振動，そして質点の座標と基準座標の変換法則が求まった．それを使えば，この系の任意の運動を調べることができる．

キーワード：初期値問題

■基準座標

まず，前節の結果をまとめておこう．n 番目の質点のずれを $u_n(t)$ とし，また m 番目の基準振動の大きさを表わす量を $\tilde{u}_m(t)$ とすれば，

$$
\begin{aligned}
u_n(t) &= \sum_{m=1}^{N} a_{nm}\tilde{u}_m(t) \\
a_{nm} &= \sqrt{\frac{2}{N+1}}\sin\frac{\pi mn}{N+1}
\end{aligned}
\tag{1}
$$

である．また，基準振動とは一定の角振動数で単振動をするのだから，その一般的な運動は

$$
\begin{aligned}
\tilde{u}_m(t) &= A_m\sin(\omega_m t+\theta_m) \\
\omega_m &= 2\sqrt{\frac{\kappa}{\mu}}\sin\frac{\pi m}{2(N+1)}
\end{aligned}
\tag{2}
$$

▶ω_m は(3.1.8)で求めた．

▶A_m と θ_m はそれぞれ，各基準振動の振幅と初期位相である．

と表わせる．ただし，A_m および θ_m は任意の定数である．

エネルギーは基準座標で表わせばもちろん変数分離している．しかも変換行列 $\boldsymbol{O}=\{a_{nm}\}$ が直交行列になるように a_{nm} を定義した(つまり規格化した)ので，運動エネルギーの形は変わらない

$$
T = \frac{1}{2}\mu\sum_{n=1}^{N}\left(\frac{du_n}{dt}\right)^2 = \frac{1}{2}\mu\sum_{m=1}^{N}\left(\frac{d\tilde{u}_m}{dt}\right)^2 \tag{3}
$$

また，各基準振動は，角振動数 ω_m の単振動をするのだから，ポテンシャルエネルギー U は

$$
U\ (=(3.1.1)) = \frac{1}{2}\mu\sum_{m=1}^{N}{\omega_m}^2{\tilde{u}_m}^2
$$

■初期値問題

以上の結果を使えば，初期値問題が解ける．**初期値問題**とは，ある時刻における質点の配置と速度(初期条件)を指定したときの，系のその後の運動を調べることである．

方針は，まず質点の初期条件を使って，基準座標 $\tilde{u}_m$ の初期条件を求める．$\tilde{u}_m$ の運動は単振動だから，それのその後の変化はすぐに計算できる．そしてそれを使い，質点のその後の運動を求めればよい．

基準座標の変化から質点の運動を求めるには，(1)を使えばよい．逆に，質点の初期条件から $\tilde{u}_m$ の初期条件を求めるには，(1)の逆変換が必要である．逆変換は，変換行列 $\boldsymbol{O}=\{a_{nm}\}$ が直交行列になるように a_{nm} を定義したので，その転置行列で表わされる．転置行列とは

$$(\boldsymbol{O})_{nm}=a_{nm} \quad \Rightarrow \quad ({}^{\mathrm{t}}\boldsymbol{O})_{nm}=a_{mn}$$

というものだから，(1)より，

▶ $\begin{pmatrix}\tilde{u}_1\\ \tilde{u}_2\\ \vdots\end{pmatrix}={}^{\mathrm{t}}\boldsymbol{O}\begin{pmatrix}u_1\\ u_2\\ \vdots\end{pmatrix}$

$$\tilde{u}_m=\sum_{n=1}^{N}({}^{\mathrm{t}}\boldsymbol{O})_{mn}u_n=\sum_{n=1}^{N}a_{nm}u_n \tag{4}$$

となる．(ただしこの問題では，(1)より $a_{nm}=a_{mn}$ なので，$\boldsymbol{O}$ と ${}^{\mathrm{t}}\boldsymbol{O}$ を区別する必要はない．)

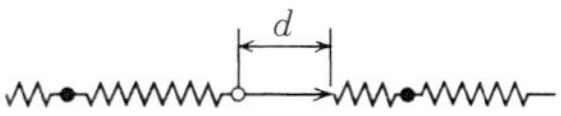

図1 中央の質点だけを d だけずらす．

例題 質点が奇数個だとし，その中央($n=(N+1)/2$)の質点だけを d だけ人為的に右にずらす．ただし，その他のすべての質点は静止させておく(図1)．この状態から $t=0$ 以降，すべての質点を自由に動かしたときの，各質点の $t>0$ での動きを計算せよ．

［解法］ $t=0$ での初期条件は

$$u_n(0)=\begin{cases}d & n=(N+1)/2\\ 0 & n\neq(N+1)/2\end{cases} \tag{5}$$

$$\frac{du_n}{dt}(0)=0$$

したがって，各基準座標の初期条件は(4)より

▶(1)より

$$a_{nm}=\sqrt{\frac{2}{N+1}}\sin\frac{\pi mn}{N+1}$$

$n=(N+1)/2$ とおくと

$$a_{\frac{N+1}{2}m}=\sqrt{\frac{2}{N+1}}\sin\frac{\pi m}{2}$$

$$\tilde{u}_m(0)=a_{\frac{N+1}{2}m}\cdot d=\sqrt{\frac{2}{N+1}}d\cdot\sin\frac{\pi m}{2}$$

$$\frac{d\tilde{u}_m}{dt}(0)=0$$

である．基準座標の一般解は(2)であるから，この条件を満たすには，

$$\begin{aligned}\tilde{u}_m(t)&=\tilde{u}_m(0)\cos\omega_m t\\ &=\sqrt{\frac{2}{N+1}}d\cdot\sin\frac{\pi m}{2}\cos\omega_m t\end{aligned}$$

▶ $\frac{d\tilde{u}_m}{dt}=0\ (t=0)$ より，$\tilde{u}_m(t)$ を cos 関数で表わした．

とすればよい．したがって，各質点の座標は(1)より

$$u_n(t)=\frac{2d}{N+1}\sum_{m=1}^{N}\sin\frac{\pi mn}{N+1}\cdot\sin\frac{\pi m}{2}\cdot\cos\omega_m t \tag{6}$$

となる．

注意 $t=0$ で(6)は

▶ただし，前節(4)で m と n を入れ換え $m'=\frac{N+1}{2}$ とする．

$$u_n(0)=\frac{2d}{N+1}\sum_{m=1}^{N}\sin\frac{\pi mn}{N+1}\sin\frac{\pi m}{2}$$

となる．これが初期条件(5)と一致していることは，前節の(3)を使えばわかる．

3.4 自由端の問題

ぽいんと

3.2節，3.3節で扱った問題では，系の両端は固定されていると仮定されていた(固定端)．それに対し，両端は何にもつながっていないという状況も考えられる．両端からは力を受けないので，**自由端の境界条件**という．この問題も，ほぼ同じ手法を使って解くことができる．

キーワード：自由端の境界条件

■自由端の境界条件

3.1節の問題で，質点1の左側，および質点Nの右側には，バネがついていない場合を考える．この両側の質点以外に対する運動方程式は，固定端の場合(3.1.2)と変わらない．両側の質点に対しても，適当な条件をつけ加えれば同じ式が成り立つ．「適当な条件」とは，さらに外側に仮想の質点0と$N+1$を考え，そのずれを

$$u_0 = u_1, \quad u_N = u_{N+1} \tag{1}$$

と仮定する．こうしておけば，質点1とその左側に仮想的に考えた質点0との距離が変わらないので，質点1は左側からは力を受けていないことになる．質点Nと(仮想の)質点$N+1$との関係も同じである．

固定端の場合と同様に，基準振動は波の形をしていると仮定しよう．しかし，$u_0=0$ではないので，(3.1.5)のように$a_n \propto \sin kn$とはできない．そこでまず

▶n番目の質点のずれu_nを，振幅がa_nとして，$u_n = a_n \sin(\omega_m t + \theta_{0m})$と書く．$\omega_m$，$\theta_{0m}$は各基準振動ごとに異なる定数．

$$a_n = C\cos(kn+\alpha) \quad (\alpha \text{は定数}) \tag{2}$$

とする．まず(1)の第1条件$u_0=u_1$より

$$\cos\alpha = \cos(k+\alpha)$$

kは0でないから，

$$\alpha = -(k+\alpha) \Rightarrow \alpha = -\frac{k}{2}$$

とすればよい．また(1)の第2の条件より

$$\cos\left(kN-\frac{k}{2}\right) = \cos\left(kN+\frac{k}{2}\right)$$

$$\Rightarrow kN-\frac{k}{2} = 2m\pi-\left(kN+\frac{k}{2}\right) \Rightarrow k = \frac{\pi m}{N} \tag{3}$$

▶(3)で$m>0$のとき$k>0$となるように等式を置いた．

と，kを決める条件が求まる．mは任意の整数であるが基準振動はN個なのだから，$0 \leqq m \leqq N-1$とすれば十分である．それ以外のmは，(3.1.9)に類似の関係により$0 \leqq m \leqq N-1$のどれかの基準振動に等しい．以下，このmを，基準振動を区別する番号mとして用いる．

▶運動方程式(3.1.4)は$\mu\omega^2 a_n = \kappa(-a_{n-1}+2a_n-a_{n+1})$

m番目の基準振動の角振動数ω_mは，(2)を運動方程式(3.1.4)に代入し

て求める．(3.1.7)は変わらないが，(3.1.6)は(3)に変わっているので，結局

$$\omega_m{}^2 = \frac{4\kappa}{\mu}\sin^2\frac{\pi m}{2N}$$

■基準振動の形

結局，基準振動の形は

$$u_n(m\text{ 番目の基準振動}) \propto \cos\frac{\pi m}{N}\left(n-\frac{1}{2}\right) \qquad (m=0,\cdots,N-1)$$

となる．まず $m=0$ の場合は，u_n が n に依存していない．つまり全体が同一方向に動く運動である．しかも，この場合は ω_0 もゼロになるので，基準振動は実は振動ではなく，等速運動である．つまりこれは，系全体が形を変えずに等速運動をする場合に相当する(2.5 節参照)．

▶ $\frac{d^2\tilde{u}_0}{dt^2} = -\omega_m{}^2\,\tilde{u}_0 = 0$
$\Rightarrow$ $\tilde{u}_0$ は等速運動

次に $m=1$ は，($\pi/2N$ のずれを除けば)ほぼ半波長の波になり(図 1)，一般の m では $m/2$ 波長の波である．これは固定端の場合と同じだが，両端での振舞いは異なっている．自由端の場合は，両端がほぼ最大の振幅で振動し，そこでは波の形がほぼ平らになるというのが特徴である．(特に $N\to\infty$ のときは，「ほぼ」という言葉は必要がなくなる.)

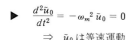

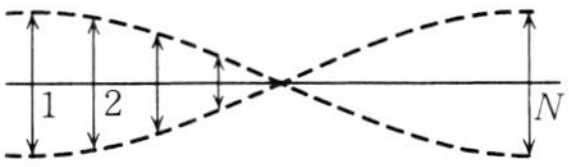

図 1 $m=1$ の基準振動の形(自由端の場合)

■基準座標

基準座標も，固定端の場合と同様にして求められる．m 番目の基準座標を $\tilde{u}_m$ とすれば，(3.2.2)と同様に

▶ $\tilde{u}_m(t) \propto \sin(\omega_m t+\theta_{0m})$

$$u_n(t) = \sum_m a_{nm}\tilde{u}_m(t)$$
$$a_{nm} \equiv c_m \cos\frac{\pi m}{N}\left(n-\frac{1}{2}\right) \qquad (c_m\text{ は定数}) \tag{4}$$

と書ける．そして a_{nm} から作る行列を直交行列にするには，次の定理を用いる．

定理

$$\sum_{n=1}^{N}\cos\left\{\frac{\pi m}{N}\left(n-\frac{1}{2}\right)\right\}\cos\left\{\frac{\pi m'}{N}\left(n-\frac{1}{2}\right)\right\} = \begin{cases} N & m=m'=0 \\ \frac{N}{2} & m=m'\neq 0 \\ 0 & m\neq m' \end{cases}$$

この定理の証明は，3.2 節の sin の定理と同様にすればできる．結局

$$c_m(m\neq 0) = \sqrt{\frac{2}{N}}, \qquad c_0 = \frac{1}{\sqrt{N}}$$

とすれば，N 個のベクトル $(a_{1m}, a_{2m}, \cdots)$ は規格化され，しかも互いに直交しているので，それを並べれば直交行列になる．

3.5 進行波と分散関係

ぽいんと

波動には，定常波ばかりでなく**進行波**(形が動いていく波)というものがある．今まで考えてきた，バネでつながった質点の模型で進行波を考えるには，質点が無限個続いている状況で考えればよい．波の進行速度はその波長によって異なる．波長(あるいは波数)と角振動数との関係を分散関係と呼ぶが，波の速度は分散関係によって決まる．また，質量が交互に変わる質点系の波動も計算する．

キーワード：進行波，波数(角波数)，分散関係，光学モード，音響モード

■進行波

質量 μ の質点が，バネ定数 κ のバネで無限個つながっているとする．各質点の安定点からのずれを u_n とする．ただし n は，$-\infty$ から $+\infty$ までのすべての整数である．運動方程式の形は前節までのものと変わらないが，両端での条件というものがない．

$$u_n \propto \sin(kn-\omega t) \ \left(=\sin k\left(n-\frac{\omega}{k}t\right)\right) \tag{1}$$

という形の解を探そう．

▶(1)の2番目の表式からわかるように，時刻 t が1増すと，波は ω/k ずれる．つまり，質点間の距離を1とすれば，速度 ω/k の進行波である．

(1)を運動方程式(3.1.2)に代入すれば，今までと同じ計算により

$$-\mu\omega^2 = -2\kappa(1-\cos k)$$

$$\Rightarrow \quad \omega^2 = \frac{2\kappa}{\mu}(1-\cos k) = \frac{4\kappa}{\mu}\sin^2\frac{k}{2} \tag{2}$$

という，k と ω の関係が求まる．これも前節までと同じだが，境界条件がないので，k の値に制限はつかない．

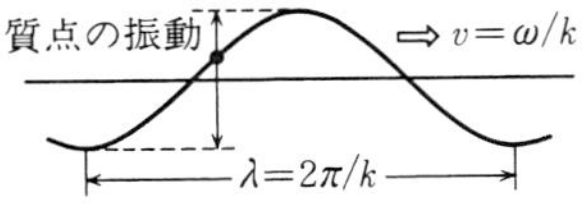

図1 進行波．ただし，質点の左右の動きを上下に描いている．

(1)の意味を考えておこう．まず各質点は，角振動数 ω で振動している．また各時間においては，質点は波の形(正弦曲線)をしている．kn が 2π 増える間隔が1波長だから，質点間の長さを1とすれば波長(λ とする)は

$$\lambda = 2\pi/k \tag{3}$$

である．逆に，k は 2π を波長で割ったものになるが，これを**角波数**あるいは単に**波数**と呼ぶ．長さ 2π の中に入る波の数である．

▶ただし k が小さいとき，つまり波長が長いときは，$\sin^2(k/2) \simeq (k^2/4)$ より，速度は一定で $\sqrt{\kappa/\mu}$ となる．

上でも述べたが，この波は速度 ω/k で動いている(図1)．波の形が進むことにより，各質点が振動するのである．(2)からわかるように，波の進行速度，つまり比 ω/k は波数(つまり波長)によって異なる．波数と角振動数との関係(2)を**分散関係**(図2)と呼ぶ．原点付近でのみ直線であり，速度が変わらない．

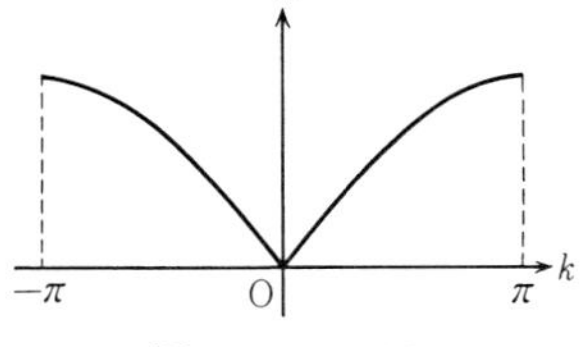

図2 分散関係

波数 k の波と $k+2\pi$ の波は同じものであることに注意しよう．質点上では n が整数なので，波の大きさが同じになるからである((3.1.9)参照)．したがって，図2では $-\pi<k<\pi$ の範囲だけしか示していない．$0<k$ は

右向きに進む波，$k<0$ は左向きに進む波と解釈できる．

■質点が2種類ある場合

図3 2種の質点が交互に並ぶ．

問題を少し複雑にし，質量の異なる質点(A および B とする)が交互に並んでいるとする(図3)．2種の原子からなる結晶格子の模型である．共通の角振動数 ω で振動する進行波の解を探そう．ただし振幅は A と B で異なってもよいとし，

$$u_n = C_A \sin(kn-\omega t) \qquad (n\text{ は偶数})$$
$$u_n = C_B \sin(kn-\omega t) \qquad (n\text{ は奇数}) \tag{4}$$

という形で考える．運動方程式は

$$\mu_{A(B)}\frac{d^2u_n}{dt^2} = -\kappa(-u_{n+1}+2u_n-u_{n-1})$$

であり，n が偶数のときは質量は μ_A，奇数のときは質量を μ_B とする．これに(4)を代入すれば，前節までとほとんど同じ計算により，

$$\mu_A\omega^2 C_A = 2\kappa(C_A - C_B\cos k)$$
$$\mu_B\omega^2 C_B = 2\kappa(C_B - C_A\cos k) \tag{5}$$

という2つの式が求まる．これより，波数 k の関数として，角振動数 ω と，振幅の比 C_B/C_A が求まる．特に，分散関係を示す ω は

$$\omega^2 = \frac{\kappa}{\mu_A\mu_B}\{(\mu_A+\mu_B)\pm\sqrt{(\mu_A+\mu_B)^2-4\mu_A\mu_B(1-\cos^2 k)}\} \tag{6}$$

(6)の意味を考える前に，質量が等しい場合にどうなっているのかを調べておこう．$\mu=\mu_A=\mu_B$ とすると(6)は

$$\omega^2 = \frac{2\kappa}{\mu}(1\pm|\cos k|) \tag{7}$$

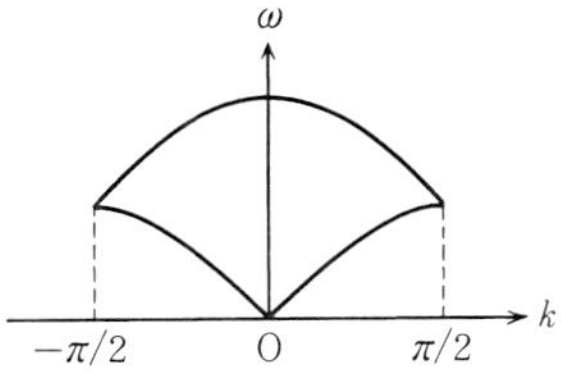

(a) 分散関係($\mu_A=\mu_B$)

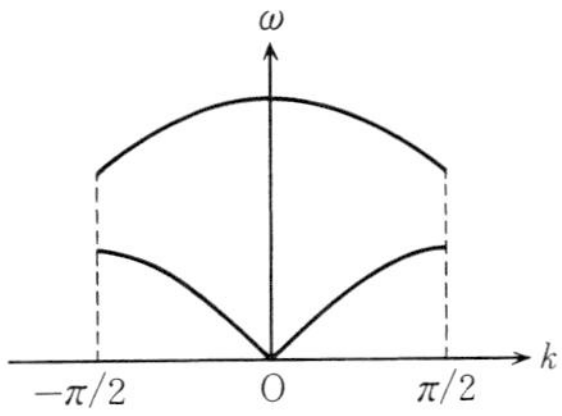

(b) 分散関係($\mu_A\neq\mu_B$)

図4

となる．解が2つあるようだが，実は片方は(2)で $\cos k>0$(つまり $\pi/2>|k|$)の場合，もう一方は(2)で $\cos k<0$(つまり $\pi/2<|k|$)の場合に対応している．図2を $|k|=\pi/2$ で折り返して図4aのようにすれば，(7)の書き方を反映した図になる．$|k|=\pi/2$ で2つの線はつながっている．ところが，質量が異なる場合に同様の図を描くと図4bのようになる．$|k|=\pi/2$ で2つの線はつながらない．つまり，2種類の波動が存在している．これは，2種類の質点が同方向に振動するか，逆方向に振動するかの区別によるものであり，(5)より C_B/C_A の符号を計算することにより確かめることができる(章末問題参照)．ω の大きい方を**光学モード**，小さい方を**音響モード**と呼ぶ．結晶に(振動数の大きい)光をあてると光学モードの振動が引き起こされ，(振動数の小さい)音波をあてると音響モードの振動が引き起こされる．

章末問題

[3.1 節]

3.1　3.1 節の計算(角振動数，および各基準振動における a_i)を，$N=3$ の場合に，2.5 節の固定端の結果と比較せよ．

[3.2 節]

3.2　$m \neq m'$ の場合に，3.2 節の定理を証明せよ．($m+m'$ が偶数の場合と奇数の場合とにわけて考えるとよい．)

3.3　基準座標 $\tilde{u}_m$ で，エネルギーを表わせ．

3.4　各質点に，速度 du_n/dt に比例する抵抗力が働いている場合の運動方程式

$$\mu\frac{d^2u_n}{dt^2}+\gamma\frac{du_n}{dt} = -\kappa(-u_{n-1}+2u_n-u_{n+1}) \qquad (\gamma \text{ は定数})$$

は，どのように解いたらよいか．

▶単振動の減衰振動については，付録参照．

[3.3 節]

3.5　3.3 節の右ページの例題では，m が偶数の基準振動は起きていないことを示せ．また，$t=0$ では両側($n=1,N$)の質点のみが移動しているとき，それがどのように移動していれば，偶数の基準振動のみが起きるか，あるいは奇数の基準振動のみが起きるか．

[3.4 節]

3.6　3.4 節の計算(角振動数，および各基準振動における a_i)を，$N=3$ の場合に，2.5 節の自由端の結果と比較せよ．

3.7　バネでつながった N 個の質点系の基準振動を，片方は固定端，片方は自由端という境界条件で求めよ．

3.8　N 個の質点が，同じバネによって輪のようにつながっている(問題 2.8 の一般化である)．そのとき，どのような条件を付けたら，運動方程式(3.1.2)が，$n=1,\cdots,N$ すべてについて成り立つか．また，そのときの基準振動を求めよ．

▶これを**周期的境界条件**と呼ぶ．

[3.5 節]

3.9　(3.5.5)より C_B/C_A を計算し，その符号と，(3.5.6)の複号との関係を調べよ．

3.10　$n=0$ から始まるバネでつながった質点系が，$n\to\infty$ までつながっているとする．端の質点が $u(t)=a\cos\omega t$ のように振動するとき，他の質点も同じ角振動数で振動しているとして，その運動を求めよ．(ヒント：

$$u = a\cos(kn-\omega t), \quad u = ae^{-\gamma n}(-1)^n\cos\omega t$$

という 2 通りの場合がある．)

4

波動方程式

きどころ

張った弦を伝わる波，物体(特に，弾性体)の中を伝わる波，あるいは気体中を伝わる波など，さまざまな波が，数学的には同じ数式で表わされる．この章ではまず，波を表わす関数の一般的な形を説明し，その関数が満たしている微分方程式を求める．これを波動方程式と呼ぶが，時間について2階の微分方程式になっている．

次に，波動方程式は，弦，弾性体，気体などの振動を求めるための，ニュートンの運動方程式に他ならないことを示す．運動方程式も時間についての2階の微分方程式であるから，意外なことではない．

質点の運動方程式の解が初期条件で決まるように，波動方程式の解も初期条件で決まる．また波の場合は，振動する物体の端の状態(境界条件と呼ぶ)により，解の形がどのように変わるかを考えることも興味深い．この章では1次元的な波(x 方向とその逆方向だけに進む波)を取り上げて，その基本的な取り扱い方を説明しよう．

4.1 波の伝播と波動方程式

ぽいんと

一定の速度で動く波を表わす，一般的な関数形を考える．そして，それが満たす微分方程式を導こう．これは時間についての微分と，位置についての微分の双方がからむ方程式であり，波動方程式と呼ばれている．

キーワード：正弦波，波長，波数，偏微分，波動方程式

■正 弦 波

水面上の波でも，強く張った弦上を伝わる波でもよいが，1つの方向に真っすぐ進む波(1次元的な波)を考える．その方向を x，そこにおける波の大きさ(静止状態からのずれの大きさ)を $u(x,t)$ とする．u は場所 x と時刻 t の関数である．

例として

$$u = A\sin\{k(x-vt)\} \qquad (A, k, v \text{ は定数}) \tag{1}$$

という場合を考えてみよう．まず，$t=0$ では

$$u = A\sin kx$$

であり，図1の実線のようになる．正弦関数で表わされるので，**正弦波**と呼ぶ．x が $2\pi/k$ だけ変化するともとに戻るので，これを**波長**と呼び，通常 λ と書く．

$$\text{波長} \quad \lambda \equiv \frac{2\pi}{k}$$

また k は，$k=2\pi/\lambda$ からわかるように 2π の幅に入る波の数であり，**波数**(角波数)と呼ばれる．

次に，時刻 t_1 での波を考えてみよう(図1の破線)．ある位置(x_1 とする)における波の大きさは，時刻 $t=0$ における $x_0=x_1-vt_1$ での u に等しい．$t=0$ と比較すると vt_1 だけ右に移動している．つまり(1)は，速度 v で移動する波を表わしている．

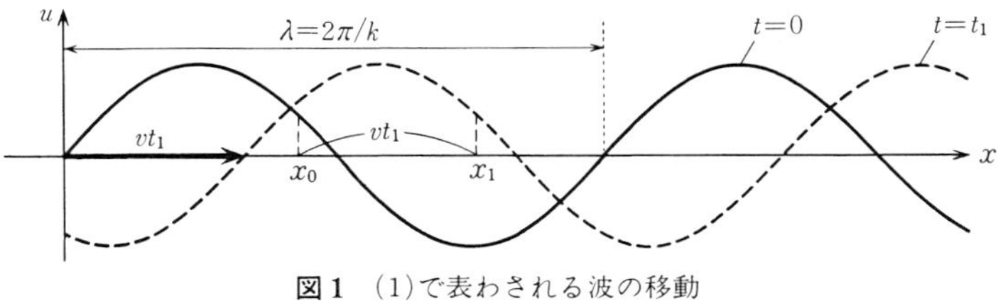

図1 (1)で表わされる波の移動

また(1)は，特定の位置($kx=\theta_0$ とする)に注目すると

$$u = (-A)\cdot\sin(kvt-\theta_0)$$

となるから，各点は角振動数(角速度) kv で単振動をしていることがわかる．

■一般の波

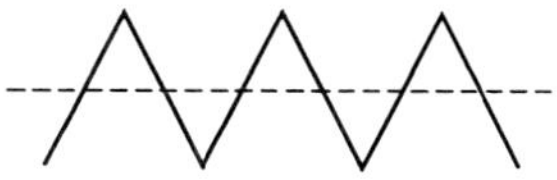

周期的な三角波

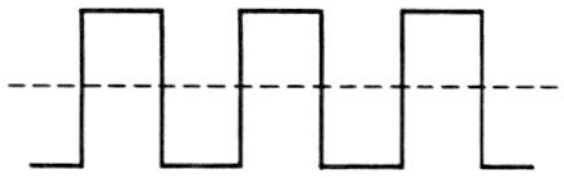

周期的な矩形波

図 2

正弦波は現実にも数学的にも重要な波だが，一般にはさまざまな波が考えられる．いくつかの例を図 2 に示すが，周期的な形である必要もない．

一般に，$t=0$ で波の形が $u=f(x)$ と表わせるとしよう．もし，この波が右方向に速度 v で動いていれば，一般の時刻には

$$u = f(x-vt) \tag{2}$$

となることは，正弦波の例を考えればわかるだろう．また逆に左方向に動いている場合は

$$u = f(x+vt) \tag{3}$$

となる．

■波動方程式

一般に，速度 v で動いている波が，どのような微分方程式を満たすかを考えてみよう．波を表わす関数は，位置 x と時刻 t 双方の関数なので，微分にも 2 通りあることに注意しよう．それをそれぞれ，

▶たとえば $\partial u/\partial x$ は，t を定数とみなしたときの x での微分．これを**偏微分**と呼ぶ．

$$\frac{\partial u}{\partial x},\qquad \frac{\partial u}{\partial t}$$

と表わす．たとえば(1)の場合は

$$\frac{\partial u}{\partial x} = Ak\cos\{k(x-vt)\},\qquad \frac{\partial u}{\partial t} = -Akv\cos\{k(x-vt)\}$$

であるから，

$$\frac{\partial u}{\partial t}+v\frac{\partial u}{\partial x} = \left(\frac{\partial}{\partial t}+v\frac{\partial}{\partial x}\right)u = 0 \tag{4}$$

という方程式を満たす．これは，一般の波(2)でも成り立つ．実際，関数 $f(X\equiv x-vt)$ の X での微分を f' と表わすと

▶f は x, t という 2 変数の関数であるが，$x-vt$ または $x+vt$ という組合せのみに依存するということが重要である．

$$\frac{\partial f}{\partial x} = \frac{\partial X}{\partial x}\frac{df}{dX} = f',\qquad \frac{\partial f}{\partial t} = \frac{\partial X}{\partial t}\frac{df}{dX} = -vf'$$

であるから，(4)を満たすことがわかる．また左方向へ動く場合(3)は，$\partial f/\partial t$ の符号が変わるので，

$$\left(\frac{\partial}{\partial t}-v\frac{\partial}{\partial x}\right)u = 0 \tag{5}$$

となる．ところで，右へ動く波も左へ動く波も，その基本となる方程式は共通のはずである．そこで(4)と(5)を組み合わせて

▶この波動方程式は，実はニュートンの運動方程式の一種であることを次節で示す．したがって，時間についての 2 階の微分方程式になるのは当然である．

$$\left(\frac{\partial}{\partial t}+v\frac{\partial}{\partial x}\right)\left(\frac{\partial}{\partial t}-v\frac{\partial}{\partial x}\right)u = 0 \ \Rightarrow\ \left(\frac{\partial^2}{\partial t^2}-v^2\frac{\partial^2}{\partial x^2}\right)u = 0$$

とすれば，(2)も(3)も満たす．これを(1 次元の)**波動方程式**と呼ぶ．

4.2 弦の振動・弾性体の振動

ぽいんと

前節では，一定の速度で動く波が満たすべき方程式(波動方程式)を導いた．実は，現実のさまざまな系の運動方程式が，この波動方程式になる．例として，弦と弾性体の振動を考えよう．

キーワード：弦の振動，張力，弾性体，ヤング率，横波，縦波，応力

■弦の振動

▶水面の波は，重力と表面張力がからんだかなり複雑な波で，単純な波動方程式を満たさない(分散がある．5.3節参照)．音波については，章末問題参照．

水平に強く張った弦の，上下方向の振動を考える．静止状態での弦の各位置を x で表わし，その上下方向のずれを $u(x,t)$ とする．

弦の微小部分 $[x, x+\varDelta x]$ の，上下方向(u 方向)の運動方程式を考えよう．単位長さ当たりの質量を λ とすれば，運動方程式は

$$\lambda\varDelta x\frac{\partial^2 u}{\partial t^2} = (u\text{ 方向の力}) \qquad (1)$$

である．u は時刻 t ばかりでなく位置 x の関数でもある．しかし，ある位置での加速度を計算するには，x を定数とみなして t だけで微分すればよい．したがって，(1)の左辺では偏微分の記号を使った．

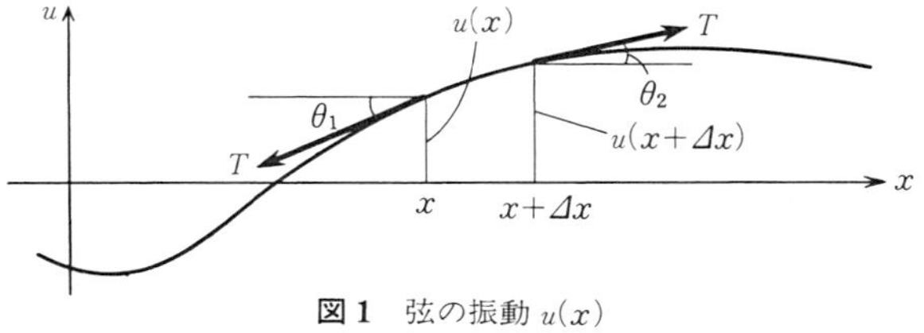

図1 弦の振動 $u(x)$

(1)の力の源は弦の**張力**である．張力は，弦の伸びで決まる．それは厳密には弦の振動の大きさに依存するが，ここでは振動は微小だとしてそれは無視し，最初に弦を張ったときの伸びで決まっていると仮定して，それを T(定数)で表わす(図1)．張力は各点で弦の方向(接線方向)を向くが，(1)で関係するのはその上下方向の成分である．つまり

$$u\text{ 方向の力} = T\sin\theta_2 - T\sin\theta_1$$

である．さらに，微小振動では，

$$\sin\theta_1 \simeq \frac{\partial u}{\partial x}(x), \qquad \sin\theta_2 \simeq \frac{\partial u}{\partial x}(x+\varDelta x)$$

なので

▶$\dfrac{\partial u}{\partial x}(x+\varDelta x) \simeq \dfrac{\partial u}{\partial x}(x) + \varDelta x\dfrac{\partial^2 u}{\partial x^2}(x)$

$$u\text{ 方向の力} = T\left\{\frac{\partial u}{\partial x}(x+\varDelta x) - \frac{\partial u}{\partial x}(x)\right\} \simeq T\varDelta x\frac{\partial^2 u}{\partial x^2}$$

となる．これを(1)に代入し，両辺を $\lambda\varDelta x$ で割れば

$$\frac{\partial^2 u}{\partial t^2}-\frac{T}{\lambda}\frac{\partial^2 u}{\partial x^2}=0 \qquad (2)$$

という方程式になる．これは速度 $v=\sqrt{T/\lambda}$ の波動方程式に他ならない．弦を伝わる波の速度は，強く張って張力を増すほど速くなり，また重い材質を使えば遅くなることがわかる．

▶次元を考えると
$[T] = \mathrm{kg\,m\,s^{-2}}$
$[\lambda] = \mathrm{kg\,m^{-1}}$
より，速度の次元をもつ量は
$[\sqrt{T/\lambda}] = \mathrm{m\,s^{-1}}$
でなければならない．

■弾性体とヤング率

次に，棒状の物体(**弾性体**)が部分的に伸縮することにより伝わる波を考えてみよう．弾性体とは，力を加えると変形するが，その力を取り除くと元の形状に戻る物体を指す．バネもその典型的な例である．

▶変形が元に戻らない物体は，**塑性体**と呼ぶ．弾性体でも変形が大き過ぎると元に戻らなくなる．その限度を**弾性限界**と呼ぶ．弾性体のより一般的議論は第9章参照．

弾性体の伸縮に対する性質を表わすのに，その物質が，単位体積の立方体であるときのバネ定数 E を用いる．つまり，その立方体の向かい合う単位面積の2面に力 F を加えたときの伸びを ΔL とすると，

$$F = E\Delta L$$

である．この E を**ヤング率**と呼ぶ．断面積 S，長さ L の棒の場合は

$$F/S = E\cdot\text{伸縮率} \qquad (\text{伸縮率}=\Delta L/L) \qquad (3)$$

▶弾性限界近くまで力を加えなければ，この比例関係が経験的に成り立つことは，バネの場合と同様である．

▶(3)で $S=1$，$L=1$ としたものが，その上の式である．

■弾性体の振動

弾性体を伝わる波の場合，(弦の場合と同様に)その進行方向と垂直な方向に物質が振動する場合と，進行方向に伸縮する場合がある．ここでは後者の場合を考えよう．

▶波の進行方向と垂直な方向にずれる振動を**横波**，平行にずれる振動を**縦波**と呼ぶ．

静止状態での棒の各点の位置を x で表わす．そして棒の x という部分が，振動の結果，ある時刻で(x 方向に)u ずれるとしよう．u は時刻 t と位置 x の関数である．u がゼロでなくても，それが一定ならば，全体として平行移動しているだけだから，伸縮率はゼロである．各位置における棒の伸縮率は，u の変化率で表わされる．

$$x\text{における伸縮率} = \frac{\partial u}{\partial x}$$

したがって，面 x に働いている力(**応力**とよぶ)は(3)より

$$\text{面}\,x\,\text{での応力} = ES\frac{\partial u}{\partial x}$$

▶$\partial u/\partial x>0$ のときは，その部分は伸びている．つまり面 x は，左から引っ張られている．

次に，弦の場合と同様，微小部分 $[x, x+\Delta x]$ の運動を考えてみよう(図2)．この部分は両面から逆向きの応力を受けるが，伸縮率がこの微小区間内で変化していれば力は釣り合わず，この部分は運動する．

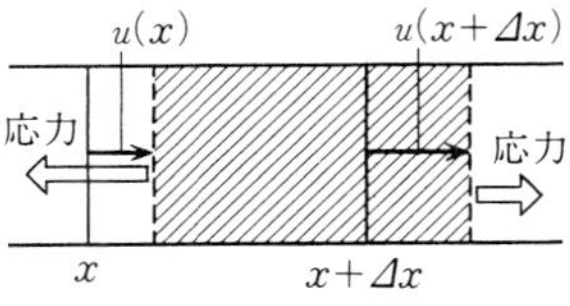

図2　区間$[x, x+\Delta x]$の$[x+u(x), x+\Delta x+u(x+\Delta x)]$へのずれ．上の応力の向きは$\frac{\partial u}{\partial x}>0$の場合．

この棒の単位体積当たりの質量を ρ とすれば，運動方程式は

$$\rho S\Delta x\frac{\partial^2 u}{\partial t^2} = ES\left\{\frac{\partial u}{\partial x}(x+\Delta x)-\frac{\partial u}{\partial x}(x)\right\} \quad\Rightarrow\quad \frac{\partial^2 u}{\partial t^2}-\frac{E}{\rho}\frac{\partial^2 u}{\partial x^2}=0$$

となる．これは $v^2=E/\rho$ の波動方程式に他ならない．

4.3 初期条件

ぽいんと

一般に，運動方程式の解は，**初期条件**，つまりある時刻での位置と速度を決めれば一意的に決まる．同様に波動方程式の解も，ある時刻での波の形とその動きを決めれば，その後の運動は一意的に決まる．初期条件から波の運動を決める公式を求めよう．また，弦や弾性体の端の運動の伝播についても議論する．

キーワード：初期条件

■初期条件

一般的な波動方程式

$$\left(\frac{\partial^2}{\partial t^2}-v^2\frac{\partial^2}{\partial x^2}\right)u(x,t)=0$$

を考えよう．その一般解は，4.1節でも述べたように，x のプラス方向へ進む任意の波と，マイナス方向へ進む任意の波の和である．それぞれ f_+，f_- と書けば，

$$u=f_+(x-vt)+f_-(x+vt) \tag{1}$$

となる．この式では f_+ も f_- も任意の関数だが，上でも述べたように，初期条件を決めれば f_+ や f_- の形を決めることができる．

まず，$t=0$ で波の形とその(時間に対する)変化率が

$$u(x,t=0)=u_0(x),\qquad \frac{\partial u}{\partial t}(x,t=0)=v_0(x) \tag{2}$$

と決まっていたとしよう．(1)を使えば

$$\begin{aligned}f_+(x)+f_-(x)&=u_0(x)\\-vf_+{}'(x)+vf_-{}'(x)&=v_0(x)\end{aligned} \tag{3}$$

▶$f_+{}'=\dfrac{df}{dX}\quad(X\equiv x-vt)$

$f_-{}'=\dfrac{df}{dX'}\quad(X'\equiv x+vt)$

この連立方程式を解けば f_+ と f_- が求まる．実際，(3)を積分すると

$$-vf_+(x)+vf_-(x)=\int_0^x v_0(x')dx'+C\qquad(C\text{ は定数})$$

となるから，

$$f_+(x)=\frac{1}{2}\left\{u_0(x)-\frac{1}{v}\int_0^x v_0(x')dx'-C\right\}$$

$$f_-(x)=\frac{1}{2}\left\{u_0(x)+\frac{1}{v}\int_0^x v_0(x')dx'+C\right\}$$

である．一般の時刻ではこれを(1)に使って

▶f_+ と f_- には定数分の不定性 C はあるが，その和 u ではその不定性は相殺していることに注意しよう．同様に，積分の下限は共通にとれば0でなくともよい．

$$u=\frac{1}{2}\left\{u_0(x-vt)-\frac{1}{v}\int_0^{x-vt}v_0(x')dx'\right\}+\frac{1}{2}\left\{u_0(x+vt)+\frac{1}{v}\int_0^{x+vt}v_0(x')dx'\right\} \tag{4}$$

例題　図1のように，弦を手でつまんで静止した三角波を1つ作り，$t=0$ で手を離す．その後，この波形はどのように動くか．

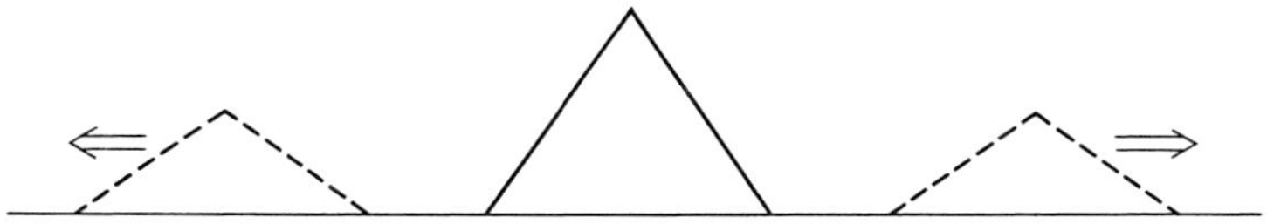

図1　$t=0$ の波は，半分ずつ両側へ移動する．

［解法］　この三角波の波形を表わす関数を $u_0(x)$ としよう．また，手を離す瞬間までは，この波形は静止しているのだから，$v_0=0$ である．したがって(4)は

$$u = \frac{1}{2}u_0(x-vt)+\frac{1}{2}u_0(x+vt)$$

つまりこの三角波は，半分ずつ両側に速度 v で動いていく．

■弦の端の運動の伝播

今度は，端のある弦($x>0$ の方向に無限に続くとする)の端($x=0$)を，

$$u(x=0, t) = u_0(t) \tag{5}$$

というように動かしたとき，その運動は x がプラスの方向にどのように伝わっていくかを考えてみよう．

端の運動によって生じる波以外は考えない．したがって，解は

$$u(x, t) = f(x-vt) \tag{6}$$

という形になるはずである．f の具体的な形は，$x=0$ で(5)に一致するように決めればよい．つまり

$$f(-vt) = u_0(t) \quad \Rightarrow \quad u(x, t) = f\left(-v\left(t-\frac{x}{v}\right)\right) = u_0\left(t-\frac{x}{v}\right)$$

■弾性体の端にかかる力の伝播

弾性体の端($x=0$ とする)に

$$F = F_0(t)$$

という，時間に依存する力(端を左右に振動させる力)がかかっているとする．前節(3)より，

$$ES\frac{\partial u}{\partial x}(x=0, t) = F_0(t)$$

解は(6)の形になるはずだが，f の形を決めるには，

$$f'(-vt) = \frac{1}{ES}F_0(t) \quad \Rightarrow \quad f(-vt) = \frac{-v}{ES}\int_0^t F_0(t')dt'$$

$$\Rightarrow \quad u = f(x-vt) = \frac{-v}{ES}\int_0^{t-x/v} F_0(t')dt'$$

▶ $t<0$ では力はかかっておらず，$u=0$ であるとし，積分の下限を0とした．また，$x-vt=-v(t-x/v)$ だから，積分の上限は $t-x/v$．

4.4 反　射

ぽいんと

端のある弦や棒(媒質)の振動を考える．一方からやってきた波は端に到達すると，反射されてもとに戻っていく．反射のされ方は，その端が固定されているのか(固定端)いないのか(自由端)によって異なる．また，長さが有限の媒質の一般的な振動も議論する．

キーワード：媒質，入射波，反射波

■固定端での反射

弦や，弾性体の棒(一般に**媒質**と呼ぶ)が，x のプラス方向には無限につながっているが，マイナス方向には有限であるとする．その端を $x=0$ としよう．

$$u = \underbrace{f(x+vt)}_{\text{入射波}} + \underbrace{g(x-vt)}_{\text{反射波}} \tag{1}$$

と書くと，第1項は左方向へ動く波である．右の彼方で作られ，媒質をその端に向かって伝わっていく波と考えられるので，**入射波**と呼ぶ．第2項はその逆で，**反射波**である．

反射波は入射波で決まる．しかしそれは，端 $x=0$ での媒質の状態によって異なる．まず最初は，端は固定されている($u=0$)としよう．つまり

$$f(vt)+g(-vt) = 0 \tag{2}$$

一般の位置 x での反射波は，x/v だけさかのぼった時刻 $t-x/v$ での $x=0$ での反射波に等しいから，(2)より

$$\text{反射波} = g(-v(t-x/v)) = -f(v(t-x/v)) = -f(-x+vt)$$

となり，結局

$$u = f(x+vt)-f(-x+vt) \tag{3}$$

(2)からわかるように，端が固定されているため，波は符号が逆転して反射される(図1)．

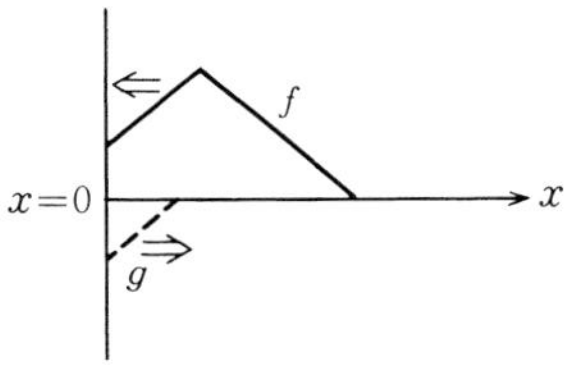

図1　反射波は符号が逆転する．

■自由端での反射

今度は，端に外部からまったく力がかかっていない場合を考えよう．ただし媒質は棒であるとする．

▶弦は，両端から力を加えて強く張っている状況を考えていたので，自由端は考えられない．

棒の端には力がかかっていないので，そこの伸縮率はゼロである．つまり

$$\frac{\partial u}{\partial x} = 0 \qquad (x=0) \tag{4}$$

これに(1)を代入すれば

$$f'(vt)+g'(-vt) = 0$$

これがあらゆる時刻 t で成り立っていなければならないので，任意の X に対して

$$f'(X)+g'(-X) = 0$$

これを X で積分すれば

▶積分定数は，単に棒全体が横方向にずれていることを意味するに過ぎないので，原点を適当に調節してゼロとしてもかまわない．

$$f(X)-g(-X) = 0$$

一般の位置 x では，上と同様に考えて，

$$\text{反射波} = g(-v(t-x/v)) = f(v(t-x/v)) = f(-x+vt)$$

したがって，全体は

$$u = f(x+vt)+f(-x+vt) \tag{5}$$

自由端のときは，符号が逆転しないことがわかる．

■両端が固定された波

長さ L の弦の両端が固定されているときの，波動方程式の一般解を求めてみよう．まず，波動方程式の一般解を

$$u = f_+(x-vt)+f_-(x+vt)$$

と書く．弦の両端の座標を $x=0$, $x=L$ とすると，固定されているという条件から

$$\begin{aligned} f_+(-vt)+f_-(vt) &= 0 \\ f_+(L-vt)+f_-(L+vt) &= 0 \end{aligned} \tag{6}$$

という式が，任意の時刻 t で成り立っていなければならない．

まず(6)の第1式より，任意の X に対して，

$$f_+(X) = -f_-(-X) \qquad (\equiv f(X)\text{と書く})$$

これを(6)の第2式に使えば，

▶ $f_-(L+vt) = -f(-L-vt)$ だから(7)が求まる．

$$f(L-vt) = f(-L-vt) \tag{7}$$

これは，$X \equiv L-vt$ とすれば

$$f(X) = f(X-2L)$$

となる．X の値は任意(t が任意だから)なので，この式は，$f(X)$ は X が $2L$ 変化するごとに値が同じになる関数，つまり周期 $2L$ の周期関数だということになる．結局，両端が固定されている場合の一般解は，周期 $2L$ の関数 $f(X)$ を使って

$$u = f(x-vt)-f(-x-vt) \tag{8}$$

と書けることがわかる．

波は，全体が一定の速度で動いているのだから，1往復する時間がたてば，もとの形に戻るはずである．それが，f が周期関数になる理由である．

4.5 定常波

ぽいんと

有限の長さの弦あるいは弾性体の波には，形は移動せずに全体的に振動するという型の波が考えられる．これを定常波という（動く波は進行波である）．定常波を表わす波動方程式の解を求め，今までの公式と比較する．

キーワード：定常波，進行波，基本振動，倍振動

■固定端をもつ定常波

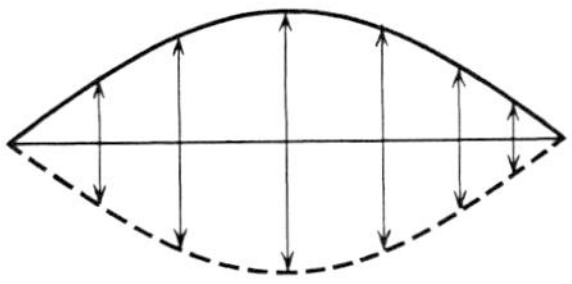

図1 左右に動かずに振動する波（定常波）

両端が固定されている弦の運動としては，図1のように，形は動かずに上下に振動するという波が，考えられる．これを**定常波**と呼ぶが，波動方程式の解にはこのような解も含まれていることを示そう．

まず，形は動かないのだから，その形を $f(x)$ とすれば，

$$u = A(t)\cdot f(x) \tag{1}$$

という式で表わされるだろう．ただし波の全体的な高さ A は時間の関数である．また弦の両端を $x=0$ および $x=L$ とすると，そこでは弦は固定されているのだから

$$f(0) = 0, \quad f(L) = 0 \tag{2}$$

でなければならない．(1)を波動方程式に代入すれば

▶u は変数分離されているので，偏微分でなく，常微分になる．

$$f\frac{d^2A}{dt^2} - v^2A\frac{d^2f}{dx^2} = 0 \quad \Rightarrow \quad \frac{1}{v^2A}\frac{d^2A}{dt^2} = \frac{1}{f}\frac{d^2f}{dx^2}$$

となる．第2式で，左辺は t のみの関数であり，右辺は別の変数 x のみの関数である．しかも，この式は任意の t と x で成り立っていなければならないので，実は左辺も右辺も定数でなければならない．それを $-K$ とすると

▶$-K$ ではなく $+K(>0)$ とすると，(2)を満たす解は求まらない（$f \propto e^{\pm\sqrt{K}x}$ となるから）．

$$\frac{d^2A}{dt^2} = -v^2KA, \quad \frac{d^2f}{dt^2} = -Kf$$

この式の解は，どちらもすぐにわかり

$$\begin{aligned} A(t) &= A_0\sin(\omega t+\theta_0) \qquad (\omega^2=v^2K) \\ f(x) &= f_0\sin(kx+\theta_1) \qquad (k^2=K) \end{aligned} \tag{3}$$

となる．$A_0, \theta_0, f_0, \theta_1$ はみな，任意の定数である．

$f(x)$ に対しては，(2)の境界条件を考慮しなければならない．まず，第1の条件より

$$\theta_1 = 0$$

また第2の条件より

$$kL = \pi n \quad \Rightarrow \quad k = \frac{\pi n}{L} \qquad (n=1, 2, \cdots) \tag{4}$$

となる．これより ω も

$$\omega = vk = \frac{\pi v}{L} n$$

と決まる．

■定常波の形

▶ $n=1$ を**基本振動**，2 以上を**倍振動**と呼ぶ．

結局，(1)の形の解は

$$u = u_0 \sin(\omega_n t + \theta_0) \sin(k_n x)$$
$$k_n = \frac{\pi n}{L}, \qquad \omega_n = vk_n \tag{5}$$

と書けることがわかった．$n=1$ から始まり無限個の解があるが，それがどのような運動に対応するのかはすぐにわかるだろう．たとえば $n=1$ のときは両端以外で f がゼロにならないので，図 1 に対応する．$n=2$ や 3 の場合は，図 2 に示した．また(5)は

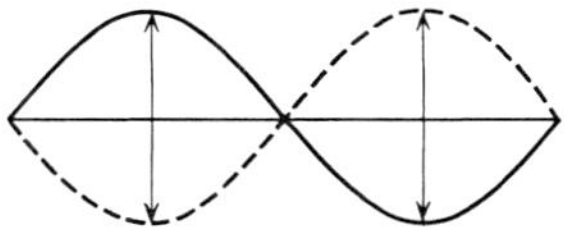

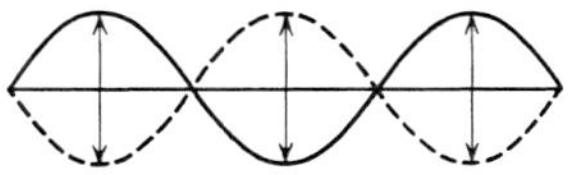

図 2 定常波

$$u = \frac{u_0}{2}\{\cos(k_n x - \omega_n t - \theta_0) - \cos(k_n x + \omega_n t + \theta_0)\}$$
$$= \frac{u_0}{2}\{\cos[k_n(x - vt) - \theta_0] - \cos[k_n(x + vt) + \theta_0]\}$$

▶ $f(X) = \dfrac{u_0}{2}\cos(k_n X - \theta_0)$ だとすればよい．

とも書ける．これが前節(8)の形になっていることはすぐにわかるだろう．つまり定常波とは，逆向きの 2 つの進行波の重ね合わせとも考えられる．

■固定端と自由端

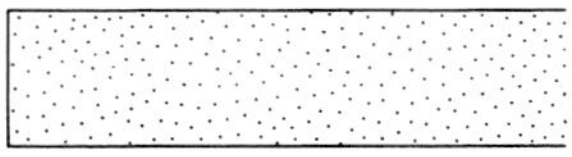

図 3 固定端＋自由端の気柱

以上の解法の簡単な応用として，片方は固定端，他方は自由端という問題を考えてみよう．たとえば弾性体だったら，一方だけ固定されている場合に相当する．また気柱だったら，片方は閉じているが他方は開いている管の中の気体の振動の問題となる(図 3)．(1)から出発し，(5)という解を求めるところまでは上の問題と変わりない．ただし $x=L$ での境界条件は(2)の第 2 式ではなく

▶ 前節(4)参照．気柱の自由端では，力が働かない．

$$\frac{df}{dx}(x=L) = 0 \quad \Rightarrow \quad \cos(kL) = 0$$

となる．したがって(4)は

$$kL = \pi\left(n - \frac{1}{2}\right) \quad \Rightarrow \quad k = \frac{\pi}{L}\left(n - \frac{1}{2}\right) \qquad (n = 1, 2, \cdots)$$

となり，また角振動数は

$$\omega = vk = \frac{\pi v}{L}\left(n - \frac{1}{2}\right) \tag{6}$$

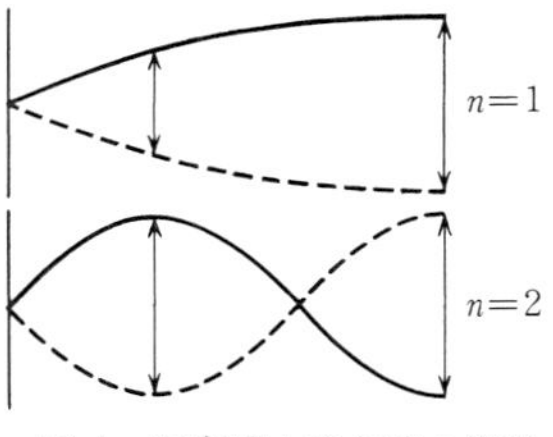

図 4 固定端＋自由端の波形

自由端は波の腹の部分(振幅の一番大きい所)になっているので，$n=1$ は半波長の波，$n=2$ は 1.5 波長の波というようになっている(図 4)．

章末問題

[4.2 節]

4.1 弾性体の場合，$\sqrt{E/\rho}$ が速度の次元をもつことを確かめよ．

4.2 長さ L，断面積 S，ヤング率 E の弾性体のバネ定数を求めよ．

4.3 (**音波**)筒の中の流体(液体や気体)を，弾性体の振動と同様に考えて，同様に定義された u に対する波動方程式を求めよ．ただし，体積弾性率 K を(P は圧力，V は体積)

$$\Delta P = -K\frac{\Delta V}{V}$$

と定義し，振動は微小なので K は定数であるとする．また，密度の振動や圧力の振動に対する方程式も求めよ．

▶気体が断熱変化する場合には，$PV^{\gamma}=$一定(1原子分子では $\gamma=5/3$，2原子分子では $\gamma=7/5$)だから，体積弾性率は $K=\gamma P$.

4.4 上問と左の注を使って，常温での空気中の音速が

$$332+0.6\,T(^\circ\mathrm{C})\,\mathrm{m\,s^{-1}}$$

で与えられることを示せ．ただし，R(気体定数)$=8.3$ J/deg·mol，m(空気の1モル当たりの質量)$=28.8\times10^{-3}$ kg とせよ．

4.5 空気中とネオンガス中での，音速の比を求めよ．ただし，ネオンの質量は $m=20\times10^{-3}$ kg である．

[4.4 節]

4.6 $x<0$ では速度とヤング率が v_1 と E_1，$x>0$ では v_2 と E_2 である弾性体がある．$x<0$ のほうから $f_+(x-v_1t)$ という波が入射したときの，境界で反射する波($f_-(x+v_1t)$ と書く)と，$x>0$ へ透過する波($g(x-v_2t)$ と書く)の，$x=0$ における比を求めよ．(ヒント：境界 $x=0$ での，u の連続性と作用反作用の法則を考えよ.)

4.7 流体(体積弾性率 K)が入った筒の，質量がゼロの仕切りに，バネ定数 κ のバネが付いている．仕切りは自由に動き，バネの支点は動かない(図1)．またバネの部分は真空であるとする．左側から $\cos\{k(x-vt)\}$ という音波が入射したとき，反射波を求めよ．(ヒント：反射率を R とし，

$$u = \cos\{k(x-vt)\}+R\cos\{k(x+vt)+\phi\}$$

と書けるが，これを

$$u = e^{ik(x-vt)}+re^{-ik(x+vt)} \qquad (r\equiv Re^{-i\phi})$$

として計算し r を求めてから，u の実数部をとる.)

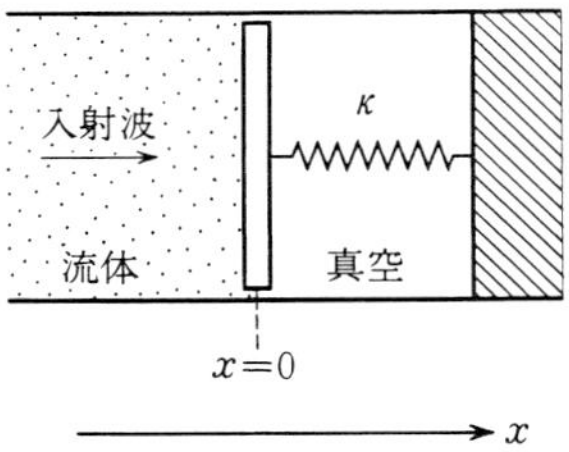

図1 流体の入った筒

[4.5 節]

4.8 30 cm の片側が閉じた筒(300 °C)中の空気の，基本振動の周波数を求めよ．

5

波動と基準振動

ききどころ

前章最後の節で，弦や弾性体の1次元的な定常波は，三角関数で表わせることを示した．これは，第3章で議論した，1次元格子の基準振動と同じ形をしている．この一致は偶然ではない．格子とは，質点が等間隔で並んでいるものだが，この間隔をゼロにした極限では，格子の運動方程式が波動方程式そのものになるからである．このため，格子の問題で使っていた連成振動を扱うテクニックが，波動方程式にも使える．

連成振動を扱うテクニックとは，まず基準振動を求め，その基準振動の和として一般の運動を表わすということであった．この手法を波動方程式に適用したものが，フーリエ変換の理論である．波動方程式の基準振動，つまり定常波の和によって一般的な波動を表わす公式がフーリエ展開であり，また一般の運動から各基準振動の大きさを取り出す公式がフーリエ積分である．

もっとも，波動方程式の解の一般形は$f(x \pm vt)$という形になるのはわかっているので，フーリエ変換の理論が必要でない場合も多い．しかしこれは，前章で扱った波動方程式の特殊性であり，それを少し複雑にした場合を考えると，その有用性がわかる．また，質量や張力が各点で異なる弦の振動とか，輪のように広がる波動などの場合は，フーリエ変換をさらに一般化する必要はあるが，基準振動という考え方はあくまでも有用である．

5.1　質点系の連続極限

ぽいんと

バネでつながった質点系(1 次元格子)の運動方程式と，波動方程式との比較をする．質点の間隔を無限に狭くする極限で，両者が一致することを示そう．

キーワード：連続体，連続極限

■質点系の運動方程式と波動方程式

▶第 3 章と同様，n は質点を区別する添字，m は基準振動を区別する添字である．

第 3 章で議論した，同じ長さのバネでつながっている質点系を思い出そう．n 番目の質点の，平衡点からのずれを $u_n(t)$ と書けば，その運動方程式は (3.1.2)，つまり

$$\mu\frac{d^2u_n}{dt^2} = -\kappa(-u_{n-1}+2u_n-u_{n+1}) \qquad (1)$$

以下，話を具体的にするために，質点の数を N，バネの数を $N+1$ とし，両端は固定されているという条件でこの問題を考えよう．このとき，この式の基準振動と呼ばれる解，つまり一定の角振動数で振動する解は N 個あり，角振動数の小さいほうから m 番目の基準振動は，(3.2.1)と(3.1.8)より，

$$u_n(m\ \text{番目の基準振動}) \propto \sin(\omega_m t+\theta_0)\sin k_m n$$
$$k_m \equiv \frac{\pi m}{N+1}, \qquad \omega_m \equiv 2\sqrt{\frac{\kappa}{\mu}}\sin\frac{k_m}{2} \qquad (m=1,\cdots,N) \qquad (2)$$

であることがわかっている．

次に，長さ L ($0<x<L$ とする) の弦，あるいは弾性体の振動を考えよう．位置 x，時刻 t における波の大きさを $u(x,t)$ とすれば，波動方程式は一般に

$$\frac{\partial^2u}{\partial t^2} = v^2\frac{\partial^2u}{\partial x^2} \qquad (v\ \text{は波の速さ}) \qquad (3)$$

と書けるが，やはり固定端という条件のもとに，一定の角振動数 ω で振動する解を求めると，

$$u \propto \sin(\omega_m t+\theta_0)\sin k_m x$$
$$k_m \equiv \frac{\pi m}{L}, \qquad \omega_m \equiv vk_m \qquad (m=1,2,\cdots) \qquad (4)$$

となる．

■質点系の連続極限

質点系の場合(2)と波動方程式の場合(4)の解はかなり似ているが，完全には同じではない．ω の形が違うのはもちろんだが，重要なのは，質点系で

は $m \leqq N$ であるのに対し，(4)では m は任意の正の整数である．つまり無限個の基準振動がある．

この違いは，系の自由度の数を反映している．質点系では質点は N 個しか存在しないが，弦や弾性体の場合は，媒質は連続的に無限個並んでいる(**連続体**と呼ぶ)．したがって，無限個の独立な運動があるのが当然である．そこで質点系も自由度を無限にするために，全体の長さを一定にしたまま，質点の数 N を無限に増やしたらどうなるかを考えてみよう．

▶バネは質点の間隔に比例して伸縮していると仮定している．バネ内部の細かな振動は考えていない．

▶質点を連続的に並べた極限なので**連続極限**という．

▶$n=0$ を $x=0$ に対応させれば，$n\varDelta x=x$ である．

全体の長さを L とすれば，静止状態での質点間の距離($\varDelta x$ とする)は

$$\varDelta x = L/(N+1)$$

また，単位当たりの質量を一定(λ とする)にするために，各質点の質量は

$$\mu = \lambda \varDelta x$$

とする．また，バネの材質は同じでも長さが変わればバネ定数は変わってしまう．伸縮率と力の比は長さに依存しない量なので，

▶伸縮率と力の比は弾性体のヤング率に相当する量である．

$$n\text{ 番目のバネの力}/\text{伸縮率} = \kappa(u_n - u_{n-1})\Big/\frac{u_n - u_{n-1}}{\varDelta x}$$

$$= \kappa\varDelta x = \text{一定} \quad (\equiv \tilde{\kappa}\text{ とする})$$

以上を使って，i 番目の質点の静止状態での位置を x とすれば，(1)は

$$\frac{\partial^2 u}{\partial t^2} = -\frac{1}{\lambda\varDelta x}\cdot\frac{\tilde{\kappa}}{\varDelta x}\{-u(x-\varDelta x)+2u(x)-u(x+\varDelta x)\} \qquad (5)$$

ところで $\varDelta x \to 0 (N\to\infty)$ の極限で，この式の右辺は

$$\frac{-1}{(\varDelta x)^2}\{\cdots\} = \frac{1}{\varDelta x}\left\{\frac{u(x+\varDelta x)-u(x)}{\varDelta x} - \frac{u(x)-u(x-\varDelta x)}{\varDelta x}\right\}$$

$$\simeq \frac{1}{\varDelta x}\left\{\frac{\partial u(x+\varDelta x/2)}{\partial x} - \frac{\partial u(x-\varDelta x/2)}{\partial x}\right\} \simeq \frac{\partial^2 u}{\partial x^2}$$

▶$\dfrac{u(x+\varDelta x)-u(x)}{\varDelta x}$ は，n 番目と $n+1$ 番目の質点の中間の微分に置き換えている．必ずしも中間である必要はないが，第1項と第2項が，$\varDelta x$ だけ離れた位置での微分に相当することが重要である．

となる．したがって(5)は

$$\frac{\partial^2 u}{\partial t^2} = \frac{\tilde{\kappa}}{\lambda}\frac{\partial^2 u}{\partial x^2}$$

これは $v^2 \equiv \tilde{\kappa}/\lambda$ の波動方程式に他ならない．また(2)の ω_m は $N\to\infty$ の極限で

$$\sin\frac{k_m}{2} \to \frac{k_m}{2} = \frac{\pi m}{2(N+1)}$$

であるから

$$\omega_m \simeq 2\sqrt{\frac{\tilde{\kappa}/\varDelta x}{\lambda\varDelta x}}\,\frac{\pi m}{2(N+1)} = v\frac{\pi m}{(N+1)\varDelta x} = \frac{v\pi m}{L}$$

となり，(4)に一致する．

▶$n\varDelta x=x$ だから，質点系の $k_m n$ と連続体での $k_m x$ が一致する．

▶連続極限では ω_m と k_m が比例することに注意．

5.2 基準振動とフーリエ変換

ぽいんと

1次元格子の運動は，連成振動の一種である．したがって基準座標というものを定義することにより，初期値問題などの計算が可能であった．質点系の運動方程式の連続極限が波動方程式なのだから，波動方程式の解法にも同じ手法が使えるはずである．連成振動の場合，質点の座標と基準座標の関係は直交行列で表わせたが，連続極限ではフーリエ変換というものになる．

キーワード：フーリエ級数（フーリエ展開），フーリエ変換，反周期関数

■基準座標

基準座標とは，質点の座標を組み合わせ（線形結合）て，一定の角振動数で振動するようにしたものである．1次元格子（固定端）の場合，m 番目の基準座標を $\tilde{u}_m$ とすれば，(3.3.1)より

$$u_n(t) = \sum_m u_n(m\text{ 番目の基準振動}) = \sum_m \left(\sqrt{\frac{2}{N+1}}\sin\frac{\pi nm}{N+1}\right)\tilde{u}_m(t) \qquad (1)$$

▶3.2節参照.

$\tilde{u}_m$ から u_n への変換が直交行列になるように係数を決めてある．$\tilde{u}_m$ は，

$$\frac{d^2}{dt^2}\tilde{u}_m = -\omega_m{}^2\tilde{u}_m$$

という運動方程式を満たす．またこの逆変換，つまり u_n から $\tilde{u}_m$ への変換は

$$\tilde{u}_m(t) = \sum_n \left(\sqrt{\frac{2}{N+1}}\sin\frac{\pi nm}{N+1}\right)u_n(t) \qquad (2)$$

となる（(3.3.4)参照）．

■連続極限

連続極限を考えたときに，上の公式がどうなるかを考えてみよう．$u_n(t)$ は座標の関数 $u(x, t)$ になり，(2)の n についての和は x での積分で置き換えなければならない．x の単位長さ当たり n は $(N+1)/L$ 個あるのだから

$$\sum_n(\cdots) \quad\to\quad \frac{N+1}{L}\int_0^L(\cdots)dx$$

という置き換えになる．また $x/L = n/(N+1)$ だから(2)は

$$\tilde{u}_m(t) = \frac{\sqrt{2(N+1)}}{L}\int_0^L \sin\left(\frac{\pi mx}{L}\right)u(x, t)dx$$

▶基準座標 v_m と速度 v とを混同しないように注意.

この式は，$N\to\infty$ で $\tilde{u}_m$ が無限大になってしまうので

$$v_m \equiv \sqrt{2}\,\tilde{u}_m/\sqrt{N+1}$$

という量を新たに定義すると，(1)と(2)は

$$u(x) = \sum_m v_m \sin\left(\frac{\pi m}{L}x\right) \qquad (3)$$

$$v_m = \frac{2}{L}\int_0^L \sin\left(\frac{\pi m}{L}x\right)u(x)dx \qquad (4)$$

となる．

　任意の関数 u を，

$$u(x) = a_0 + a_1 x + a_2 x^2 + \cdots$$

というように，$a_n x^n$ という無限個の項の和で表わしたものがテーラー級数である．それと同じ見方をすれば，関数 $u(x)$ を正弦関数 $\sin(\pi mx/L)$ の無限項の和で表わしたものが(3)に他ならない．そのような見方をしたとき，(3)を**フーリエ級数**（あるいは**フーリエ展開**）とよぶ．テーラー級数の場合，係数 a_n は u の微分で表わせるが，フーリエ級数の係数は(4)で決まる．(4)の v_m のことを，u の**フーリエ変換**（あるいは，u をフーリエ変換したもの）という．物理的に言えば，(3)は u を，基本振動と倍振動(4.5節参照)の和で表わしたものであり，(4)は全体の振動 u から基本振動あるいは倍振動 v_m を取り出す公式である．

■**領域外での値**

もともと u は $0 \leq x \leq L$ でのみ定義されている関数であり，その範囲の値さえわかっていれば v_m は計算できる．しかし(3)は，x がこの範囲になくても計算できる．では x がこの範囲以外のとき，(3)から決まる u はどのような関数になっているのだろうか．この問題に答えるには

$$\sin\frac{\pi m}{L}(x+L) = \sin\left(\frac{\pi m}{L}x + \pi m\right) = (-1)^m \sin\left(\frac{\pi m}{L}x\right) \qquad (5)$$

という関係を考えればよい．m が奇数の場合と偶数の場合とで符号が異なるので，まず

$$u = u_e + u_o$$
$$u_e \equiv \frac{1}{2}\{u(x) + u(L-x)\} \qquad (6)$$
$$u_o \equiv \frac{1}{2}\{u(x) - u(L-x)\}$$

というように，u を，$L/2$ を中心として左右対称な部分(u_e)と反対称な部分(u_o)にわけておく．u_e に対しては，(4)より，m が奇数のときのみ $v_m \neq 0$ であり，u_o に対しては m が偶数のときのみ $v_m \neq 0$ である．そして(5)を考えれば，偶数の m だけとって(u_o に相当する)(3)を計算すると，もともと $0 \leq x \leq L$ で定義されていた u_o を繰り返した関数（周期 L の周期関数）となり，また奇数の m だけとれば(u_e に相当する)，u_e を周期 L で符号を反転させながら繰り返した関数（反周期関数）となることがわかる．

▶ u や v_m は，時刻 t にも依存する関数だが，それを省略して書いている．

▶ u が(3)のように展開できるとすれば係数 v_m を求める式(4)は，(3)に $\sin\left(\frac{\pi m'}{L}x\right)$ を掛け x で積分することにより導ける((5.4.3)参照)．

▶任意の関数 u に対して v_m は計算できるが，その v_m を(3)に代入して u を求めると，$x=0$ と L では自動的に $u=0$ となる．もともとの u がそこでゼロでない場合は，(3)の u は境界で不連続に変わる関数となる（章末問題参照）．

▶(5)は，m が偶数のときは周期 L の周期関数，m が奇数のときは，x が L 変化するごとに符号が変わる（**反周期関数**という）．

▶(4)の積分がゼロになるかどうかは $0 \leq x \leq L/2$ の範囲と，$L/2 \leq x \leq L$ の範囲の積分が相殺するかどうかを見ればよい．

▶ u_e も u_o も周期 $2L$ の周期関数になる．

5.3 フーリエ変換の応用

ぽいんと

フーリエ変換を利用して，波動方程式の初期値問題を解く．単純な波動方程式の場合は，フーリエ変換を利用しなくても初期値問題は解けるが，問題を少し複雑にすると，その有用性がわかる．その例として，抵抗を受けながら振動する場合を議論する．

キーワード：初期値問題，分散，抵抗力のある波動方程式

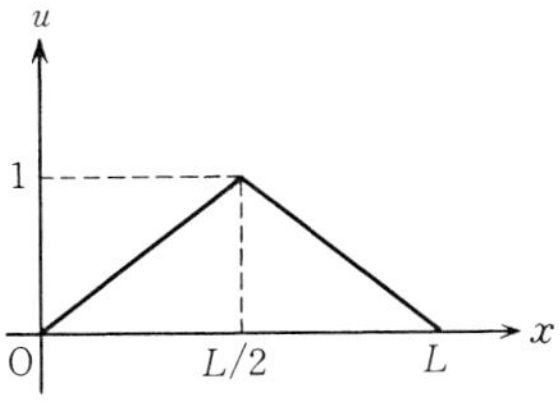

図 1

例題（初期値問題） 長さ L の弦を図 1 のような形に手で固定しておく．

$$u(x, t \leqq 0) = u_0(x) \equiv \begin{cases} \dfrac{2}{L}x & x \leqq L/2 \\ \dfrac{2}{L}(L-x) & x \geqq L/2 \end{cases}$$

$t=0$ で手を離す．その後の弦の振動をフーリエ変換を使って求めよ．

［解法］ まず，基準座標の初期条件を求める．u は，$L/2$ を中心とする対称な関数なので，m が偶数ならば $v_m=0$ となる．以下，m は奇数だとして話を進める．前節(4)より

▶部分積分を使えば
$\int y \sin y dy$
$= -y \cos y + \int \cos y dy$

$$v_m(t=0) = 2 \cdot \frac{2}{L}\int_0^{L/2}\left(\frac{2}{L}x\right)\sin\left(\frac{\pi m x}{L}\right)dx$$
$$= \frac{8}{L^2}\left(\frac{L}{\pi m}\right)^2 \int_0^{\frac{\pi m}{2}} y \sin y dy = \frac{8}{(\pi m)^2}(-1)^{(m-1)/2} \quad (1)$$

また $t=0$ では v_m の時間微分はゼロ（u の時間微分がゼロだから）．したがって，

▶v は波の速度

$$v_m = \frac{8}{(\pi m)^2}(-1)^{(m-1)/2}\cos\omega_m t \qquad (\omega_m = \pi m v/L)$$

これを前節(3)に代入すれば

$$u(x, t) = \frac{8}{\pi^2}\sum_{m:奇数}\frac{(-1)^{(m-1)/2}}{m^2}\cos\left(\frac{\pi m v}{L}t\right)\sin\left(\frac{\pi m x}{L}\right)$$
$$= \frac{4}{\pi^2}\sum\frac{(-1)^{(m-1)/2}}{m^2}\left\{\sin\frac{\pi m}{L}(x-vt)+\sin\frac{\pi m}{L}(x+vt)\right\} \quad (2)$$

ところで，$t=0$ では $u=u_0(x)$ であるから，(2)の第 1 式より

$$u_0(x) = \frac{8}{\pi^2}\sum\frac{(-1)^{(m-1)/2}}{m^2}\sin\left(\frac{\pi m x}{L}\right) \quad (3)$$

(3)は $0 \leqq x \leqq L$ 以外でも計算でき，前節で説明したように，$0 \leqq x \leqq L$ での値を反周期的に繰り返したものになる．つまり，無限に上下交互に続く三角波を表わしている．u_0 をそのようなものとして定義すれば，(2)は

$$u(x, t) = \frac{1}{2}u_0(x-vt) + \frac{1}{2}u_0(x+vt) \quad (4)$$

▶(4.4.8)の形になっていることに注意.

と書くことができる．これは，左と右に動いている，2つの(周期 $2L$ の)周期的な三角波を重ね合わせたものになっている．

■抵抗力のある場合の波動方程式

基準座標という考え方を使って，波動方程式の初期値問題を考えた．しかし波動方程式の一般解はわかっており，初期値問題の一般解も 4.3 節で求めた．(長さ有限の弦の場合も(4.4.8)を使えば解ける.)

▶解が(4)の形に書けるのはすべての波長の波が同じ速度で動くためである．これを**分散がない**と呼ぶ．分散がある例を，本節の後半および 5.5 節であげる．

しかしこれは，今まで扱ってきた波動方程式の特殊性であり，より一般的な問題には通用しない(その例を下にあげる)．しかしフーリエ変換の式，前節の(3)と(4)は，一般の関数 u に対して必ず成り立つ式であり，波動方程式をより複雑にしたものに対しても利用することができる．

振動する弦の各点に，速度に比例した抵抗力がかかっているとしよう．その場合の運動方程式は，

▶弦ではなく1つの質点だったら，減衰振動の問題になる．

$$\frac{\partial^2 u}{\partial t^2}+\gamma\frac{\partial u}{\partial t}-v^2\frac{\partial^2 u}{\partial x^2}=0 \tag{5}$$

という形になる．これに対しても，前節(4)で定義した v_m が基準座標になる．実際前節(3)を(5)に代入し，$\sin(\pi mx/L)$ を掛けて x で積分すると

▶章末問題参照.

$$\frac{d^2 v_m}{dt^2}+\gamma\frac{dv_m}{dt}+\omega_m{}^2 v_m=0 \tag{6}$$

というように，v_m だけの式になる($v_{m'}$ ($m'\neq m$) は出てこない．つまり v_m が基準座標になる)．そしてこの式は，1自由度の減衰振動の運動方程式に他ならないから，初期条件がわかれば解が求まる．そしてそれを(3)に代入すれば，一般の時刻での u が決まる．

▶1自由度の減衰振動については付録参照.

例として，左ページの例題の初期条件のもとで(4)を解いてみよう．v_m に対する初期条件は(1)と変わらない．この初期条件のもとで(6)を解く．(6)の一般解は，付録より

$$v_m=C_m e^{-\beta t}\cos(\alpha_m t+\theta_m)$$
$$\beta=\gamma/2,\qquad \alpha_m=\sqrt{\omega_m{}^2-(\gamma/2)^2}$$

▶$\omega_m>\gamma/2$ とする.

(C_m と θ_m は定数)だから，初期条件を満たすように定数を決めると

$$C_m=\frac{8}{(\pi m)^2}(-1)^{(m-1)/2}/\cos\theta_m,\qquad \tan\theta_m=-\beta/\alpha_m$$

となる．また，前節(3)は

$$u(x,t)=\sum_m C_m e^{-\beta t}\cos(\alpha_m t+\theta_m)\sin\left(\frac{\pi mx}{L}\right)$$

各項は，$\sin(k_m x\pm\alpha_m t\pm\theta_m)$ という形の進行波の和で書けるが，α_m と k_m ($=\pi m/L$)は比例していない．つまり，波の速さは m に依存し，分散があることがわかる．

5.4 フーリエ変換の一般論

ぽいんと

フーリエ級数による関数の展開と基底ベクトルによるベクトルの展開とを比較しながら，フーリエ変換の公式の意味を考える．関数に対する基底という考え方を理解する．また，5.2 節で導いたものとは異なるフーリエ変換が考えられることも示す．

キーワード：基底，周期的境界条件

■フーリエ変換の意味

もう一度，5.2 節で求めたフーリエ展開の式を記すと

$$u(x) = \sum_{m=1}^{\infty} v_m \sin\left(\frac{\pi m}{L}x\right) \tag{1}$$

これは，関数 $u(x)$ を，正弦関数で展開した式である．そして，この式の両辺に $\sin\left(\frac{\pi m'}{L}x\right)$ を掛け，x で積分することにより（m' を m と書き替えて）

$$v_m = \frac{2}{L}\int_0^L \sin\left(\frac{\pi m}{L}x\right)u(x)dx \tag{2}$$

という式(5.2.4)が求まる．このとき

▶$\delta_{mm'}$ は，$m=m'$ のとき 1，$m \neq m'$ のときゼロを表わす．前出のクロネッカーのデルタである．

$$\int_0^L \sin\left(\frac{\pi m}{L}x\right)\cdot\sin\left(\frac{\pi m'}{L}x\right)dx = \frac{L}{2}\delta_{mm'} \tag{3}$$

という関係式を使っている．

以上の計算の数学的な意味は，連続極限をとる前の 1 次元格子と比較するとわかりやすい．格子の各質点の座標と基準座標の関係(3.3.1)は，$\boldsymbol{u} = (u_1, u_2, \cdots)$ というベクトルを，$\boldsymbol{a}_m = (a_{1m}, a_{2m}, \cdots)$ という N 個のベクトル$(m=1, \cdots, N)$で展開したものとみなすことができる．

▶(4)を成分表示すれば
$$u_n = \sum_m \tilde{u}_m a_{mn}$$
つまり(3.3.1)である．

$$\boldsymbol{u} = \sum_m \tilde{u}_m \boldsymbol{a}_m \tag{4}$$

$\{\boldsymbol{a}_m\}$ を N 次元ベクトル空間の基底と考えているのである．また $\boldsymbol{a}_m$ は互いに直交しており，しかも規格化されている．すなわち

$$\boldsymbol{a}_m \cdot \boldsymbol{a}_{m'} = \delta_{mm'}$$

なので，$a_{m'}$ と(4)の内積をとれば，展開係数 $\tilde{u}_{m'}$ が求まる．m' を m と書き替えて，

$$\tilde{u}_m = \boldsymbol{a}_m \cdot \boldsymbol{u}$$

▶内積とは，各成分の積の和である．連続極限では，この和が積分になる．

フーリエ展開では，関数 $u(x)$ を正弦関数で展開している．(4)との類推で考えれば，(1)の正弦関数は，一般の関数 $u(x)$ に対する基底とみなすことができる．ここでは内積をとることが，関数の積を積分することに対応し，基底ベクトルの直交性は(3)に対応する．

基底 $\{\boldsymbol{a}_m\}$ は，1次元格子の基準振動を表わすものとして導いたものである．しかし，いったん基底を決めてしまえば，任意のベクトル $\boldsymbol{u}$ が(4)のように展開できる．同様に(1)は，固定端を境界条件とする波動方程式の基準振動から求めたものであるが，任意の関数 $u(x)$ に対して展開が可能である(正弦関数が基準振動にならない問題に対しては，あまり有用ではないが)．

■自由端の場合

ベクトル空間の基底の取り方がさまざまあるように，関数に対する基底もさまざまなものが考えられる．固定端の問題から導いた式が(1)と(2)であるが，別の境界条件から出発すると，別の形の展開式が求まる．たとえば自由端の場合は，結果だけを書くと

▶(2)を正弦変換，(5)を余弦変換ということもある．

$$u(x) = \frac{v_0}{2} + \sum_{m=1}^{\infty} v_m \cos\left(\frac{\pi m}{L}x\right)$$
$$v_m = \frac{2}{L}\int_0^L \cos\left(\frac{\pi m}{L}x\right)u(x)dx \tag{5}$$

となる．余弦関数を基底とする展開となっている．

■周期的境界条件の場合

▶周期的境界条件とは，
$$u(-L) = u(L)$$
$$\frac{\partial u}{\partial x}(-L) = \frac{\partial u}{\partial x}(L)$$
章末問題3.8と5.6参照．

周期的境界条件から導くフーリエ展開も有用である．振動する媒体の座標の範囲を，$-L<x<L$ とすると，

$$u(x) = \frac{a_0}{2} + \sum_{m=1}^{\infty} a_m \cos\left(\frac{\pi m}{L}x\right) + \sum_{m=1}^{\infty} b_m \sin\left(\frac{\pi m}{L}x\right)$$
$$a_m = \frac{1}{L}\int_{-L}^{L} \cos\left(\frac{\pi m}{L}x\right)u(x)dx, \qquad b_m = \frac{1}{L}\int_{-L}^{L} \sin\left(\frac{\pi m}{L}x\right)u(x)dx \tag{6}$$

■無限長の場合

(6)の公式で，$L\to\infty$ とすれば，無限に長い媒体の波動に使えるフーリエ変換の公式が求まる．$L\to\infty$ のときは，$k\equiv\pi m/L$ とし，m についての和を k についての積分で置き換える．

▶ $\sum_m(\cdots) \rightarrow \frac{L}{\pi}\int dk(\cdots)$
k は4.1節で定義した波数である．

$$a(k) \equiv \frac{L}{\pi}a_m, \qquad b(k) \equiv \frac{L}{\pi}b_m$$

というように定義すれば，(6)は

▶ただし，無限遠までの積分が発散しないとする．

$$u(x) = \int_0^\infty a(k)\cos kx dk + \int_0^\infty b(k)\sin kx dk$$
$$a(k) = \frac{1}{\pi}\int_{-\infty}^{\infty} u(x)\cos kx dx, \qquad b(k) = \frac{1}{\pi}\int_{-\infty}^{\infty} u(x)\sin kx dx \tag{7}$$

5.5 進行波と波束

ぽいんと

この章では今まで，長さが有限の媒体の基準振動，つまり定常波を議論してきた．この節では，無限に伸びる媒体上の移動する波，つまり進行波を考えよう．単純な波動方程式の場合は，基準振動を使った議論をする必要はないので，フーリエ変換の有用性が明らかな，少し複雑にした方程式を取り扱う．また波束という，山が1つだけの波の運動を計算する．山の動きの速さと，波の形の動きの速さの違いを指摘する．

キーワード：位相速度，群速度，波束

■進 行 波

▶たとえば，気体のように振る舞う，固体中の自由電子の波動方程式が(1)の形になる．電子の位置が平衡点からずれると，そのずれに比例した，各原子からの復元力 $-\omega_0{}^2u$ が働く．

$$\left\{\frac{\partial^2}{\partial t^2}-v^2\frac{\partial^2}{\partial x^2}+\omega_0{}^2\right\}u(x,t)=0 \tag{1}$$

という方程式を考えてみよう．$\omega_0=0$ とすれば通常の波動方程式となる．媒体の長さは無限とし，前節(7)の公式を使う．まず，

$$k^2\int_{-\infty}^{\infty}u(x)\cos kxdx=-\int_{-\infty}^{\infty}u(x)\frac{\partial^2}{\partial x^2}\cos kxdx=-\int_{-\infty}^{\infty}\left(\frac{\partial^2 u}{\partial x^2}\right)\cos kxdx$$

という関係が成り立つことに注意しよう．ただしここで，波動は有限の領域にしかないので，$x\to\pm\infty$ では u はゼロになると仮定し，部分積分を2回行なった．したがって，前節(7)の $a(k)$ は

▶前節(7)の a や b は，時刻 t の関数でもある．

$$\left(\frac{\partial^2}{\partial t^2}+v^2k^2+\omega_0{}^2\right)a(k)=\int\left(\frac{\partial^2}{\partial t^2}-v^2\frac{\partial^2}{\partial x^2}+\omega_0{}^2\right)u\cos kxdx=0 \tag{2}$$

▶$\omega_k{}^2\equiv v^2k^2+\omega_0{}^2$ とすれば(2)は

$$\frac{\partial^2 a}{\partial t^2}=-\omega_k{}^2a$$

という単振動の微分方程式を満たすことがわかる．つまり，$a(k)$ は基準座標になっている．$b(k)$ についても同様．したがって，$u(x,t)$ に対する初期値問題は，$a(k)$ や $b(k)$ に対する初期値問題に焼き直せば解くことができる．$t=0$ で静止している波，つまり

$$u(x,t=0)=u_0(x),\qquad \frac{\partial u}{\partial t}(x,t=0)=0$$

という初期条件のもとで，(1)を解いてみよう．まず，

$$a_0(k)\equiv\frac{1}{\pi}\int_{-\infty}^{\infty}u_0(x)\cos kxdx$$

とすれば，a の初期条件は $a=a_0$, $da/dt=0$ $(t=0)$ なので，(2)より

$$a(k,t)=a_0(k)\cos\omega_k t\qquad(\omega_k{}^2\equiv v^2k^2+\omega_0{}^2)$$

b も同様．したがって，一般の時刻での u は

$$\begin{aligned}u(x,t)&=\int_0^{\infty}a_0(k)\cos\omega_k t\cos kxdk+(b\text{ の項})\\&=\frac{1}{2}\int_0^{\infty}a_0(k)\{\cos(kx-\omega_k t)+\cos(kx+\omega_k t)\}dk+(b\text{ の項})\end{aligned} \tag{3}$$

もし ω_k/k が k に依存しない(分散がない)，つまり $\omega_0=0$ であれば，$kx\pm\omega_k t=k(x\pm vt)$ なので，第1項は $x-vt$，第2項は $x+vt$ のみの関数となる．そのときは，時刻 $t=0$ での関係

$$u_0(x)=\int_0^\infty a_0(k)\cos kxdk+(b\text{ の項}) \tag{4}$$

▶(4)の x の部分が(3)では $x\pm vt$ になっている．

を考えれば，(3)は

$$u(x,t)=\frac{1}{2}\{u_0(x-vt)+u_0(x+vt)\}$$

となる．これは(4.3.4)の結果と一致する(ただし $v_0=0$)．しかし一般の場合($\omega_0\neq0$)には，このような単純な形にはならない．

■波束と群速度

波数が特定の値(k とする)をもつ波は，$\cos(kx-\omega_k t)=\cos k\left(x-\frac{\omega_k}{k}t\right)$ である．媒体が無限に続くかぎり，無限に続く波である．その形は ω_k/k の速度で動いている．次に

$$u=\int_{-\infty}^\infty e^{-\frac{A}{2}(k-k_0)^2}\cdot\cos(kx-\omega_k t)dk \tag{5}$$

という波を考えよう．これは，波数が k_0 およびその周辺の値をもつ波を重ね合わせたものである．$k=k_0$ を中心とした積分なので，

$$\omega_k=\omega_{k_0}+\frac{d\omega_{k_0}}{dk}(k-k_0)+\cdots$$

▶$\cos X=\frac{1}{2}(e^{iX}+e^{-iX})$
ガウス積分
$\int_{-\infty}^\infty e^{-\alpha X^2}dX=\frac{1}{\sqrt{\pi\alpha}}$

と展開し，k についての1次の項まで考える．すると(5)の積分は，三角関数を指数関数で表わし，ガウス積分の公式を使うと実行でき，結果は

$$u\propto\cos(k_0x-\omega_{k_0}t)e^{-\frac{1}{2A}\left(x-\frac{d\omega_{k_0}}{dk}t\right)^2} \tag{6}$$

となる(章末問題参照)．これは図1の破線のような，1つのコブからなる波である．細かな波の形は，cos の中の式からわかるように速度 ω_{k_0}/k_0 で動くが，コブ自体は指数関数からわかるように速度 $d\omega_{k_0}/dk$ で動く．分散のない場合，つまり $\omega_{k_0}\propto k_0$ の場合は両者は等しいが，たとえば(1)では異なる($\omega_0\neq0$ ならば)．前者を**位相速度**，後者を**群速度**と呼ぶ．また図1のように，1つの固まりになっている波を，**波束**と呼ぶ．

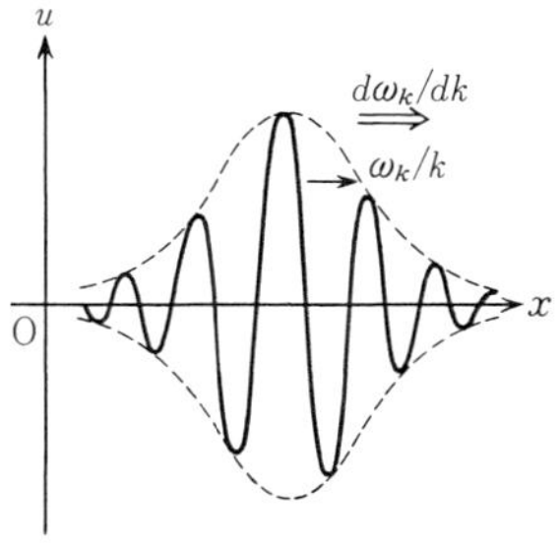

図1 波束の運動：群速度$\left(\frac{d\omega_k}{dk}\right)$と位相速度$\left(\frac{\omega_k}{k}\right)$

左ページの例では，$\omega_k=\sqrt{v^2k^2+\omega_0^2}$ だから $\omega_0\neq0$ ならば

$$\text{群速度}=\frac{d\omega_k}{dk}=\frac{v^2k}{\sqrt{v^2k^2+\omega_0^2}}<v<\text{位相速度}$$

$k\to0$ (長波長)では，群速度はゼロ，位相速度は無限大になる．波のエネルギーは群速度で移動するから，位相速度が無限大になっても構わない．

5.6 波動のエネルギーと基準振動

ぽいんと

1次元格子のエネルギーと比較しながら，連続体の振動のエネルギーを求める．エネルギーは，単振動である基準振動の和になっている．

キーワード：波動のエネルギー

■1次元格子の連続極限

バネでつながった質点系(固定端とする)のポテンシャルエネルギーは，(3.1.1)より

$$U = \frac{1}{2}\kappa\{(u_1-u_0)^2+(u_2-u_1)^2+\cdots+(u_{N+1}-u_N)^2\}$$

と書ける．ただし，定数 U_0 は省略し，また固定された両端の座標 $u_0=u_{N+1}=0$ を導入して，すべての質点が同等に扱える形にした．この形の連続極限(5.1節参照)を求めてみよう．つまり，全体の長さ(L とする)を一定に保ったまま質点の数を無限大にし，質点間の距離 Δx は無限小にする．バネ定数 κ を，バネの長さに依存しない量 $\tilde{\kappa}\equiv\kappa\Delta x$ で置き換えると，

▶$x_n=n\Delta x$ より
$\sum_n(\cdots) \to \frac{1}{\Delta x}\int(\cdots)dx$

$$U = \frac{1}{2}\frac{\tilde{\kappa}}{\Delta x}\sum_n\{u(x_n+\Delta x)-u(x_n)\}^2$$

$$\Rightarrow \quad U = \frac{1}{2}\tilde{\kappa}\int_0^L\left(\frac{\partial u}{\partial x}\right)^2dx \tag{1}$$

となる．ただし

$$\frac{u(x_n+\Delta x)-u(x_n)}{\Delta x} \to \frac{\partial u}{\partial x}$$

という関係を使った．したがって，運動エネルギーも含めたこの系の全エネルギーは，単位長さ当たりの質量密度を λ とすれば

$$E = \int\left\{\frac{1}{2}\lambda\left(\frac{\partial u}{\partial t}\right)^2+\frac{1}{2}\tilde{\kappa}\left(\frac{\partial u}{\partial x}\right)^2\right\}dx \tag{2}$$

となる．

■振動する連続体のエネルギー

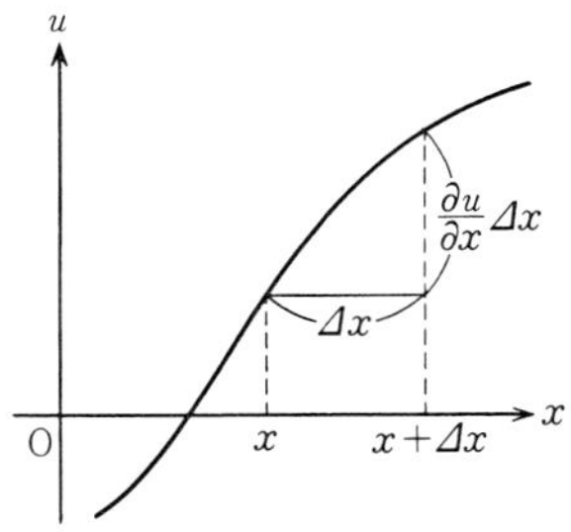

図1　振動している弦

弦や弾性体の波動方程式は，1次元格子の運動方程式の連続極限に等しいことは5.1節で示した．ここでは，エネルギーにも同じ関係があることを示そう．

まず，弦の場合を議論する．図1の，微小部分 $[x, x+\Delta x]$ のポテンシャルエネルギー ΔU を考えてみよう．この部分の振動していない状態での長さは Δx であるが，図1のように振動した状態では

▶微小振動だとして $\left|\frac{\partial u}{\partial x}\right| \ll 1$ とすれば，
$\sqrt{1+\left(\frac{\partial u}{\partial x}\right)^2} \simeq 1+\frac{1}{2}\left(\frac{\partial u}{\partial x}\right)^2$

$$（伸び）= \sqrt{(\varDelta x)^2+\left(\frac{\partial u}{\partial x}\right)^2(\varDelta x)^2}-\varDelta x \cong \frac{1}{2}\left(\frac{\partial u}{\partial x}\right)^2\varDelta x$$

となっている．弦は張力 T で張られているのだから，この伸びによって生じるポテンシャルエネルギー（＝仕事）は，「仕事＝力×伸び」より

$$\varDelta U = \frac{1}{2}T\varDelta x\left(\frac{\partial u}{\partial x}\right)^2$$

したがって，弦全体では

$$U = \sum \varDelta U = \int \frac{1}{2}T\left(\frac{\partial u}{\partial x}\right)^2 dx \tag{3}$$

となり，(1)と同じ形をしていることがわかる．

▶弦と本質的には同じ問題だが，計算方法は少し異なっている．弦の場合，静止状態でも張力 T により伸びた状態になっており，（T の変化が T に比べて無視できる程度の）微小な振動によって，エネルギーがどう変化するかを考えた．弾性体の棒の場合は，伸びていない静止状態との比較で計算している．

弾性体の棒の場合も 4.2 節図 2 の $[x, x+\varDelta x]$ 部分を考えたとき，伸びは

$$（伸び）= \frac{\partial u}{\partial x}\varDelta x$$

また，この部分のバネ定数は(4.2.3)より $ES/\varDelta x$ と書けるので，ポテンシャルエネルギーは，$(1/2)\times$バネ定数$\times$(伸び)^2 より

$$\varDelta U = \frac{1}{2}\frac{ES}{\varDelta x}\left(\frac{\partial u}{\partial x}\right)^2(\varDelta x)^2 = \frac{1}{2}ES\left(\frac{\partial u}{\partial x}\right)^2\varDelta x$$

$$\Rightarrow \quad U = \sum \varDelta U = \int \frac{1}{2}ES\left(\frac{\partial u}{\partial x}\right)^2 dx$$

やはり(1)と同じ形になる．

■基準振動

1 次元格子など連成振動のエネルギーは，基準座標というもので表わすと変数分離することは，第 2 章，第 3 章で説明した．連続体の場合も同じことが言える．実際(5.4.1)を(3)に代入すると，(5.4.3)も使って，

▶$\int_0^L(\cdots)dx = \frac{L}{2}\delta_{mm'}$

$$U = \frac{1}{2}T\sum_m\sum_{m'} v_m v_{m'}\frac{\pi m}{L}\cdot\frac{\pi m'}{L}\cdot\int_0^L \cos\left(\frac{\pi m}{L}x\right)\cos\left(\frac{\pi m'}{L}x\right)dx$$
$$= \frac{1}{4}\frac{T\pi^2}{L}\sum_m m^2 v_m{}^2 \tag{4}$$

同様に運動エネルギーのほうも計算すると，(2)より

$$E = \frac{\lambda L}{4}\sum_{m=1}^{\infty}\left\{\left(\frac{dv_m}{dt}\right)^2+\omega_m{}^2 v_m{}^2\right\} \qquad \left(\omega_m{}^2 \equiv \frac{\pi^2 T}{\lambda L^2}m^2\right) \tag{5}$$

となる．(3)のポテンシャルには u の x 微分があるが，(4)にはそのようなものはない．ω_m という角振動数をもつ，無限個の単振動のエネルギーの和となっている．弦や弾性体の振動も，数学的には基準振動の集合なのである．

5.7 一般的な弦の運動方程式

ぽいんと

質量や張力など，系の性質を決める量が位置とともに変化する場合にも通用する，一般的な運動方程式を導く．また，その解法に関する一般論と，具体例として，吊り下げられた鎖の振動を議論する．

キーワード：シュトルム・リュヴィーユの方程式，ベッセル関数

■張力が場所によって異なる弦

何らかの外力が働いていて，張力が場所によって異なる場合の弦の運動方程式を考えてみよう．各点での張力を $T(x)$ と書く．すると，4.2節で議論した u 方向(弦に垂直な方向)の力は，単位長さ当たりで考えれば

$$u\text{ 方向の力}/\Delta x = \left\{T(x+\Delta x)\frac{\partial u}{\partial x}(x+\Delta x) - T(x)\frac{\partial u}{\partial x}(x)\right\}\Big/\Delta x$$

$$\to \frac{\partial}{\partial x}\left(T\frac{\partial u}{\partial x}\right) \qquad (\Delta x \to 0)$$

となる．T が一定でないので，微分記号の外には出せない．これを(4.2.1)に代入すれば

▶張力が変化する原因となる外力は，弦の方向に働いているとし，u 方向の運動方程式では考えない．具体例は，右ページで述べる．

$$\lambda\frac{\partial^2 u}{\partial t^2} - \frac{\partial}{\partial x}\left(T\frac{\partial u}{\partial x}\right) = 0 \qquad (1)$$

という式が求まる．

この式は，弦の太さが変化するなどして，質量密度 λ も場所の関数になる場合も成り立つ．また弾性体の棒で，ヤング率，質量，断面積などが場所によって変化する場合も，同様の方程式が考えられる．

■基準振動

(1)に対する基準振動の求め方について考えてみよう．基準振動とは，ある一定の角振動数で振動する運動だから，まず

$$u = \sin(\omega t + \theta_0)f(x)$$

と書く．そしてこれを(1)に代入すれば

$$-\lambda\omega^2 f - \frac{d}{dx}\left(T\frac{df}{dx}\right) = 0 \qquad (2)$$

T も λ も一定の場合には，たとえば $f(x) \propto \sin kx$ とすると

$$T\frac{d^2}{dx^2}\sin kx = -Tk^2\sin kx$$

だから，あとは k と ω の関係を正しく決めれば，三角関数が(2)の解になり，基準振動は三角関数で表わされる．しかし一般的にはそうならず，具体例ごとに個別に(2)の解を求めなければならない．

ただし，無限個の基準振動が求まること，また，それを使って，任意の関数 u が(5.4.1)のような級数で表わせることなどは，フーリエ級数の場合と変わらない．(1)のタイプの式を数学では，**シュトルム・リュヴィーユの方程式**と呼ぶが，フーリエ級数の理論はその特殊な場合なのである．

▶物理のさまざまな分野で登場するルジャンドル多項式，ラゲール多項式，エルミート多項式，またあとで述べるベッセル関数などは，みなこのタイプの方程式の解になっている．

■吊り下げられた鎖

(1)の例として，吊り下げられた鎖の振動を考えてみよう．針金のようなものでもいいのだが，曲げるために必要な力は無視できるものでなければならない．十分長い針金の微小振動ならばいいだろう．あるいは空気抵抗が無視できる，重い縄の振動を考えてもよい．

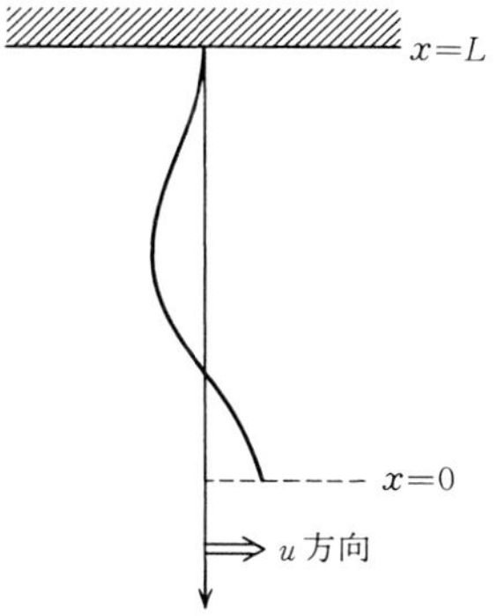

図1 吊り下げられた鎖の u 方向の振動

張力は重力で決まり，それは場所ごとに異なる．鎖の先端からの距離を x とし，単位長さ当たりの質量を λ とすれば，張力 T は，

$$T = g\lambda x \qquad (g \text{ は重力定数})$$

となる(図1)．だから(2)は

$$g\frac{d}{dx}\left(x\frac{df}{dx}\right)+\omega^2 f = 0$$

となる．これは

$$x = \frac{1}{4}gz^2$$

という変数を使うと

$$\frac{d^2f}{dz^2}+\frac{1}{z}\frac{df}{dz}+\omega^2 f = 0 \tag{3}$$

となる．この式の解は，数学では0次の**ベッセル関数**と呼ばれており，通常

$$f \propto J_0(\omega z) \tag{4}$$

▶(4)の他に
$$f(z\to 0) \propto \log z$$
となる解もあるが，$z=0$ で無限大になってしまうので，現実の運動には対応しない．

と書く．J_0 は具体的には z の級数の形でしか表わせず，

$$J_0(\omega z) \propto 1-\frac{\omega^2 z^2}{4}+\frac{\omega^4 z^4}{64}-\cdots$$

となり，また z が大きいときは近似的に

$$J_0(\omega z) \propto \frac{1}{\sqrt{z}}\cos\left(z-\frac{\pi}{4}\right) \tag{5}$$

である．$x=z=0$ で f が有限という条件から，(4)の形に解が決まるが，基準角振動数 ω の値は，鎖の上端($x=L$ とする)で $f=0$ という条件から決まる．つまり $\omega z=2\omega\sqrt{L/g}$ としたときに，$J_0=0$ となるように ω を決める．(5)からわかるように $J_0=0$ となる点は無限にあるから，このような ω も無限に存在する．その1つ1つが，基準振動を表わしている．

5.8 膜の振動

ぽいんと

前後左右に張った膜の振動を考える．2 方向の波動を考えなければならないが，基本的には 1 次元の問題と同様に解ける．例として，長方形の境界を固定した場合の定常波を求める．

キーワード：膜の振動

■張った膜のエネルギー

ゴムのように，伸縮する膜を考える．伸ばすためには力がいるので，伸びに応じたポテンシャルエネルギーをもつ．弦や棒の場合は，ポテンシャルはその伸びの 2 乗に比例する．膜の場合も伸びがあまり大きくなければ，各方向の伸びの 2 乗に比例するだろう．

このような性質をもつ膜を前後左右から同じ力で張り，周囲を固定する．この状態での膜の振動を考えよう．膜の上に座標系 xy をとる．膜は各点 (x, y) で上下に動く．その大きさを u で表わす．静止状態での位置が $u=0$ である．u は x, y および時刻 t の関数になる．

u の運動方程式は，弦の場合とまったく同様に求まる．x 方向，y 方向それぞれに対して，張力による u 方向の力を求めればよい．結果は

$$\left(\sigma\frac{\partial^2}{\partial t^2}-T\frac{\partial^2}{\partial x^2}-T\frac{\partial^2}{\partial y^2}\right)u(x, y, t) = 0 \qquad (1)$$

となる．ただし，σ は単位面積当たりの質量である．また係数 T は張力を表わす．この形の式を，2 次元の波動方程式と呼ぶ．

■基準振動

膜の基準振動は，膜の形状により異なる．ここでは一番簡単な場合として，長方形の膜を考える．膜が占めている領域を

$$0 \leqq x \leqq L_x, \quad 0 \leqq y \leqq L_y \qquad (2)$$

とする．膜の境界は固定されている，つまり境界で $u=0$ であるとする．角振動数 ω の基準振動を

$$u = \sin(\omega t+\theta_0)\cdot f(x, y)$$

とすると

$$\left(\frac{\partial^2}{\partial x^2}+\frac{\partial^2}{\partial y^2}\right)f = -k^2 f \qquad (k^2\equiv(\sigma/T)\omega^2) \qquad (3)$$

である．さらに

$$f(x, y) = X(x)\cdot Y(y)$$

というように，f は x の関数 X と，y の関数 Y の積として書けるとする（変数分離）．これを(3)に代入し f で割ると

$$\frac{1}{X}\frac{d^2X}{dt^2}+\frac{1}{Y}\frac{d^2Y}{dt^2} = -k^2 \tag{4}$$

となる．左辺第1項は x のみの関数であり，第2項は y のみの関数である．その和が右辺，つまり x にも y にも依存しない定数に等しいというのだから，左辺の第1項，第2項それぞれが定数でなければならない．それらを $-k_x{}^2$，$-k_y{}^2$ と書けば

$$\frac{d^2X}{dx^2} = -k_x{}^2X, \qquad \frac{d^2Y}{dy^2} = -k_y{}^2Y$$

$$k_x{}^2+k_y{}^2 = k^2 \qquad (=(\sigma/T)\omega^2)$$

となる．この式を満たし，しかも領域(2)の境界で0となる解は

$$X \propto \sin k_x x, \qquad k_x = \frac{\pi m_x}{L_x} \qquad (m_x=1, 2, \cdots)$$

$$Y \propto \sin k_y y, \qquad k_y = \frac{\pi m_y}{L_y} \qquad (m_y=1, 2, \cdots)$$

である．これが基準振動である．基準振動は2つの数 m_x, m_y で指定されることがわかる．$m_x=m_y=1$ の場合が基本振動になるが，x 方向にも y 方向にも半波長であり，全体が上下に動く振動になる．また，$m_x=2, m_y=1$ の場合は，左右が反対に振動する(図1).

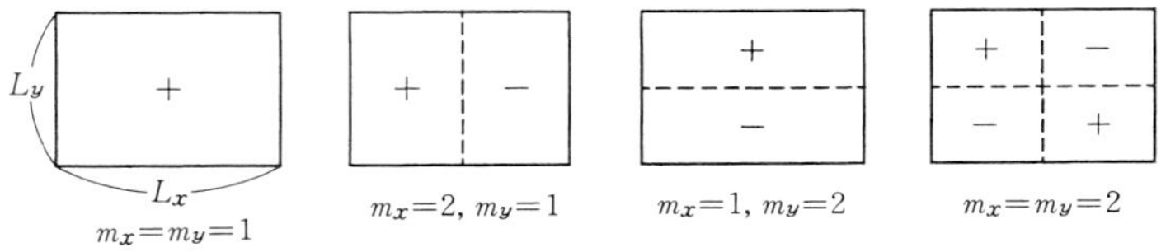

図1 長方形の膜の基準振動．＋の部分が上に動いているとすれば，−の部分は下に動いている．

■進 行 波

1次元の場合，定常波(基準振動)は左右に動く進行波の和で書けるが，2次元の場合も同様である．上で求めた振動は

$$u \propto \sin(\omega t+\theta_0)\cdot\sin k_x x\cdot\sin k_y y$$

という式で表わされるが，三角関数の公式を使えば，これは

$$\sin(\pm k_x x \pm k_y y+\omega t+\theta_0) \tag{5}$$

という形の式の組合せになる．さらに，このような関数それぞれが(1)の解になっていることは代入してみればわかるだろう．これらは，一定の方向に進む進行波を表わしている．たとえば，(5)の符号がどちらもマイナスの場合は，(k_x, k_y) の方向に進む波である．

5.9 膜の振動（円形の場合）

ぽいんと

膜が長方形でなければ，基準振動は一般的には三角関数で表わせない．しかし基準振動を求める原理や，解の基本的な性質は共通である．ここでは膜が円形である場合の計算を示す．ベッセル関数を使って解を表わす．

キーワード：球座標の波動方程式

■変数分離法

今度は，膜が円形である場合を考えよう．円形なのだから，その中心を原点とする極座標を使うと，境界条件の取り扱いが容易になる．

極座標を r と ϕ で表わし，膜の半径を $r=a$ とする．前節で求めた2次元の波動関数を，この座標で書き直さなければならない．これは合成関数の微分公式を用いればできる．結果だけ述べると

▶(1)で T, σ は，それぞれ張力，単位面積当たりの質量を表わす．(1)を**球座標の波動方程式**という．

$$\left\{\frac{\partial^2}{\partial t^2}-v^2\frac{1}{r}\frac{\partial}{\partial r}\left(r\frac{\partial}{\partial r}\right)-\frac{v^2}{r^2}\frac{\partial^2}{\partial\phi^2}\right\}u=0 \qquad (v^2=T/\sigma) \tag{1}$$

基準振動は，極座標の場合でも変数分離の方法を使って求めることができる．角振動数 ω の基準振動を

$$u=\sin(\omega t+\theta_0)\cdot R(r)\cdot\Phi(\phi) \tag{2}$$

と表わすと，

$$r^2\left\{\frac{1}{R}\frac{1}{r}\frac{d}{dr}\left(r\frac{dR}{dr}\right)+k^2\right\}=-\frac{1}{\Phi}\frac{d^2\Phi}{d\phi^2} \qquad (k^2=\omega^2/v^2)$$

となる．前節(4)と同様，両辺はそれぞれ r または ϕ のみの関数であるが，それが等しいのだから，定数でなければならない．それを m^2 とすれば

$$\frac{d^2\Phi}{d\phi^2}=-m^2\Phi \tag{3}$$

$$\frac{1}{r}\frac{d}{dr}\left(r\frac{dR}{dr}\right)+\left(k^2-\frac{m^2}{r^2}\right)R=0 \tag{4}$$

である．まず(3)を解くと，単振動の式だから

▶定数 α は，座標系を回転すれば変わってしまう数なので，運動の型を区別する数ではない．

$$\Phi\propto\sin(m\phi+\alpha) \qquad (\alpha \text{は定数})$$

である．ただし m は整数でなければならない．1周($\phi\to\phi+2\pi$)したとき Φ が元の値に戻らなければならないからである．

(4)の式の解は簡単な形にはならず，r の無限級数としてしか表わすことができない．しかし，その性質はよく調べられている．まず，$z\equiv kr$ とすれば，

$$\frac{d^2R}{dz^2}+\frac{1}{z}\frac{dR}{dz}+\left(1-\frac{m^2}{z^2}\right)R=0 \tag{5}$$

この式の解は「m 次のベッセル関数」と呼ばれている．2次の微分方程式だから独立な解は2つあるが，原点（$r=0$）で有限になるのは1つであり，通常 $J_m(z)$ と表わす．結局 u は

▶$m=0$ とすれば(5)は(5.7.3)に一致する（ただし，$z\to\omega z$ とする）．

$$u \propto \sin(\omega t+\theta_0)J_m(kr)\sin(m\phi+\alpha) \tag{6}$$

（$\omega^2=v^2k^2$，m は正の整数）

という形になる．

■境界条件と基準振動

(6)の k の値は境界条件で決まる．膜の周囲が固定されているとすれば，そこでは（$r=a$）振動はゼロにならなければならない．つまり k は

$$J_m(ka)=0 \tag{7}$$

を満たす値でなければならない．ベッセル関数 $J_m(z)$ は z が大きいときに

$$J_m(z) \underset{z\to\infty}{\propto} \frac{1}{\sqrt{z}}\cos\left(z-\frac{(2m+1)\pi}{4}\right) \tag{8}$$

となる．これからわかるように J_m は周期的ではないが振動しており，無限回ゼロとなる．したがって，(7)の条件を満たす k も無限個あるので，小さい方から $n=1,2,3,\cdots$ と番号を付けよう．すると，円形の膜の基準振動は m, n という2つの整数で指定されることになる（図1に例を示す）．

▶基準振動が2つの整数で指定されるのは，2次元の波動方程式の一般的な特徴である．

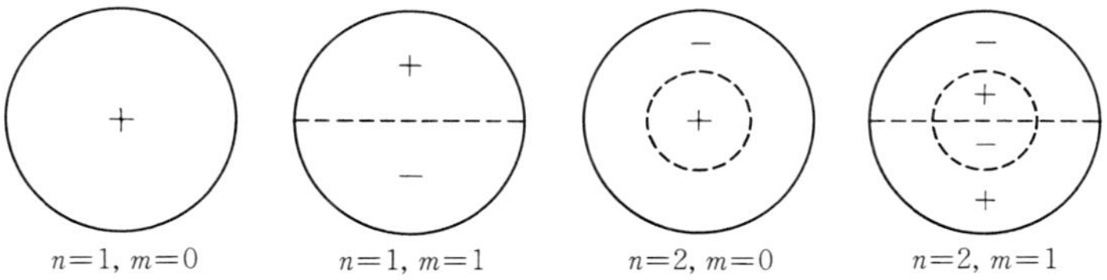

図1 円形膜の基準振動

■円形に広がる進行波

膜が無限に広がっているとき，回転対称な波を調べてみよう．回転対称だとすれば，(4)で $m=0$ だから，(6)は，(8)も使って

$$u \propto \frac{1}{\sqrt{r}}\sin(\omega t+\theta_0)\cos(kr-\theta_m)$$

$$\propto \frac{1}{\sqrt{r}}\{\sin(kr-\omega t+\theta_m{}')+\sin(kr+\omega t+\theta_m{}'')\}$$

（$\theta_m, \theta_m{}', \theta_m{}''$ は定数）

という形になる．最後の式は，中心から対称に広がっていく進行波と，中心へ集中してくる進行波の和である．遠方へいくほど振幅は $1/\sqrt{r}$ に比例して減少していくが，これはエネルギーの保存を考えれば納得できる．波の半径が広がれば円周は r に比例するから，各点でのエネルギーは r に反比例して減少しなければならないからである．

▶エネルギーは u の2乗に比例する．

章末問題

[5.2節]

5.1 $u=1$を，(5.2.1)を使ってフーリエ展開し，第2項までの和をスケッチせよ．$0<x<L$ の領域外では，この展開式はどのような関数を表わすか．

5.2 $u=x$を，(5.2.1)を使ってフーリエ展開し，第2項までの和をスケッチせよ．$0<x<L$ の領域外では，この展開式はどのような関数を表わすか．

[5.3節]

5.3 5.3節の例題を，(4.4.8)を使って解け．

5.4 (5.3.6)を，本文の指示通りにして導け．

[5.4節]

5.5 (5.4.5)を(3.4.4)から導け．

5.6 (5.4.6)の1行目のように展開できるとしたとき，係数を求める公式(2行目)を導け．

5.7 $u=1$および$u=x$を，それぞれ(5.4.5)を使ってフーリエ展開せよ．$0<x<L$ の領域外では，この展開式はどのような関数を表わすか．

5.8 $u=1$，$u=x$，$u=|x|$を，それぞれ(5.4.6)を使ってフーリエ展開せよ．

[5.5節]

5.9 (5.5.6)を導け．

[5.6節]

5.10
$$u = f_+(x-vt)+f_-(x+vt)$$
であるとき，エネルギーは各項のエネルギーの和であることを示せ．

[5.7節]

5.11 5.7節の鎖の問題で，振動数が小さいほうからm番目の基準振動には，$m-1$個の節がある理由を述べよ．

[5.8節]

5.12 初期条件として正方形の膜の中央付近のみをへこましたとき，どのような基準振動が大きくなるか考えよ．(ヒント：膜の中心を原点とし，
$$u(t=0) \propto \exp\{-A(x^2+y^2)\}$$
という形を考えよ．ただし，Aは十分大きいプラスの数である.)

[5.9節]

5.13 半径30 cm，質量密度1 g/cm^{2}の膜の基本振動数が10 Hzであるとき，張力を求めよ．ただし，ベッセル関数Jの最初のゼロ点は約2.4である．

6

電磁波

きききどころ

電場と磁場の波動である，電磁波を扱う．電磁気の基本法則は，マクスウェルの方程式と呼ばれるもの(6.1節でその復習をする)だが，この式には，電場と磁場が波動の形になる解がある．これを電磁波と呼ぶ．このことを理解するために，マクスウェル方程式を変形し，電場と磁場それぞれに対する波動方程式を導く．同時に，この波動が横波であることを示す方程式も導かれる．

また，物質中でのマクスウェル方程式を考え，電磁波の速度(位相速度)の変化について説明する．

6.1 マクスウェル方程式

ぽいんと

電磁気学の基本法則を，電場と磁場に対する微分方程式という形で表わしたものがマクスウェル方程式である．マクスウェル方程式には全部で4つの式があるが，それぞれの意味を簡単に復習しておこう．

キーワード：電場，磁場，ベクトル場，発散(密度)，回転(密度)，マクスウェル方程式

■ベクトル場の発散

電場や**磁場**とは，空間内の各点で決まっているベクトルである．座標の関数なのでベクトル関数ということもできるが，ここでは**ベクトル場**と呼ぶ．

▶一般に，各位置で決まっている量を場と呼ぶ．たとえば弦の振動を表わす $\boldsymbol{u}(x)$ は，弦上の各点で決まっている関数なので，振動の場と呼ぶことができる．

電場や磁場に限らない，一般的なベクトル場の数学的特徴を表わす，発散および回転という量について説明しておこう．

図1は，プラスの電荷をもつ粒子から電場が湧き出していく様子を示している．電場はプラスの電荷から湧き出し，マイナスの電荷に吸い込まれるが，数学ではこのことを，以下で定義する**発散**という量で表わす(湧き出しのことをプラスの発散，吸い込みのことをマイナスの発散と呼ぶ)．

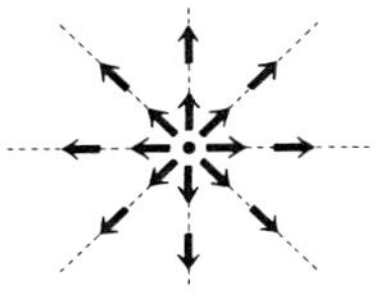

図1 電荷からの電場の湧き出し(発散)

一般のベクトル場を $\boldsymbol{a}(\boldsymbol{r})$ と表わそう．そしてある点Aで，このベクトル場に発散(湧き出し)があるかどうかを考える．湧き出しがあるとしても，点Aの $\boldsymbol{a}(\boldsymbol{r})$ はそればかりでなく，他の場所での湧き出しの影響も受ける．そのようなときに点Aで発散があるかどうかを判定するには，点Aに入り込んでくる量と，出ていく量を比較すればよい．

大きさのある領域での発散を計算するには，その領域の両側での $\boldsymbol{a}$ の大きさの違いをみればよいが，各点での発散(正確に言えば**発散密度**)を求めるには，$\boldsymbol{a}$ の変化率を調べる．といっても，$\boldsymbol{a}$ はベクトル場だから，3成分ある．どの成分を，どの座標で微分するかに注意しなければならない．たとえば x 方向に流れている成分に発散があるかどうかを調べるには，$\boldsymbol{a}$ の x 成分 a_x が，Aの左右で変化しているかを見ればよい(図2)．つまり

▶各点近傍での発散の量を，単位体積当たりの大きさに換算したものを発散密度と呼ぶことにする．

$$x\text{ 方向の発散密度} \sim \frac{\partial a_x}{\partial x}$$

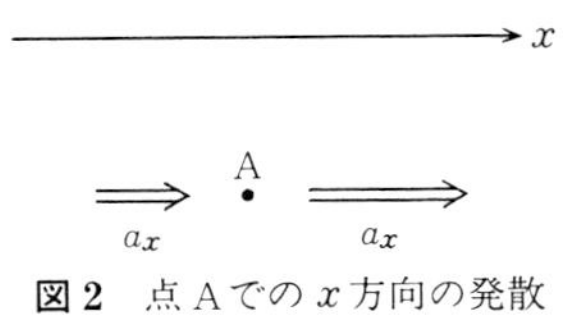

図2 点Aでの x 方向の発散 $\propto$ 点Aのすぐ左の a_x とすぐ右の a_x の差

同様に，y 方向，z 方向があるから，点Aでの発散密度の合計は

$$\frac{\partial a_x}{\partial x}+\frac{\partial a_y}{\partial y}+\frac{\partial a_z}{\partial z} \quad (=\nabla\cdot\boldsymbol{a})$$

という量で表わされると想像できるだろう．微分記号からなるナブラベクトル ∇ と $\boldsymbol{a}$ との内積になっている．

▶ナブラベクトルとは $\nabla=\left(\frac{\partial}{\partial x},\frac{\partial}{\partial y},\frac{\partial}{\partial z}\right)$

■ベクトル場の回転

ベクトル場の**回転**(密度)とは，各点での渦の中心(回転軸)の有無とその大

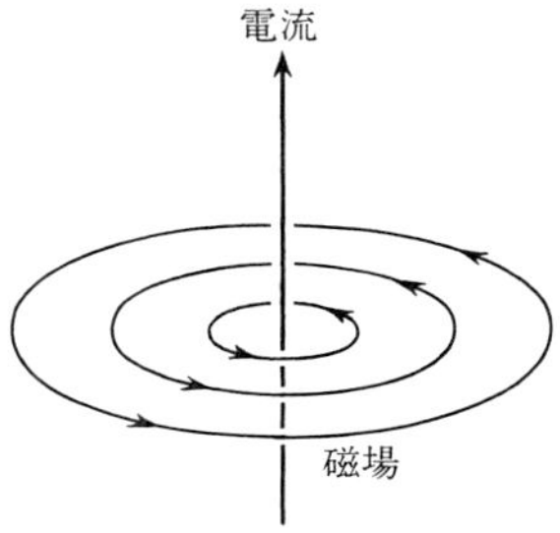

図 3 磁場は電流の回りに渦まく.

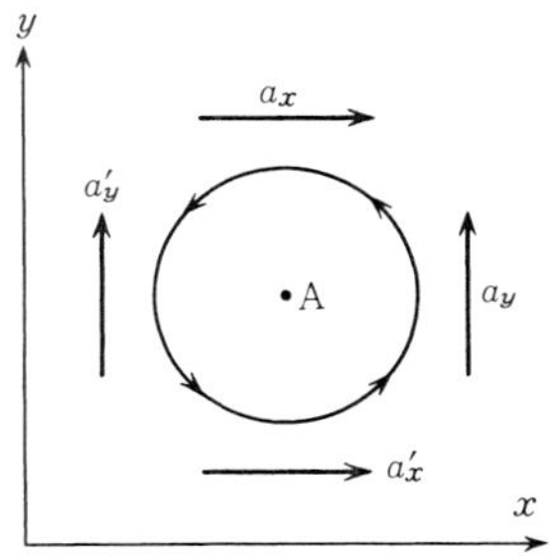

図 4 回転軸が z 方向(紙面のこちら向き)を向く渦. 渦の影響により, 上下, 左右で流れに差がでる.

きさを表わす量である. 回転軸だから, 向きをもつ量つまりベクトルであり, またその大きさは渦の回転速度で決まる. たとえば直線電流があると磁場が図 3 のようにできるが, この磁場は電流上に回転をもつ.

図 4 で, 点 A に z 方向を向いた渦の中心があるとしよう. 他の部分から流れてくる成分があるにしても, そこに渦の中心(渦は左回りとする)があるとすれば

$$a_y > a'_y, \quad a_x < a'_x$$

$$\Rightarrow \frac{\partial a_y}{\partial x} > 0, \quad \frac{\partial a_x}{\partial y} < 0$$

という関係が成り立つはずである(渦の流れの方向に注意). そこで

$$\frac{\partial a_y}{\partial x} - \frac{\partial a_x}{\partial y} \tag{1}$$

という量を, 点 A における $\boldsymbol{a}$ の回転密度の z 成分と呼ぶことにする. これがプラスであれば, ここには左回りの渦の中心があり, またマイナスであれば右回りの渦の中心があるということを意味する. ところで(1)は, ベクトル ∇ と $\boldsymbol{a}$ の外積の z 成分に他ならない. そこで一般に

$$\nabla \times \boldsymbol{a}$$

という量を, $\boldsymbol{a}$ の**回転密度ベクトル**と呼ぶ.

■マクスウェル方程式

電磁場の基本法則であるマクスウェル方程式は, 電場($\boldsymbol{E}$), 磁場($\boldsymbol{B}$)それぞれについて, その発散密度と回転密度を決める法則である.

[1] 電場の発散 : 電場は, 電荷があるところから発散する(クーロンの法則). 電荷の分布を電荷密度 $\boldsymbol{\rho}$ で表わせば

$$\nabla \cdot \boldsymbol{E} = \rho/\varepsilon_0 \qquad (\varepsilon_0 \text{ は真空の誘電率}) \tag{2}$$

▶$\varepsilon_0{}^{-1} = 4\pi \cdot 10^{-7} c^2 (\mathrm{kg\ m/C^2})$
$\mu_0 = 4\pi \cdot 10^{-7} (\mathrm{NA^{-2}})$
ただし, c は光速度.

[2] 電場の回転 : 磁場が変化すると電場の渦ができる(電磁誘導の法則. 図 5).

$$\nabla \times \boldsymbol{E} = -\partial \boldsymbol{B}/\partial t \tag{3}$$

[3] 磁場の発散 : 磁場はどこからも発散しない. つまり, 電荷という量に対応する磁荷というものは, この世の中に存在しない.

$$\nabla \cdot \boldsymbol{B} = 0 \tag{4}$$

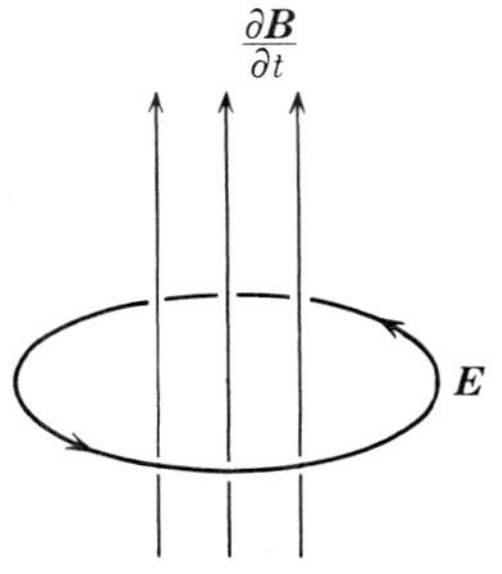

図 5 電磁誘導. 磁場が変化すると電場の渦ができる.

[4] 磁場の回転 : 電流があると, 磁場がそれを軸として渦を作る. また電場が変化しても, その変化率の方向を軸として磁場が渦を巻く. 電流密度を $\boldsymbol{j}$ として

$$\nabla \times \boldsymbol{B} = \mu_0 \boldsymbol{j} + \varepsilon_0 \mu_0 \frac{\partial \boldsymbol{E}}{\partial t} \qquad (\mu_0 \text{ は真空の透磁率}) \tag{5}$$

6.2 電磁波

ぽいんと

電荷や電流から電場・磁場が発生するという静電場，静磁場の法則(クーロンの法則とビオ・サバールの法則)を，時間変化があるときにも成り立つ法則へと拡張したものが，前節のマクスウェル方程式である．この方程式から，磁場が変化すると電場が発生し，また電場が変化すると磁場が発生するということがわかる．つまり，電荷や電流がなくても，電場と磁場が互いに相手を作り合うことによって存在できる可能性がある．実際，**電磁波**と呼ばれるそのような波動を表わす解が，マクスウェル方程式には存在することを示そう．また，マクスウェル方程式から，電場や磁場に対する波動方程式が導かれることも示す．

キーワード：電磁波

■電磁波の例

電荷も電流もない場合にも，電場や磁場が存在できることを示そう．$\rho=\boldsymbol{j}=0$ の場合には，マクスウェル方程式は，

$$\nabla\cdot\boldsymbol{E}=0 \qquad (1) \qquad\qquad \nabla\cdot\boldsymbol{B}=0 \qquad (2)$$

$$\nabla\times\boldsymbol{E}=-\frac{\partial\boldsymbol{B}}{\partial t} \qquad (3) \qquad\qquad \nabla\times\boldsymbol{B}=\frac{1}{c^2}\frac{\partial\boldsymbol{E}}{\partial t} \qquad (4)$$

▶$\varepsilon_0\mu_0=c^{-2}$ であることを使った．これは，3つの定数の実験値の間の関係だが，後で，c が電磁波の速度になることがわかる．

となる．そして，波動の形をした電場，磁場(図1)

$$\begin{aligned} E_z &= E_0\sin(ky-\omega t) \\ B_x &= B_0\sin(ky-\omega t) \end{aligned} \qquad (5)$$

($\boldsymbol{E},\boldsymbol{B}$ の他の成分はゼロ)

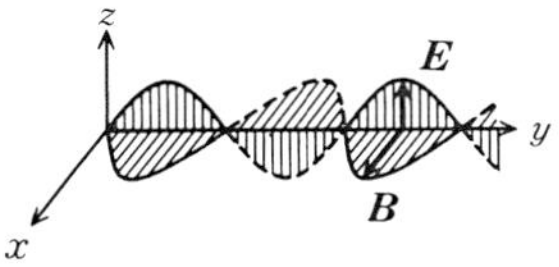

図1　y 方向に進む電磁波

が，上の(1)〜(4)を満たしているかどうかを調べよう．

まず，E_z と B_x 以外はゼロであることから，(1)〜(4)のうちで残るのは

$$\frac{\partial E_z}{\partial z}=0 \qquad (1')$$

$$\frac{\partial B_x}{\partial x}=0 \qquad (2')$$

$$\frac{\partial E_z}{\partial y}=-\frac{\partial B_x}{\partial t}, \qquad -\frac{\partial E_z}{\partial x}=0 \qquad (3')$$

$$\frac{\partial B_x}{\partial z}=0, \qquad -\frac{\partial B_x}{\partial y}=\frac{1}{c^2}\frac{\partial E_z}{\partial t} \qquad (4')$$

である．そして(3′)の第1式と(4′)の第2式以外は明らかに成り立ち，またその2つはそれぞれ

$$kE_0=\omega B_0, \qquad -kB_0=-\omega E_0/c^2$$

となる．これは

$$c^2k^2=\omega^2, \qquad E_0/B_0=\omega/k=c \qquad (6)$$

であれば満たされる．

▶(6)の第1式より，電磁波は光と同じ速度で動くことがわかる．そこで，光自体も，このような電場と磁場の波ではないかとマクスウェルは想像し，後に実際に確かめられた．

■波動方程式

マクスウェル方程式には，波動の形の解がある．これを一般的に**電磁波**と呼ぶ．実際，(1)～(4)から磁場を消去して電場だけの式にすると，波動方程式が導かれることを示そう．まず，(4)を時間で微分し(3)を代入すると

$$\frac{1}{c^2}\frac{\partial^2 \boldsymbol{E}}{\partial t^2} = \nabla \times (-\nabla \times \boldsymbol{E}) \tag{7}$$

となる．ここで外積に対する公式を使うと

▶3つのベクトルの外積を，内積を使って表わす公式は
$\boldsymbol{a}\times(\boldsymbol{b}\times\boldsymbol{c})$
$= \boldsymbol{b}(\boldsymbol{a}\cdot\boldsymbol{c})-(\boldsymbol{a}\cdot\boldsymbol{b})\boldsymbol{c}$

▶∇^2とは，2つのナブラベクトルの内積だから，
$\nabla^2 = \nabla\cdot\nabla$
$= \frac{\partial}{\partial x}\frac{\partial}{\partial x}+\frac{\partial}{\partial y}\frac{\partial}{\partial y}+\frac{\partial}{\partial z}\frac{\partial}{\partial z}$

$$\nabla \times (\nabla \times \boldsymbol{E}) = \nabla(\nabla\cdot\boldsymbol{E}) - \nabla^2 \boldsymbol{E} \tag{8}$$

であるが，(1)を使えば

$$\nabla \times (\nabla \times \boldsymbol{E}) = -\nabla^2 \boldsymbol{E} = -\left(\frac{\partial^2}{\partial x^2}+\frac{\partial^2}{\partial y^2}+\frac{\partial^2}{\partial z^2}\right)\boldsymbol{E}$$

となる．これを(7)に代入すれば，3次元の波動方程式

$$\frac{\partial^2 \boldsymbol{E}}{\partial t^2} - c^2\left(\frac{\partial^2}{\partial x^2}+\frac{\partial^2}{\partial y^2}+\frac{\partial^2}{\partial z^2}\right)\boldsymbol{E} = 0 \tag{9}$$

が求まる．ただし(1)，つまり

$$\nabla\cdot\boldsymbol{E} = 0$$

という条件がついていることに注意しよう．

同様に，磁場についても

$$\frac{\partial^2 \boldsymbol{B}}{\partial t^2} - c^2\left(\frac{\partial^2}{\partial x^2}+\frac{\partial^2}{\partial y^2}+\frac{\partial^2}{\partial z^2}\right)\boldsymbol{B} = 0 \tag{10}$$

$$\nabla\cdot\boldsymbol{B} = 0$$

となる．ただし，磁場と電場は独立の波動ではなく，(3)や(4)によって結びついている．

■電磁波が存在する理由

具体的にどのような電磁波があるかは次節でさらに議論するが，ここではなぜ電場や磁場の波動が起きるのかを，直観的に考えておこう．

弾性体との対比で考えるとわかりやすい．波動が起きるためには，歪み$(\partial u/\partial x)$に対する復元力が必要である．電場も$\partial E_y/\partial x \neq 0$だと$\nabla\times\boldsymbol{E}\neq 0$だから，(3)により磁場が発生する．この磁場が(4)により電場に対する復元力になる．実際に復元力が波動を引き起こすためには，復元力の釣り合いが破れていなければならない．つまり$\partial^2 u/\partial x^2 \neq 0$である必要がある．電場も$\partial^2 E_y/\partial x^2 \neq 0$であれば，(3)により発生する磁場が一定でなくなり$(\nabla\times\boldsymbol{B}\neq 0)$，(4)により電場の波動が引き起こされることになる．電場と磁場の役割を替えても同じことが言える．

▶磁場が，電場の歪みを増すのではなく復元する方向に働くことは，エネルギー保存則を考えても理解できる．

6.3 平面波と偏光

ぽいんと

前節では，y 方向へ進む進行波を求めたが，ここでは任意の方向へ進む進行波を求めておこう．ただし波面が平面である，平面波に限る．電磁波は横波であり，電場，磁場の方向の違いによって，2つの独立なものがあることがわかる．これを**偏光**と呼ぶ．

キーワード：平面波，波数ベクトル，波面，偏光，直線偏光，偏光板，円偏光，楕円偏光

■平 面 波

まず，$\boldsymbol{k}$ と $\boldsymbol{E}_0$ を任意のベクトルとして

$$\boldsymbol{E}(\boldsymbol{r},t) = \boldsymbol{E}_0 \sin(\boldsymbol{k}\cdot\boldsymbol{r}-\omega t)$$
$$\boldsymbol{k}\cdot\boldsymbol{r} = k_x x + k_y y + k_z z \qquad (1)$$

▶ $|\boldsymbol{k}|$ は波数になるが，$\boldsymbol{k}$ を**波数ベクトル**と呼ぶ．

と書く．これは，$\boldsymbol{k}$ 方向へ進む平面波を表わしている．**平面波**とは，波の大きさ(今の場合は $\boldsymbol{E}$)が一定の面(**波面**と呼ぶ)が平面であり，波面がその面と垂直な方向に進んでいくような波のことである(図1)．実際，

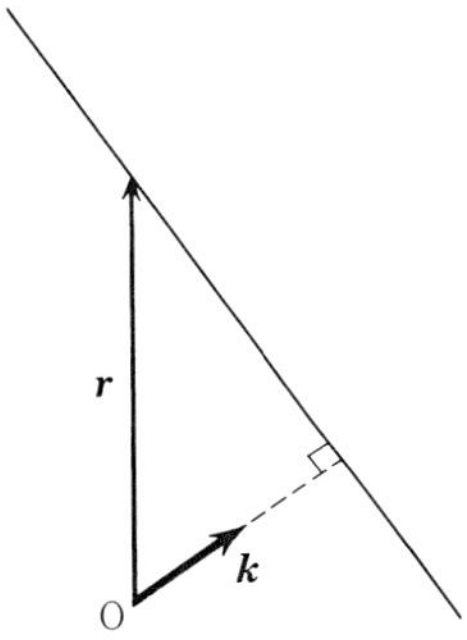

図1　$\boldsymbol{k}\cdot\boldsymbol{r}$＝一定の面

$$\boldsymbol{k}\cdot\boldsymbol{r} = 一定$$

という式を満たす点の集合は，$\boldsymbol{k}$ に垂直な平面を表わしていることは図1からわかるだろう．

(1)を前節(9)と(10)に代入すれば，それぞれ

$$\omega^2 - c^2\boldsymbol{k}^2 = 0 \qquad (2)$$

$$\boldsymbol{k}\cdot\boldsymbol{E}_0 = 0 \qquad (3)$$

となる．つまりこの2条件を満たしていれば，(1)はマクスウェル方程式の解になっている．

この2条件の意味を考えてみよう．まず(2)は，$|\boldsymbol{k}|=k$ とすれば

$$\omega^2 = c^2 k^2$$

ということだから，前節(6)の第1式と同じである．また(3)は，波の進行方向と，電場の方向が直角であることを意味する．波の進行方向と波自身の方向が直角なのだから，電場は横波である．

▶たとえば，4.2節で考えた弦の振動は横波，弾性体の振動は縦波である．第9章で示すように，弾性体には横波もある．

次に，磁場を前節(3)から求める．

$$\frac{\partial}{\partial x}\sin(\boldsymbol{k}\cdot\boldsymbol{r}-\omega t) = k_x \cos(\boldsymbol{k}\cdot\boldsymbol{r}-\omega t)$$

であることを考えれば，∇ の各成分は $\boldsymbol{k}$ のその成分に置き換えられることがわかる．つまり(1)を前節(3)に代入すれば

$$\frac{\partial \boldsymbol{B}}{\partial t} = -(\boldsymbol{k}\times\boldsymbol{E}_0)\cos(\boldsymbol{k}\cdot\boldsymbol{r}-\omega t)$$

となり，これを積分すれば

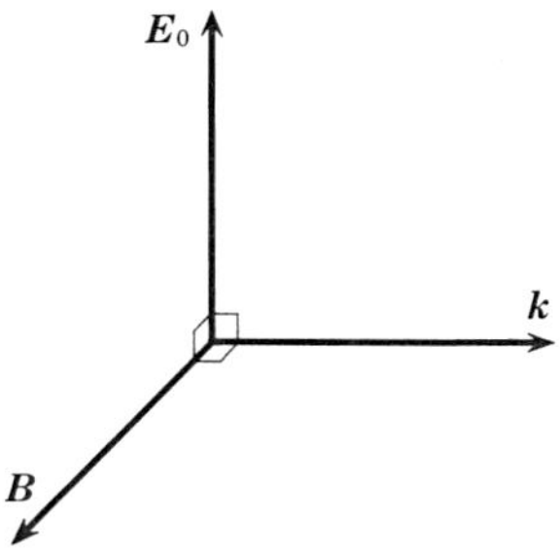

図2　電場 $\boldsymbol{E}_0$ と磁場 $\boldsymbol{B}$ と波の進行方向 $\boldsymbol{k}$ の直交性

$$\boldsymbol{B} = \frac{1}{\omega}(\boldsymbol{k}\times\boldsymbol{E}_0)\sin(\boldsymbol{k}\cdot\boldsymbol{r}-\omega t) \tag{4}$$

となる．磁場の方向($\boldsymbol{k}\times\boldsymbol{E}_0$)は，外積の性質を考えれば，波の進行方向 $\boldsymbol{k}$ にも電場の方向 $\boldsymbol{E}_0$ にも垂直であることがわかる．つまり磁場は横波であるばかりでなく，電場にも直交しているということを意味する(図2．前節の例が，この条件を満たしていることに注意)．

また，磁場と電場の大きさの比も

$$|\boldsymbol{E}|/|\boldsymbol{B}| = |\boldsymbol{E}_0|/(|\boldsymbol{k}\times\boldsymbol{E}_0|/\omega) = \omega/|\boldsymbol{k}| = c \tag{5}$$

となり，前節(6)の第2式と一致している．

■直線偏光と偏光板

(1)は，電場の方向が常に一定なので，このような電磁波を**直線偏光**しているという．偏光の方向は，$\boldsymbol{k}$ の方向に垂直であることが必要十分条件なので，独立なものは2種類あることになる．

現実の光は，さまざまな方向に偏光している．そして物質には，その結晶構造の性質のために，特別の方向に偏光した光しか通さないというものがある．そのような物質で作った板を**偏光板**と呼ぶ．2枚の偏光板を，透過する偏光方向を直角にして重ねると，それぞれはほぼ透明であるにもかかわらず，まったく光を通さなくなる．

■円 偏 光

$\boldsymbol{k}$ が z 方向の場合を考えよう．偏光の方向は，xy 平面内にあればよい．そこで，x 方向に直線偏光している電場と，y 方向に直線偏光している電場を，x 方向については(1)の位相を90度ずらして cos にし，また便宜上，符号を逆にして足し合わせる．

▶$\boldsymbol{e}_x$ は，x 方向を向く単位ベクトルを意味する．つまり $\boldsymbol{e}_x = (1,0,0)$．

$$\boldsymbol{E} \propto \boldsymbol{e}_x\cos(kz-\omega t)-\boldsymbol{e}_y\sin(kz-\omega t) \tag{6}$$

各項がマクスウェル方程式の解なので，その和も解であることには変わりない．この解の偏光の方向は，z を一定とすると

$$\boldsymbol{E} \propto (\cos(\omega t-\theta_0), \sin(\omega t-\theta_0), 0) \qquad (\theta_0 \equiv kz：一定)$$

となる．つまり図3のように xy 平面で回転していることがわかる．磁場は常に電場と直交していなければならないので，磁場の方向も回転している．このような電磁波を**円偏光**と呼ぶ．円偏光にも，右回りと左回りの2種類がある．一般の光(電磁波)は，(6)の係数が等しいとは限らないし，位相もちょうど90度ずれているとは限らない．一般に偏光の方向は楕円を描くことになるので，**楕円偏光**と呼ばれる(章末問題参照)．

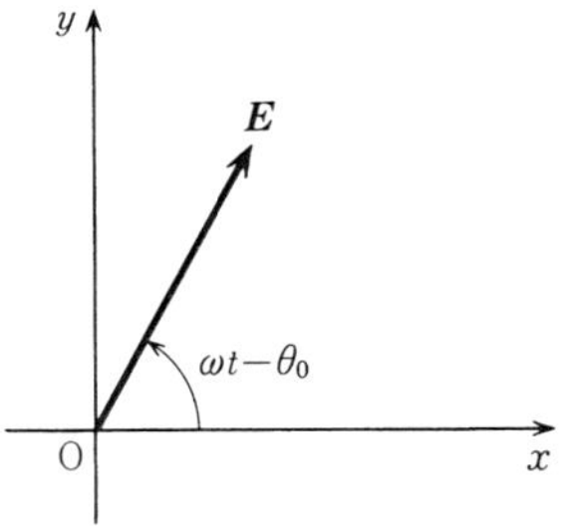

図3　円偏光の場合の電場の向きの回転

6.4 電磁波の定常波

ぽいんと

物体に囲まれた領域には，その物体を構成する原子から放出された電磁波が充満する．その量を計算するのは統計力学の問題(物体と電磁波の熱平衡，いわゆる黒体放射)であるが，存在する電磁波の形は，マクスウェル方程式を解いて求めなければならない．これは，電磁波の定常波を求める問題である．特にその物体が導体であり，しかも抵抗がゼロのときは，導体中に電磁波が入り込めなくなるので，力学の固定端や自由端の場合に似た境界条件が課される．まず，この境界条件を求め，直方体の空洞に存在する電磁波の形を計算しよう．

キーワード：電気伝導度，完全導体

■完全導体表面での境界条件

オームの法則によれば，導体中では電場と電流は比例している．

$$\boldsymbol{j} = \sigma \boldsymbol{E}$$

σ は物質によって決まる量で，**電気伝導度**と呼ばれる．σ は，電流の流れやすさを表わしており，電気抵抗に反比例する．特に導体の電気抵抗がゼロ(**完全導体**と呼ぶ)のときは σ は無限大になる．電流が無限大になることはありえないので，これは電場 $\boldsymbol{E}$ が，完全導体中では必ずゼロになることを意味する．

▶σ が大きいほど電流は流れやすい．

▶完全導体中に電場が発生すると，多量の電流がたちどころに流れ出す．そして，その電場を打ち消すように，導体中の電荷を即座に再配置するだろう．その結果，電場は瞬間的になくなってしまう．

次に，完全導体の表面で電場がどうなるかを考えてみよう．導体の表面には電荷が存在しうるので，そこから電場が発生する．したがって，導体内部では電場がゼロであっても，表面(導体のすぐ外側)では電場はゼロになるとは限らない．しかし表面電荷から発生する電場は，その表面に垂直でなければならない．(限りなく表面に近づけば，そこは一様に電荷が分布している平面だとみなせるので，電場が垂直なのは当然である．）表面に平行な成分はない．したがって，連続性から，電場の表面に平行な成分は，表面すぐ外側でもゼロでなければならない．

$$\text{平行成分} \qquad E_{\parallel} = 0 \tag{1}$$

▶$\parallel$ と $\perp$ は，平行方向，垂直方向を表わす．

次に，$\nabla \cdot \boldsymbol{E} = 0$ という条件を，表面で考えてみよう．表面に垂直な方向を x，平行な方向を y および z とすれば，(1)より $E_y = E_z = 0$ である．したがって，$\nabla \cdot \boldsymbol{E} = 0$ という条件は $\partial E_x / \partial x = 0$ ということを意味する．一般に，表面に垂直な方向の座標を $\boldsymbol{n}$ とすれば(図1)，

$$\text{垂直成分} \qquad \partial E_{\perp} / \partial n = 0 \tag{2}$$

という境界条件が求まる．

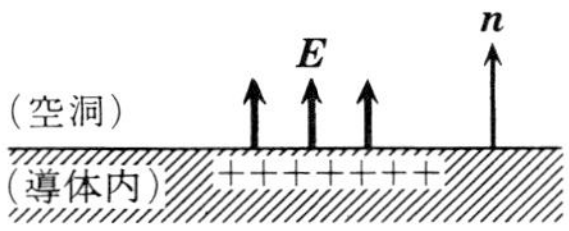

図1 導体表面の電場．導体内部では，表面電荷と外からの影響が打ち消し合って，$\boldsymbol{E}=0$．

■長方形の空洞

完全導体に囲まれた直方体の空洞があるとし，そこに発生しうる電磁波

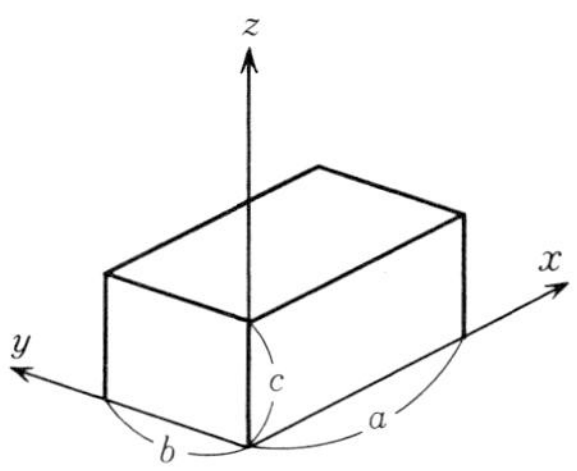

図2 完全導体の壁に囲まれた直方体の空洞

(定常波)の形を，いま求めた境界条件を使って計算しよう．ある1つの頂点を座標の原点とし，そこから出る3辺を x, y, z 軸とする．また3辺の長さを a, b, c とする(図2)．

まず x 成分 E_x から考えよう．基準振動は

$$E_x = \sin \omega t\, X(x) Y(y) Z(z)$$

というように，変数分離した形で求まる．これを(6.2.9)に代入し，E_x で割ると(辺の長さとの混同を避けるため，光速 c を v に置き換えた)

$$-\omega^2 - v^2\left(\frac{1}{X}\frac{d^2X}{dx^2} + \frac{1}{Y}\frac{d^2Y}{dy^2} + \frac{1}{Z}\frac{d^2Z}{dz^2}\right) = 0$$

となる．これがすべての x, y, z で成り立たなければならないので，括弧の中の各項が定数になる．それを $-k_x{}^2, -k_y{}^2, -k_z{}^2$ とすると

$$\frac{d^2X}{dx^2} = -k_x{}^2X, \quad \frac{d^2Y}{dy^2} = -k_y{}^2Y, \quad \frac{d^2Z}{dz^2} = -k_z{}^2Z$$

$$-\omega^2 + v^2(k_x{}^2 + k_y{}^2 + k_z{}^2) = 0$$

という式が求まる．

境界条件は，直方体の6つの面上で満たされていなければならないが，x 軸に垂直な2面については X，y 軸に垂直な2面については Y，z 軸に垂直な2面については Z がそれぞれ満たしていれば，E_x 全体でも満たすことになる．また今は電場の x 成分を求めているのだから，X については(2)，Y と Z については(1)を使わなければならない．結果は

▶ x 軸に垂直な面では $\dfrac{\partial X}{\partial x}=0$．$y(z)$ 軸に垂直な面では $Y(Z)=0$．

$$E_x = E_{x,0} \sin \omega t \cos\left(\frac{\pi l}{a}x\right) \sin\left(\frac{\pi m}{b}y\right) \sin\left(\frac{\pi n}{c}z\right) \tag{3}$$

▶ $k_x=\pi l/a$，$k_y=\pi m/b$，$k_z=\pi n/c$．また $E_{x,0}$ は定数．

となる．l と m と n は任意の整数だが，

$$-\omega^2 + v^2\left(\frac{\pi^2 l^2}{a^2} + \frac{\pi^2 m^2}{b^2} + \frac{\pi^2 n^2}{c^2}\right) = 0$$

という関係を満たしていなければならない．y 成分，z 成分も同様に

$$\begin{aligned} E_y &= E_{y,0} \sin \omega t \sin\left(\frac{\pi l}{a}x\right) \cos\left(\frac{\pi m}{b}y\right) \sin\left(\frac{\pi n}{c}z\right) \\ E_z &= E_{z,0} \sin \omega t \sin\left(\frac{\pi l}{a}x\right) \sin\left(\frac{\pi m}{b}y\right) \cos\left(\frac{\pi n}{c}z\right) \end{aligned} \tag{4}$$

となる．またこの3つの成分が $\nabla\cdot\boldsymbol{E}=0$ を満たすには

$$\frac{l}{a}E_{x,0} + \frac{m}{b}E_{y,0} + \frac{n}{c}E_{z,0} = 0 \tag{5}$$

▶ $\nabla\cdot\boldsymbol{E}=0$ を満たすためには，E_x, E_y, E_z に現われる整数 l がすべて等しくなければならない．m, n も同様．

という関係が必要となる．l, m, n は進行波での波数ベクトル $\boldsymbol{k}$ に対応するものであり，また係数 $E_{x,0}, E_{y,0}, E_{z,0}$ の相対的な大きさは偏光を決める量である．(5)という条件があるので，偏光には独立なものが2種類しかないことになり，これも進行波の場合と一致している．

6.5 物質中の電磁波

ぽいんと

この節では，絶縁体内部での電磁気の法則について考える．絶縁体であっても，電場がかかると分極，磁場がかかると磁化という現象が起き，内部の電磁場が影響を受ける．その結果，電磁波の速度が変わったり，電磁波が吸収されたりする．

キーワード：双極子ベクトル，分極ベクトル，分極電荷，分極電流，磁化ベクトル，磁化電流，分散，減衰

■分極と磁化

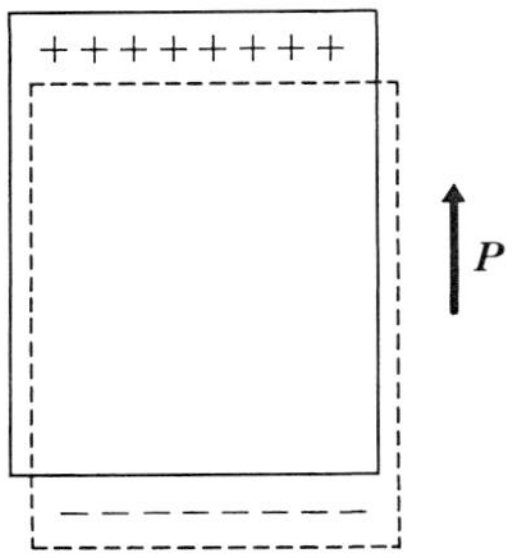

図1　分極ベクトル $\boldsymbol{P}$. ＋(実線)と－(破線)の電荷がずれて表面電荷が生じる.

▶この節の前半の説明は理解できなくても，結果(5)だけは次章で使うので留意していてほしい.

▶(1)から(3)までの詳しいことは，(2)を除き第2巻12章参照．(2)は分極電荷に対する連続方程式

$$\frac{\partial \rho_P}{\partial t}+\nabla\cdot \boldsymbol{j}_P = 0$$

と(1)から求まる.

絶縁体，つまり自由に動き回れる電子(自由電子)がない物質を考える．このような物質でも，電場がかかれば，各分子中の電荷がプラスの部分とマイナスの部分がずれて(分極)，電気双極子というものになる．ずれの方向を向き，大きさが，ずれた電荷と距離の積に等しいベクトルを，この分子の**双極子ベクトル**と呼ぶ．そして，単位体積内のこのようなベクトルの和を，**分極ベクトル**と呼び，$\boldsymbol{P}$ と書く(図1).

$\boldsymbol{P}$ が物質中で一定のときは，プラスの電荷とマイナスの電荷が物質全体で一様にずれたと考えられるから，電荷は物質表面だけに発生する．しかし，物質内で $\boldsymbol{P}$ が変化しているときは，(部分によって電荷の移動が異なることになるので，ずれた電荷が相殺せず)内部にも電荷が発生する．これを**分極電荷**と呼ぶが，分極電荷密度を ρ_P と書くと

$$\rho_P = -\nabla\cdot\boldsymbol{P} \tag{1}$$

であることが知られている．また，分極が時間の経過とともに変化していれば，電荷が移動しているわけだから，電流が存在する．それを**分極電流**と呼び，$\boldsymbol{j}_P$ と書けば

$$\boldsymbol{j}_P = \frac{\partial \boldsymbol{P}}{\partial t} \tag{2}$$

磁場に対しても同様なことが言える．磁場がかかると各分子が磁石の性質をもち(磁化)，磁気双極子(微小な磁石)になる．その単位体積当たりの密度を**磁化ベクトル** $\boldsymbol{M}$ というもので表わす．このような分子が作る磁場と同じ磁場を発生させる仮想の輪電流(コイル)を，**磁化電流**と呼ぶ．磁化電流密度を $\boldsymbol{j}_M$ と書けば

$$\boldsymbol{j}_M = \nabla\times\boldsymbol{M} \tag{3}$$

■マクスウェル方程式の書き換え

▶添え字 t は true の意味.

マクスウェル方程式に現われる ρ や $\boldsymbol{j}$ は，真の，つまり通常の電荷や電流(ρ_t，$\boldsymbol{j}_t$ と書く)の他に，分極や磁化の影響も含んでいる．つまり

$$\rho = \rho_t+\rho_P = \rho_t-\nabla\cdot\boldsymbol{P}$$

$$\boldsymbol{j} = \boldsymbol{j}_t + \boldsymbol{j}_P + \boldsymbol{j}_M = \boldsymbol{j}_t + \frac{\partial \boldsymbol{P}}{\partial t} + \nabla \times \boldsymbol{M}$$

これをマクスウェル方程式に代入すると，(6.1.2)と(6.1.5)は，

$$\begin{aligned} &\nabla \cdot (\varepsilon_0 \boldsymbol{E} + \boldsymbol{P}) = \rho_t \\ &\nabla \times (\boldsymbol{B} - \mu_0 \boldsymbol{M}) = \mu_0 \boldsymbol{j}_t + \varepsilon_0 \mu_0 \frac{\partial}{\partial t}(\varepsilon_0 \boldsymbol{E} + \boldsymbol{P}) \end{aligned} \qquad (4)$$

この物質中のマクスウェル方程式は，新しく導入した $\boldsymbol{P}$ と $\boldsymbol{M}$ を決める条件式を与えなければ解けない．$\boldsymbol{P}$ や $\boldsymbol{M}$ は，電場や磁場により発生するのだから，あまり大きくなければ，それらに比例すると考えられる．そこで

▶ χ_e と χ_m は，物質により異なる定数．

▶ $\boldsymbol{H} \equiv \frac{1}{\mu_0}\boldsymbol{B} - \boldsymbol{M}$ とすれば，

$$\mu_0 \boldsymbol{M} = \chi_m \boldsymbol{H}$$

$$\boldsymbol{P} = \chi_e \boldsymbol{E}, \qquad \mu_0 \cdot \boldsymbol{M} = \frac{\chi_m}{\mu_0 + \chi_m} \boldsymbol{B}$$

という比例関係を仮定する．そして

$$\varepsilon(\text{誘電率}) \equiv \varepsilon_0 + \chi_e$$

$$\mu(\text{透磁率}) \equiv \mu_0 + \chi_m$$

という量を定義すれば，(4)は(物質は一様，つまり ε が定数だとして)

$$\nabla \cdot \boldsymbol{E} = \frac{\rho_t}{\varepsilon}, \qquad \nabla \times \boldsymbol{B} = \mu \boldsymbol{j}_t + \varepsilon\mu \frac{\partial \boldsymbol{E}}{\partial t} \qquad (5)$$

となる．これは，もともとのマクスウェル方程式に対し，ρ や $\boldsymbol{j}$ を真のものだけに限定した代わりに，ε_0 と μ_0 を ε と μ に置き換えたものになっている．

物質中の電磁波の伝播を考えるときは，物質がある限り分極や磁化の影響は取り入れなければならないから，ρ_t と $\boldsymbol{j}_t$ のみをゼロにして考える．すると，真空中のマクスウェル方程式に，ε_0 と μ_0 が ε と μ に置き換わったものになる．したがって，光速も $(\varepsilon\mu)^{-\frac{1}{2}}$ (位相速度)になる．通常は $\varepsilon > \varepsilon_0$ であり，$\mu \fallingdotseq \mu_0$ なので，物質中では光速は遅くなる．

■分散と減衰

上では ε は定数だとしたが，電場が振動している場合には，その振動数によっても異なる．電場が振動すれば分子の分極も振動するが，その振幅は振動数に依存する．したがって電磁波の速度も振動数に依存する(**分散**)．プリズムにより光はその振動数別に分離されるが，それは7.4節で示すように，光の屈折率が光速に依存するからである．

▶振動数依存性や吸収については，電場による分子の分極を強制振動と考えれば，付録の強制振動の公式より理解できる．

また，分子の分極の振動に抵抗力が働けば，そこでエネルギーが吸収される．つまり物質中に入った電磁波は**減衰**する．これが電磁波や光に対して物質が不透明になる理由である．エネルギーの吸収は，電場の振動数が分子の固有振動数に等しい場合に最大になる．したがって透明な物質(たとえば気体)でも，特定の振動数の電磁波はよく吸収する．

章末問題

［6.1 節］

6.1 原点にある電荷 q の作るクーロン場$(\propto \boldsymbol{r}/r^3)$が，原点を除き発散密度がないことを確かめよ．

6.2 z 軸上を流れる直線電流は，z 軸を軸として渦を巻き，距離に反比例する磁場$(\propto(-y,x,0)/(x^2+y^2))$を作る．この磁場が，$z$ 軸上を除き回転密度がないことを確かめよ．

6.3 $(0,x,0)$というベクトル場は，常に y 方向を向いているので渦は巻いていない．しかし，回転密度はゼロでないことを確かめ，その理由を 6.1 節図 4 から考えよ．

［6.2 節］

6.4 真空中のマクスウェル方程式には，電場が $E_x \propto \sin(kx-\omega t)$，$E_y=E_z=0$ という解は許されないことを示せ(これは縦波である)．

6.5 電場が $E_x=E_0\sin(ky-\omega t)$，$E_y=E_z=0$ である場合に，真空中のマクスウェル方程式が満たされるように磁場を定めよ．

6.6 (6.2.8)の両辺の x 成分を求め，等しいことを確かめよ．

6.7 電荷や電流があるとき，(6.2.9)はどうなるか．(6.2.10)はどうなるか．

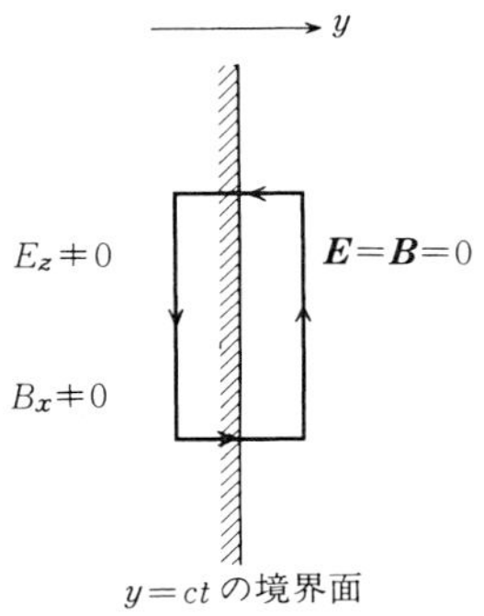

図 1 電磁波の先端面を貫くループ

6.8 xz 平面$(y=0)$上の無限大の導体面に，$t=0$ で突然，z 方向に一様な電流(電流面密度 $\boldsymbol{i}$)が流れだす．時刻 $t(>0)$では，$0<y<ct$ の領域に，$E_z=cB_x=-c\mu_0 i/2$ という一様な磁場と電場ができる．これがマクスウェル方程式を満たしていることを確かめよ．(領域内部については，E_z も B_x も定数だから明らか．また境界面$(y=ct)$上の回転密度については，マクスウェル方程式を積分形で考えよ．図 1 参照.) また $y<0$ の領域にはどのような電場，磁場が発生するか．

［6.3 節］

6.9 z 方向に進む，一般の偏光をもつ平面波において，各点での電場と磁場がどのように変化するか求めよ．

［6.4 節］

6.10 導体内で，$\boldsymbol{j}=\sigma\boldsymbol{E}$ で表わされる電流以外には，電荷も電流もないとする．そのときの y 方向に進む直線偏光の平面波を求めよ．(ヒント：

$$E_z = Ee^{i(ky-\omega t)}$$

$$B_x = Be^{i(ky-\omega t)} \qquad (E, B, k \text{ は複素数の未知数})$$

として k および B/E を求め，実数部を取る.)

7

波の干渉，回折，屈折

ききどころ

電磁場の波である光を中心に，日常的に観察されるさまざまな波動現象について解説する．代表的な波動特有の現象としては，干渉，回折，屈折などがあげられる．干渉とは，2つの波の，強め合い，打ち消し合いである．また回折とは，すき間を通った波が，もとの方向ばかりでなく，すき間の裏側に入り込む現象である．これらは厳密には波動方程式を解かなければならない問題であるが，ホイヘンスの原理とか，フェルマーの原理という考え方を使っても，かなり正確に答を求めることができる．本章で扱われる内容は，光学とも呼ばれる．

7.1 重ね合わせの原理と干渉

ぽいんと

波動現象について議論するときに基本となる，重ね合わせの原理というものを説明する．重ね合わせの原理の直接の結果が，干渉という現象である．

キーワード：重ね合わせの原理，干渉，ニュートンリング，光路差

■重ね合わせの原理

最初は，一直線上を進む1次元的な波を考えよう．$f_1(x,t)$ と $f_2(x,t)$ が，波動方程式の解だったとしよう．するとその和

$$f_1+f_2$$

も解になることは，関数の和の微分が，それぞれの微分の和であることを考えれば自明である．このことを物理現象に対応させると，2つの波が重なったとき，単にその2つの波を足し合わせた波ができるということを意味する．これを**重ね合わせの原理**と呼ぶ．たとえば，2つの(山が1つの)波が図1のように衝突すると，結果は，それぞれの波を足し合わせたものになり，しばらくたつと，あたかも何もなかったようにすりぬけていく．

▶ $\dfrac{d}{dt}(f_1+f_2)=\dfrac{df_1}{dt}+\dfrac{df_2}{dt}$

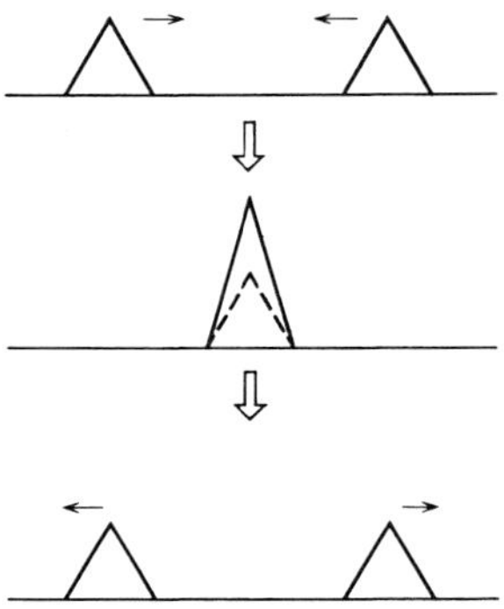

図1 2つの波の合体とすり抜け

足し合わせるといっても，符号まで含めて考える必要がある．どちらもプラスの波だったら，足し合わせればさらに大きな波ができるが，符号が逆ならば，足すと大きさは減ってしまう．2つの波が重なることを**干渉**と呼ぶが，干渉には強め合う場合と，打ち消し合う場合があることになる．

以上の性質は，波動方程式が f について1次(線形)の方程式であることに起因している．より複雑な現象では，2次あるいはさらに高次の項が必要となることもある．それらを非線形振動と呼び，重要であるが難しい問題となっている．しかし，この本では以下，線形の場合のみを考えることにする．

▶非線形振動の例としては，力学の巻8.7節参照．

■ニュートンリング

図2のように，ガラスの平面の上に，わずかにふくらんでいる凸レンズを，逆向きに置く．そして，ある特定の波長をもった光(単色光)を真上からあてて，その光が反射される様子を上から見る．すると，明るい部分，暗い部分が，接点を中心とした同心円状の縞模様を作っていることがわかる．これを**ニュートンリング**と呼ぶ．

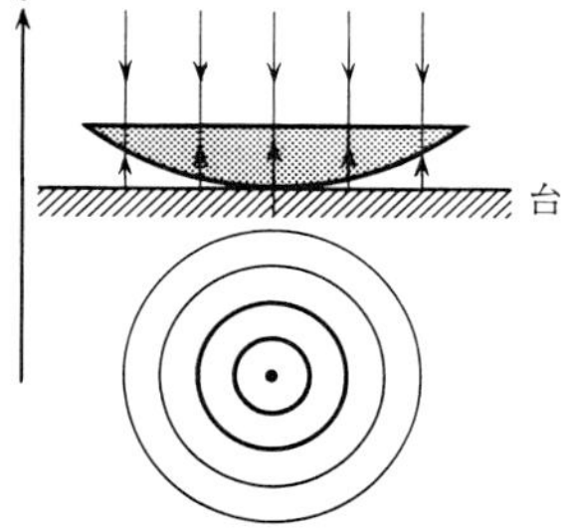

図2 ニュートンリングによる縞模様

ニュートンリングが現われる原因は，台の表面と，レンズの下の面で反射される光の干渉である．台の垂直方向を z とし，この光の波数を k，角振動数を ω とすると，2つの反射光(上向きに戻っていく光)の重ね合わせは

▶波長を λ とすれば $k=2\pi/\lambda$.

$$\underbrace{A\cos(kz-\omega t+\alpha)}_{\text{台の表面での反射}}+\underbrace{B\cos(kz-\omega t+\beta)}_{\text{レンズの下面での反射}} \tag{1}$$

という形に書ける．係数 A と B は，それぞれの面での反射率で決まる量である．ここではそれが，同程度の同符号の量であるとだけ仮定しよう．また α と β は，波の位相を決める定数である．この2つの光が強め合うか弱め合うかは，位相 α と β のずれで決まる．

▶光はレンズの上面でも反射するが，光路差が大きい2つの光は発光源(原子)が異なっているので，位相に関連性がなく，干渉を起こさない．

この2つの反射光は，もともとは同じ入射光だったのだから，ずれは，台での反射光が，距離 $2d$ だけ長い経路を通っていることと，反射面の性質の違いからくる．詳しくは7.6節で計算するが，レンズの下面で反射したときは位相は変わらないが，台で反射したときは，位相が π だけ変わる．したがって，

▶7.6節で，物質から空中への境界面での反射のときは，波の符号は変わらないが，逆のときは波の符号が変わることを示す(誘電率の大小関係による)．(1)では係数の符号は同一だと仮定したので，これは位相が π ずれることを意味する．

$$\alpha-\beta=2kd+\pi$$

である．そしてこの差が $2n\pi$ (n は整数)に等しいとき，(1)の第1項と第2項は同符号だから，2つの反射光は強め合う．また $(2n+1)\pi$ に等しいときは逆符号になり，弱め合う．そして，距離の違い(**光路差**という) $2d$ は，接点からの距離によって変わるので，干渉の仕方も変わる．それで図2のような縞模様ができるのである．

また，入射してくる光がさまざまな波長の成分を含んでいる場合は，同じ場所でも，波長，つまり k の違いによって，強め合う成分と弱め合う成分とがある．つまり，光の色によって，干渉の仕方が変わるので，虹のように色が変わる縞模様ができることになる．

水面の上に油の薄い膜があると，色模様が見られることがある．これも，膜の上の面と下の面で反射される光が干渉するためである．

(1)の和を計算してみよう．

$$\theta=kz-\omega t+\alpha, \qquad \Delta\equiv\alpha-\beta$$

とすると，(1)は

$$\begin{aligned}A\cos\theta+B\cos(\theta-\Delta)&=(A+B\cos\Delta)\cos\theta+B\sin\Delta\sin\theta\\&=\sqrt{(A+B\cos\Delta)^2+(B\sin\Delta)^2}\sin(\theta+\delta)\\&=\sqrt{A^2+B^2+2AB\cos\Delta}\sin(kz-\omega t+\alpha+\delta)\end{aligned}$$

▶δ は

$$\tan\delta=\frac{A+B\cos\delta}{B\sin\Delta}$$

となる．ルートの中が波の振幅を表わすが，$\cos\Delta=1$ のときは最大となり

$$\text{振幅}=A+B$$

つまり，2カ所で反射した波は足し合う．また $\cos\Delta=-1$ のときは最小となり

$$\text{振幅}=|A-B|$$

つまり，2カ所で反射した波は打ち消し合うことがわかる．

7.2 回折と干渉

ぽいんと

波が小さなすき間の開いた壁にぶつかると，波はそのすき間から輪のように広がる．つまり波は，壁の後ろ側にも入り込む．このように，波が障害物の後ろに入り込む現象を**回折**と呼ぶ．この節ではまず，2つの小さなすき間からもれる波の干渉を計算する．また，波長に比べて幅があまり小さくないすき間があるときの回折を，小さなすき間が無数につながっている場合とみなして計算する．

キーワード：回折，ヤングの実験

■2 波源による干渉実験

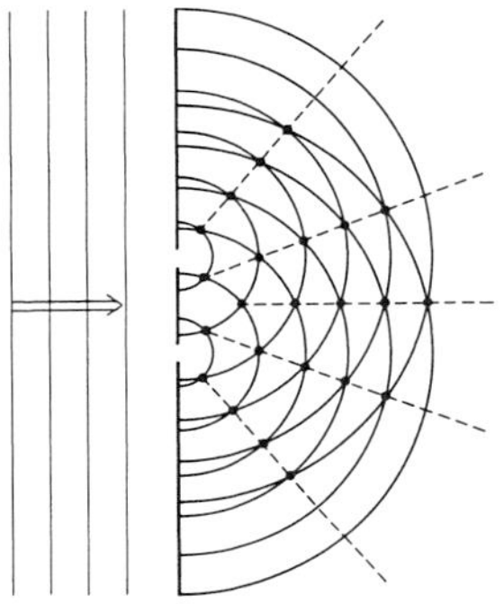

図 1　2つのすき間から出る波の干渉

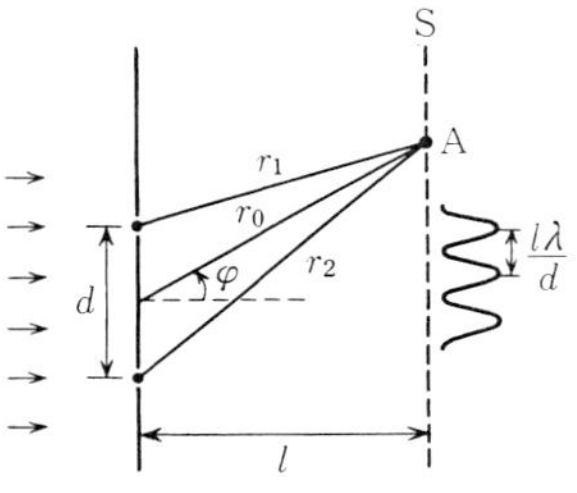

図 2　線 S 上での波の強度

▶波長は $\lambda=\dfrac{2\pi}{k}$.

▶板に細長いスリットを，2つ並べて開き，光をあてれば同じような現象が見られる．これは**ヤングの実験**と呼ばれ，光が波の性質をもつことを示すために考えられた．

図1のように，水面に立てられた壁に向けて，波が押し寄せてくる．壁には2カ所に小さなすき間が開いていて，そこを通過した波は，輪のように広がっていく．このとき壁の後ろ側では，2つのすき間からの波が干渉を起こしている．図1の破線に沿っては，波の山と山が重なるので，高い波ができる．またその中間では，山と谷が重なるので，波は打ち消し合う．

このことをよりはっきり見るために，図2の線Sに沿って干渉を計算しよう．各すき間から出てくる波は，元々は同一の波だから，その初期位相は同じはずである．つまり，共通の定数 θ_0 を使って

$$\text{点 A での波} \propto \cos(kr_1-\omega t+\theta_0)+\cos(kr_2-\omega t+\theta_0) \qquad (1)$$

と書ける．つまりAでは，各すき間からの距離の差の分だけ位相がずれる．そして，

$$kr_1-kr_2=2\pi n \qquad (n=0,1,2,\cdots) \qquad (2)$$

という条件が満たされていれば，山と山が重なり，そこでは大きな波が観測されるだろう．$d \ll r_0$ という近似を使って計算すると

$$r_{1(2)}=\sqrt{(r_0\cos\varphi)^2+(r_0\sin\varphi\mp d/2)^2}$$
$$\simeq\sqrt{r_0{}^2\mp r_0 d\sin\varphi}\simeq r_0\mp\frac{d}{2}\sin\varphi$$

だから，(2)は

$$kd\sin\varphi=2\pi n \quad\Rightarrow\quad \sin\varphi=\frac{\lambda}{d}n \qquad (3)$$

となる．つまり線S上では，間隔 $l\lambda/d$ で，波の強い部分，弱い部分が交互に現われる．

■方向依存性

上の話では，1つのすき間を通り過ぎた波は，そこを中心とした輪のようになって広がっていくと仮定した．すべての方向に，すき間からの影響が同じ速度で伝わっていくことを考えれば，輪の形になるのは当然である．

▶このように，波の進行を，各点から輪のように広がっていく波の重ね合わせと見る考え方を，ホイヘンスの原理と呼ぶ．詳しくは次節参照．

ただしその大きさを知るには，厳密には波動方程式を使った，多少面倒な考察をしなければならない．結果だけを記すと，すき間からの角度 φ に依存し，

$$1+\cos\varphi \tag{4}$$

となることがわかる．つまり，すべての方向に完全に同じ大きさで伝わるわけではないが，前方($\varphi=0$)と横方向($\varphi=\pi/2$)の大きさを比べても 2 倍しか違わない．また，(4)より前方では多少角度が変化しても，あまり大きさが変わらないことがわかる．つまり，(1)で 2 つの波の振幅を等しいとしたのは，よい近似になっている．

■回　折

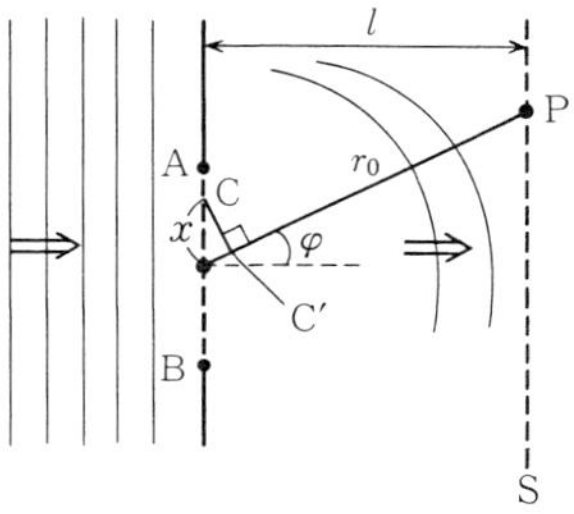

図 3　幅のあるすき間からの波

次に，すき間は 1 つだが，波長に比べて無視できない程度の幅 d をもっている場合を考えてみよう(図 3)．これは，幅が無限小のすき間が，A から B まで連続的につながっていて，その 1 つずつから波が輪のように広がっていると考えればよい．これらの波を重ね合わせれば，このすき間を通り抜ける波がわかるはずである．(ただしこの場合は，連続的に並んでいるので，重ね合わせは積分になる.)

ここでも，すき間から距離 l 離れた，線 S 上での波の大きさを計算してみよう．ただし，ほぼ前方 ($\varphi \ll 1$) を考え，また $d \ll l$ であるとする．したがって，P から見たときの，すき間上の各点への角度差はわずかだとし，PC の長さは PC′ に等しいとする．また進む方向による，波の大きさの変化((4)参照)も考えない．すると P での波の大きさは

▶$\alpha \equiv kr_0-\omega t+\theta_0$

$$\begin{aligned}&\int_{-d/2}^{d/2}\cos\{k(r_0-x\sin\varphi)-\omega t+\theta_0\}dx\\&=\frac{1}{-k\sin\varphi}\left\{\sin\left(\alpha-\frac{d}{2}k\sin\varphi\right)-\sin\left(\alpha+\frac{d}{2}k\sin\varphi\right)\right\}\\&=\left\{\frac{2}{k\sin\varphi}\cdot\sin\left(\frac{d}{2}k\sin\varphi\right)\right\}\cos(kr_0-\omega t+\theta_0)\end{aligned} \tag{5}$$

となる．$\{\cdots\}$ の中が波の振幅を表わしている．

波のエネルギーは，その振幅の 2 乗に比例するので，線 S 上での波の強度(振幅の 2 乗)は

$$角度\ \varphi\ 方向の強度 \propto \left|\frac{1}{(\sin\varphi)/\lambda}\sin\left(\frac{\pi d}{\lambda}\sin\varphi\right)\right|^2 \qquad \left(\lambda=\frac{2\pi}{k}\right)$$

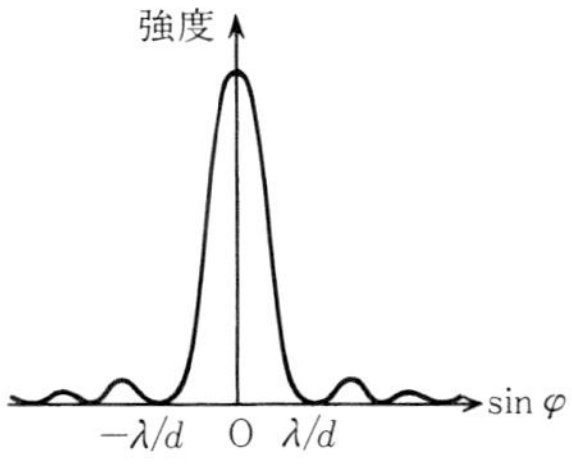

図 4　幅のあるすき間からの回折

これを図 4 に示す．すき間の幅 d が波長 λ に比べて短ければ，中心のピークの幅が全体に広がる．これは，すき間から波が輪のように広がるという状況である．逆に幅が広ければ，波が強い部分は中央に限定される．つまり幅が大きいと，回折はあまり起こらない．

以上の計算では，波はすき間に対して垂直に入射すると仮定したが，斜めに入射した場合も同じ結論が得られる(章末問題参照)．

7.3 光の回折・ホイヘンスの原理

ぽいんと

前節では，2次元的に輪のように広がる波の干渉を計算した．ここでは3次元的に，球面のように広がる波の干渉を考える．板に小さな四角形の穴を開け，反対側からくる光をスクリーンにあてると，穴の角が取れて丸く映ることがある．これも回折の効果で，前節の，幅のあるすき間からもれる波と同じようにして，計算することができる．

このような計算では，波はすき間の各点から四方八方に広がっていくとしている．この考え方を，すき間とは限らない，一般の場所にも拡張したものを，ホイヘンスの原理と呼ぶ．この考えにより，波のさまざまな振舞いを直観的に理解することができる．

キーワード：四角形の穴による回折，2次波，ホイヘンスの原理

■正方形の穴による回折

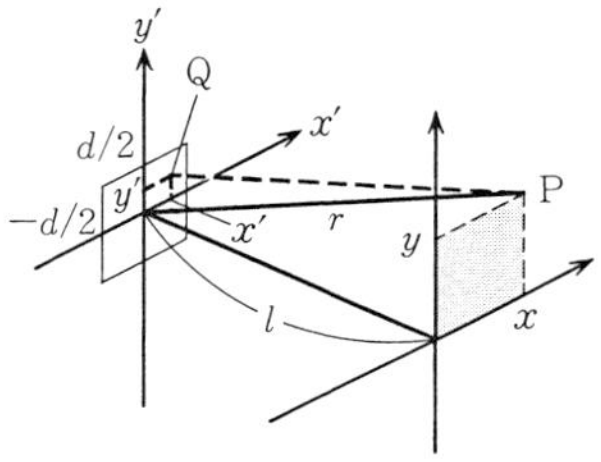

図1　正方形の穴による回折

板に，1辺の長さ d の正方形の穴が開いており，その一方から平行光線を真っすぐあてる．穴を通った光はそのままは直進せず，斜めの方向にも進む．この板に平行に置いたスクリーンS上に，どのような光の模様ができるかを考えてみよう(図1)．

考え方は，幅のあるすき間からの回折の計算(前節)と同じである．つまり，穴の各点から四方八方に広がっていく波を足し合わせる．ここでは，3次元的に広がっていく波を考えるので，正方形の各点から，「球面」の形で広がっていく波を足し合わせることになる．ただし，ここでも，$d \ll l$ とし，ほぼ前方へ進む波を考える．したがって，この穴の各部分を通った球面波のスクリーン上での大きさは，すべて等しいものとする．

まず，正方形の穴の中の1点Qと，スクリーン上の点Pの距離は

$$\mathrm{PQ} = \{l^2+(x-x')^2+(y-y')^2\}^{1/2}$$
$$\simeq \{r^2-2xx'-2yy'\}^{1/2} \simeq r\left(1-\frac{xx'}{r^2}-\frac{yy'}{r^2}\right)$$

と表わせる(ただし，$r^2 \equiv l^2+x^2+y^2$)．したがって，穴のQ点から広がっていく波のPでの大きさは

$$\cos\left(kr-\omega t+\theta_0-\frac{kx}{r}x'-\frac{ky}{r}y'\right) \tag{1}$$

したがって，正方形の穴を通った光の波のPでの大きさは，(1)を x' および y' について，穴の全領域で積分すればよい．直接(1)を積分することも可能だが，このような場合は，いったん，指数関数

$$\exp\left[i\left(kr-\omega t+\theta_0-\frac{kx}{r}x'-\frac{ky}{r}y'\right)\right] \tag{2}$$

を考えて，これを積分するのが賢いやり方である．(2)の実数部分が(1)な

のだから，(2)を積分してその実数部分を取れば，求めたい結果が得られる．そして

$$\int_{-d/2}^{d/2} e^{-i\frac{kx}{r}x'}dx' = \frac{r}{-ikx}\{e^{-i\frac{kxd}{2r}} - e^{i\frac{kxd}{2r}}\} = \frac{2r}{kx}\sin\left(\frac{kdx}{2r}\right)$$

であるから，(2)の積分は

$$\iint(2)dx'dy' = e^{i(kr-\omega t+\theta_0)}\left(\frac{2r}{kx}\sin\frac{kdx}{2r}\right)\left(\frac{2r}{ky}\sin\frac{kdy}{2r}\right)$$

$$\xrightarrow[\text{実数部分}]{} \left(\frac{2r}{kx}\sin\frac{kdx}{2r}\right)\left(\frac{2r}{ky}\sin\frac{kdy}{2r}\right)\cos(kr-\omega t+\theta_0) \qquad (3)$$

となる．最後の式の cos の係数が，波の振幅を表わしており，波の強さは振幅の 2 乗である．x/r あるいは y/r を角度で $\sin\varphi$ と表わせば，(3)の各因子は，前節(5)と同じ形をしている．強さは

▶ r は，x と y の関数だが，ほぼ前方では $r \simeq l$.

$$\frac{x}{r} = \frac{2}{kd}\cdot\pi = \frac{\lambda}{d}, \qquad \text{または}\ \frac{y}{r} = \frac{\lambda}{d}$$

のときゼロとなる．これは縦横の長さ $2r\lambda/d$ の正方形の縁で強さゼロになることがわかる．しかし，明るい部分は正方形ではなく，角が取れている．たとえば，x 軸上の

▶また，中心の像の前後左右にも，暗いが似たような形の像ができることに注意．前節図 4 の，左右の小さな山に対応する．

$$\frac{x}{r} = \frac{\lambda}{2d}, \qquad \frac{y}{r} = 0$$

と同じ明るさをもつのは，45 度の方向では，

$$\frac{x}{r} = \frac{y}{r} \simeq 0.36\frac{\lambda}{d}$$

■ホイヘンスの原理

すき間や穴からもれてくる波の形を計算してきたが，穴の大きさが無限大，つまり壁などまったくなかったら，どうなるだろうか．もともと壁があった線を AB とする．今までと同様の考え方をそのまま適用すれば，この線上すべての点から，輪(あるいは球面)の形で広がる波の重ね合わせが，波の伝わり方を表わすことになる．各点から広がる波を **2 次波**(要素波，あるいは素元波とも呼ばれる)と呼ぶが，波の進行をすべて，2 次波の重ね合わせとして考えることを，**ホイヘンスの原理**という．

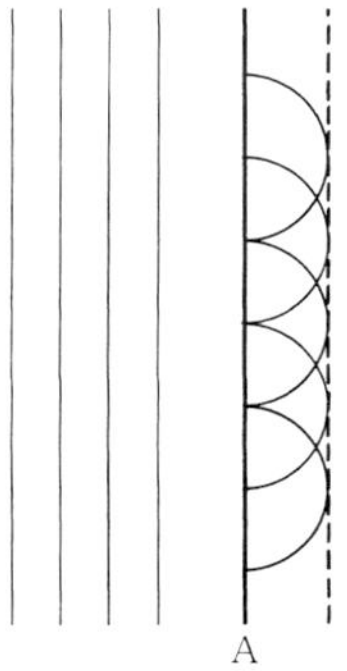

図 2　AB 上の各点からの 2 次波の重ね合わせとして，波の進行が決まる．

この原理は実は不完全で，厳密には要素波の前方と横方向，あるいは後ろの方向の大きさの違いを考慮に入れなければならない(前節(4)参照)．しかし，そのような細かいことを無視しても，波のおおまかな伝達を理解する上で，非常に有用な原理である．たとえば図 2 の場合は，AB 上の各点からの 2 次波がたどりついた部分(先端)をつなぎ合わせれば(包絡線)，その時刻での波の山の位置がわかる．一般に，波の山からの 2 次波の包絡線が，その山の進み具合を示すと考えればよい．

▶この 2 次波をつなぐ方法で波の屈折を理解できることを，次章で示す．

7.4　屈折と反射

ぽいんと

空気から水へとか，あるいは水からガラスへとか，違った物質に光が斜めに入ると，その進行方向が変わる．**屈折**である．そのときの角度の変化を決める法則が，スネルの法則と呼ばれているものである．屈折の原因は，各媒質内での速度の違いであり，その効果を考えれば，この法則を一般的な波の式より導くことができる．また，この法則は，前節のホイヘンスの原理を使っても導くことができる．

キーワード：屈折，反射，スネルの法則，相対屈折率，絶対屈折率

■入射波，反射波，屈折波

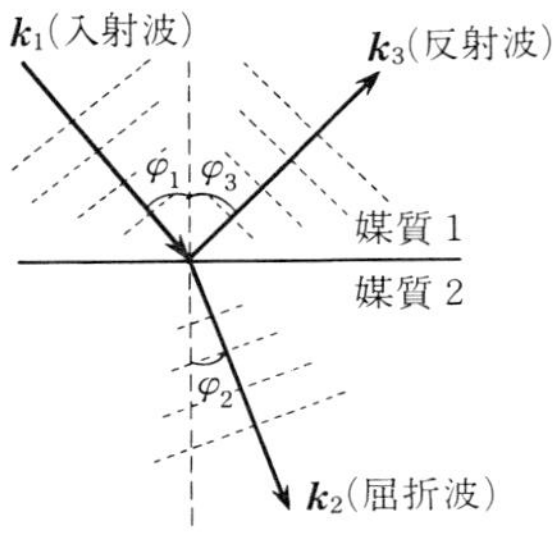

図 1　境界面での屈折と反射

図1のように，平面波が媒質1と媒質2の境界面に入射したとする(入射波)．一部は境界面で反射し(反射波)，一部は，角度を変え媒質2へ入っていく(屈折波)．そのときの，図1に示された3つの角度の関係を求めてみよう．

まず，入射波を

$$入射波\quad A\cos(\boldsymbol{k}_1\cdot\boldsymbol{r}-\omega t) \tag{1}$$

と書く．これは平面波(6.3節)であり，ベクトル $\boldsymbol{k}_1$(波数ベクトル)は，波の進む方向を表わす．$\boldsymbol{k}_1$ に垂直な面，つまり $\boldsymbol{k}_1\cdot\boldsymbol{r}=$一定という面が，各時刻で波の大きさが一定の面(波面)である．また，$\boldsymbol{k}_1$ と，境界面への垂線がなす角度 φ_1 を入射角と呼ぶ．

屈折波，反射波の波数ベクトルを，とりあえず $\boldsymbol{k}_2, \boldsymbol{k}_3$ と書いておこう．するとそれぞれ

$$屈折波\quad B\cos(\boldsymbol{k}_2\cdot\boldsymbol{r}-\omega t)$$

$$反射波\quad C\cos(\boldsymbol{k}_3\cdot\boldsymbol{r}-\omega t)$$

というように表わされる．(1)がもとになっている波なので，角振動数 ω はすべて共通である．また，媒質1,2中の光の速度を c_1, c_2 とすれば，

$$\omega = c_1|\boldsymbol{k}_1| = c_1|\boldsymbol{k}_3| = c_2|\boldsymbol{k}_2| \tag{2}$$

という関係があることに注意しよう．

■スネルの法則

屈折角 φ_2，反射角 φ_3 を，それぞれ図1のように定義する．これと入射角 φ_1 との関係を求めるのが目的である．そのために，境界面での波が，媒質1から2へと，連続的につながっているという条件を考えよう．つまり，

$$A\cos(\boldsymbol{k}_1\cdot\boldsymbol{r}-\omega t)+C\cos(\boldsymbol{k}_3\cdot\boldsymbol{r}-\omega t) = B\cos(\boldsymbol{k}_2\cdot\boldsymbol{r}-\omega t)$$

▶(媒質1の波)=(媒質2の波)を右の式は意味する．しかし，完全に等しくなくても，両辺が比例していれば以下の議論は成り立つ．境界面での条件の厳密な形は，波についての具体的な知識を必要とする．詳しくは7.6節参照．

ここで $\boldsymbol{r}$ は，境界面上の任意の位置を示すベクトルである(座標の原点はどこにとってもよい)．この式が任意の時刻で成り立つためには，3つの項が t とともに，同じように変化しなければならない．つまり

▶π だけずれていても構わないが，それは係数（A など）の符号を変えることと同じである．

$$\boldsymbol{k}_1\cdot\boldsymbol{r}-\omega t = \boldsymbol{k}_2\cdot\boldsymbol{r}-\omega t = \boldsymbol{k}_3\cdot\boldsymbol{r}-\omega t$$
$$\Rightarrow \quad \boldsymbol{k}_1\cdot\boldsymbol{r} = \boldsymbol{k}_2\cdot\boldsymbol{r} = \boldsymbol{k}_3\cdot\boldsymbol{r} \qquad (3)$$

この式を具体的に調べるために，境界面を $z=0$ としよう．すると，$\boldsymbol{r}=(x, y, 0)$ と書ける．また，入射波の波数ベクトルが $k_{1y}=0$ となるように，y 軸を選ぶ．すると(3)は

▶$k_{1y}=0$ とは，入射波は x 軸方向だけに振動する波を考えればよい．

$$k_{1x}x = k_{2x}x+k_{2y}y = k_{3x}x+k_{3y}y$$

これが，任意の x および y に対して成り立たなければならないので，

$$k_{1x} = k_{2x} = k_{3x}, \qquad k_{2y} = k_{3y} = 0 \qquad (z\text{ 成分は未定})$$

という条件が求まる．$\boldsymbol{k}$ の y 成分はすべて 0 となるので

$$k_{1x} = |\boldsymbol{k}_1|\sin\varphi_1, \qquad k_{2x} = |\boldsymbol{k}_2|\sin\varphi_2, \qquad k_{3x} = |\boldsymbol{k}_3|\sin\varphi_3$$

これを(2)に代入し，$\boldsymbol{k}_i$ の x 成分がすべて等しいことを使えば，

$$c_1/\sin\varphi_1 = c_1/\sin\varphi_3 = c_2/\sin\varphi_2$$

つまり，

$$\text{屈折} \quad \frac{\sin\varphi_1}{\sin\varphi_2} = \frac{c_1}{c_2} \qquad (\text{スネルの法則}) \qquad (4)$$
$$\text{反射} \quad \varphi_1 = \varphi_3$$

という法則が求まる．c_1/c_2 を媒質 2 の媒質 1 に対する**相対屈折率**という．特に $c_1=c$ としたときを，媒質 2 の**絶対屈折率**という．

■ホイヘンスの原理による説明

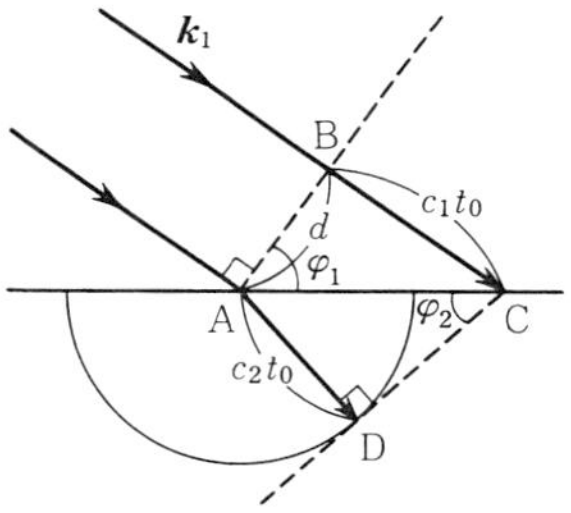

図 2 屈折とホイヘンスの原理

▶C を中心とする半径ゼロの円とこの半円との包絡線が山になる．

同じ法則を，ホイヘンスの原理から導いてみよう．まず，ある時刻で，入射波のある山が，破線 AB の部分にあったとする（図 2）．この山の，境界面から d 離れた部分 B が，境界面にたどりつくには，

$$t_0 = \frac{d\tan\varphi_1}{c_1}$$

だけの時間がかかる．その間に，A から出発した 2 次波は，c_2t_0 だけ進む．したがって，屈折波が平面波であるならば，この半円と C とを結ぶ包絡線（接線）CD が，この時刻における屈折波の山でなければならない．その角度 φ_2 は

$$\sin\varphi_2 = \frac{c_2t_0}{d/\cos\varphi_1} = \frac{c_2d}{c_1}\frac{\tan\varphi_1\cdot\cos\varphi_1}{d} = \frac{c_2}{c_1}\sin\varphi_1$$

これは(4)に他ならない．

反射波の方向を求めるには，A を中心に半径 c_1t_0 の半円を上側に描き，C からの接線を引けばよい．それが反射波の波面となる．その方向が反射の法則（$\varphi_1=\varphi_3$）を満たしていることは明らかだろう（接点を D とすると，三角形 ABC と ADC が合同になるから）．

7.5 フェルマーの原理

ぽいんと

ホイヘンスの原理と並んで，波の進み方を直観的に理解するのに便利な考え方として，フェルマーの原理というものがある．光は光速が変化する媒質中を通ると曲がるが，そのとき光は，できるだけ時間をかけないで到達先に達するような経路を選ぶという原理である．波の形と経路との関係を理解することがポイントである．

キーワード：射線，光線，フェルマーの原理

■場所に依存する波数ベクトル

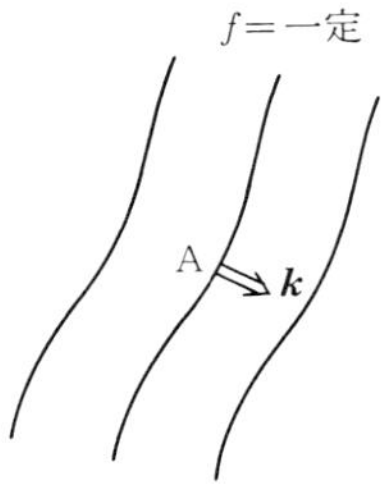

図1 f＝一定の波面と各点での波数ベクトル

波面(たとえば山の部分)が平面の波が，$\boldsymbol{k}$ の方向に速度 c で真っすぐ進んでいく場合，

$$\cos(\boldsymbol{k}\cdot\boldsymbol{r}-\omega t+\theta_0) \qquad (\omega=c|\boldsymbol{k}|)$$

と書けることはすでに説明した．これを一般化して

$$\cos(f(x,y,z)-\omega t) \tag{1}$$

という形の波を考えてみよう．ある時刻 t における波の山は

$$f=\omega t+2n\pi \qquad (n=0,1,2,\cdots)$$

という式で表わされる面となる(図1)．これは，時刻 t が変われば動く．

次に，面上の各点で，

$$\boldsymbol{k}(\boldsymbol{r})=\left(\frac{\partial f}{\partial x},\frac{\partial f}{\partial y},\frac{\partial f}{\partial z}\right) \quad (=\nabla f) \tag{2}$$

というベクトルを考える．平面波の場合は

$$f=k_x x+k_y y+k_z z+\text{定数}$$

であるから，

$$\boldsymbol{k}(\boldsymbol{r})=(k_x,k_y,k_z)$$

となり，(2)の $\boldsymbol{k}$ は，波数ベクトルに他ならない．

(2)の $\boldsymbol{k}$ を使うと，関数 f は点A(座標を (x_0,y_0,z_0) とする)付近で

$$f(x,y,z)\simeq f(x_0,y_0,z_0)+k_{\mathrm{A}x}(x-x_0)+k_{\mathrm{A}y}(y-y_0)+k_{\mathrm{A}z}(z-z_0)$$

というように近似できる．ただし $\boldsymbol{k}_\mathrm{A}$ とは点Aでの $\boldsymbol{k}$ である．これを(1)に代入すれば

$$\cos(\boldsymbol{k}_\mathrm{A}\cdot\boldsymbol{r}-\omega t+\text{定数})$$

となる．これは，波(1)を点Aで平面波で近似した形になっている．そして $\boldsymbol{k}_\mathrm{A}$ は，点Aでの波数ベクトルだと解釈することができる．

このように定義した各点での波数ベクトルをつなげていけば曲線ができる．電場をつなげて電気力線を作るのと同じである．この線のことを**射線**と呼ぶが，特にこの波が光である場合は**光線**と呼ぶ．平面波で言えば，波の形が進んでいく方向を示す線である．

■フェルマーの原理

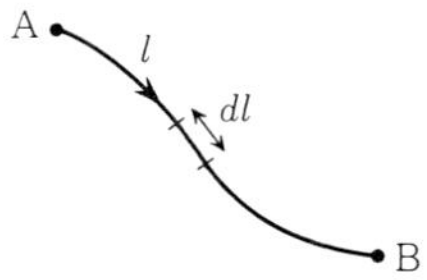

図2　AからBまでの曲線 l

媒質の性質が場所ごとに変わり，波の速度 c も変化する場合を考えよう(図2)．そのとき，任意の2点A,Bを結ぶ射線は，2点を結ぶ曲線(l とする)のうち，曲線に沿っての積分

$$T(l) \equiv \int_l \frac{dl}{c(l)} \tag{3}$$

を極小にするものであるという性質がある．dl/c は，微小区間 dl を通るのに必要な時間だから，A,Bを結ぶ線のうち，かかる時間が最も短い曲線が射線であると言ってもよい．これを**フェルマーの原理**と呼ぶ．

▶ $c(l)\cdot|\boldsymbol{k}(l)|=\omega$(＝一定)より(4)が導ける．

この原理は，上で述べた射線の定義を使えば証明できる．まず，(3)は

$$T(l) \propto \int_l |\boldsymbol{k}(l)|dl \tag{4}$$

ここで，曲線 l 上の各点での，$\boldsymbol{k}$ の曲線方向の成分を $k_\parallel$ とすれば，

▶(5)は(2)を使っている．曲線に沿って保存力の平行成分を積分すれば，曲線の両端のポテンシャルエネルギーの差になる(仕事とエネルギーの関係)ことと同じ種類の式である．

$$\int_l |\boldsymbol{k}(l)|dl \geqq \int k_\parallel(l)dl = f(\mathrm{B})-f(\mathrm{A}) \tag{5}$$

である．ところで，左辺が最小になる，つまり等号が成り立つのは，$|\boldsymbol{k}|=k_\parallel$ の場合である．これは，この曲線が常に $\boldsymbol{k}$ の方向を向いているという条件だから，射線に他ならない．

■応　　用

▶ここでは，射線の向き(波の形が進む方向)と，実際に光が進む方向とが同じであることを前提にしている．これを証明するには，波束(5.5節参照)を作って，その動きを調べなければならないが，ここでは省略する．

フェルマーの原理を使うと，光の進み方が直観的に理解できる．たとえば，光速が一定の媒質の中では，光は直進するが，これはフェルマーの原理から明らかだろう．直線は2点を最短距離で結ぶ線だからである．

また屈折の法則も導ける．図3で，Aから境界面上のある点Cを通ってBまでたどりつくとする．それにかかる時間は，

$$T = \frac{\sqrt{a^2+x^2}}{c_1} + \frac{\sqrt{b^2+(l-x)^2}}{c_2}$$

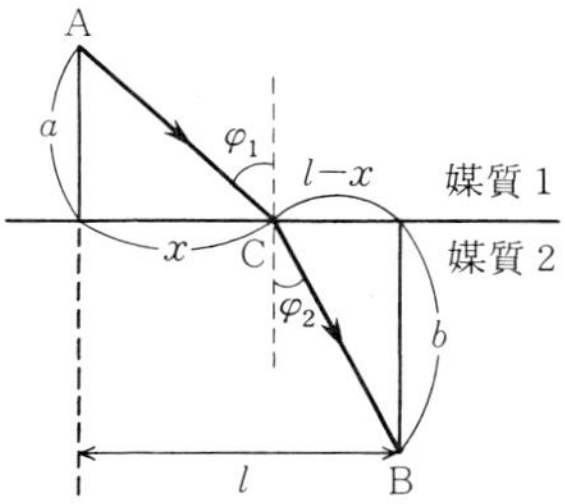

図3　AからCを通ってBまでいく経路

となる．これを最小にするため，x で微分しゼロとすれば

$$\frac{dT}{dx} = \frac{1}{c_1}\frac{x}{\sqrt{a^2+x^2}} - \frac{1}{c_2}\frac{l-x}{\sqrt{b^2+(l-x)^2}} = 0 \tag{6}$$

また

$$\sin\varphi_1 = \frac{x}{\sqrt{a^2+x^2}}$$

$$\sin\varphi_2 = \frac{l-x}{\sqrt{b^2+(l-x)^2}}$$

であるから，(6)はスネルの法則に他ならない．

7.6 反射率と屈折率

ぽいんと

スネルの法則から，屈折波と反射波の方向はわかった．しかし，その大きさを求めるには，境界面での条件を，より詳しく調べなければならない．電場と磁場の境界条件を使って，2種類の偏光に対する，屈折波と反射波の振幅を計算する．

キーワード：電場と磁場の境界条件，振幅透過率，振幅反射率，ブルースタ角

■境界面での接続条件

▶詳しくは電磁気学の巻参照.

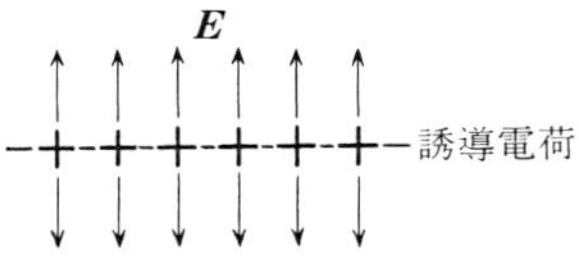

(a) 誘導電荷による電場

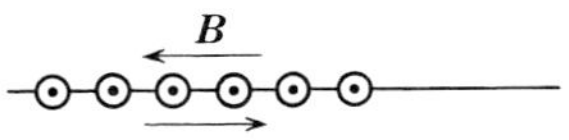

(b) 磁化電流(こちら向き)による磁場

図1

異なった誘電率(ε)，透磁率(μ)をもつ媒質が接触しているときの，境界面上下での電場，磁場の関係をまとめておく．境界面に対して平行な成分($\parallel$で表わす)と，垂直な成分($\perp$で表わす)とで，分けて考えなければならない(図1).

$$E_{上\parallel} = E_{下\parallel} \tag{1}$$

$$\varepsilon_1 E_{上\perp} = \varepsilon_2 E_{下\perp} \tag{2}$$

$$\mu_1{}^{-1} B_{上\parallel} = \mu_2{}^{-1} B_{下\parallel} \tag{3}$$

$$B_{上\perp} = B_{下\perp} \tag{4}$$

以上の式の証明はここではしないが，その物理的意味について，簡単に解説しておく．物質(絶縁体)に電場，磁場がかかると，その物質は，電気的には分極，磁気的には磁化する．その結果，表面には誘導電荷，磁化電流が生じる．接触している物質のεやμが同じだったら，それらは上下で相殺するが，一般には異なるので，違いの分だけ，表面に誘導電荷，磁化電流が残る.

境界面上の電荷は，面に垂直な電場を作るので，(2)のように，$E_\perp$は面の上下で等しくない．また境界上の電流は，面に平行な磁場を作るので，(3)のように$B_\parallel$は面の上下で等しくないのである.

■偏　光

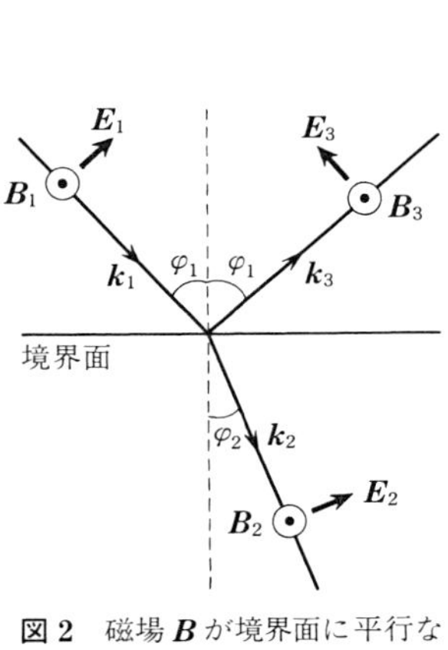

図2　磁場$\boldsymbol{B}$が境界面に平行な場合

図2のように，境界面に入射角φ_1で平面波が入射してくるとする．第6章で議論したように，電磁波には2種類の偏光がある．電場，磁場双方とも，入射方向に対して垂直でなければならないが，垂直方向には2通りあるからである．そこで，上の境界条件が使いやすいように，次の2つの場合を考えよう.

［1］　磁場が境界面に平行な場合(図2)

後で説明するが，入射波ばかりでなく，反射波，屈折波の磁場も境界面に平行になる．電場は磁場にも垂直でなければならないので，図2に示されている方向を向く(ただし正負は，以下，計算で確かめる).

［2］ 電場が境界面に平行な場合(図3)

入射波ばかりでなく，反射波，屈折波の電場も境界面に平行になる．磁場は，図3に示されている方向を向く．

以上，2つのケースに対して，(1)～(4)の境界条件を使って反射波，屈折波の大きさを求めよう．

■磁場が境界面に平行な場合

図2に示されているように，反射波，屈折波の磁場も境界面に平行であるとして計算し，解が見つかることを示そう．電場の境界面に対して平行な成分，垂直な成分は，それぞれ

$$\begin{aligned} &E_{1\parallel} = E_1 \cos\varphi_1, \quad E_{2\parallel} = E_2 \cos\varphi_2, \quad E_{3\parallel} = -E_3 \cos\varphi_1 \\ &E_{1\perp} = E_1 \sin\varphi_1, \quad E_{2\perp} = E_2 \sin\varphi_2, \quad E_{3\perp} = E_3 \sin\varphi_1 \end{aligned} \tag{5}$$

となる．これを使うと，電場に対する(1)，(2)の条件は

$$(E_1 - E_3)\cos\varphi_1 = E_2\cos\varphi_2 \tag{6}$$

$$\varepsilon_1(E_1+E_3)\sin\varphi_1 = \varepsilon_2 E_2 \sin\varphi_2 \tag{7}$$

となる．また磁場に対する条件は，平行成分のみが意味があるが，$cB=E$((6.3.5)参照)を使って電場で書き直すと，

▶ $\frac{c_2}{c_1}\sin\varphi_1>1$ のときは全反射となる．そのときの反射光の計算は章末問題参照．

$$\mu_1{}^{-1}c_1{}^{-1}(E_1+E_3) = \mu_2{}^{-1}c_2{}^{-1}E_2 \tag{8}$$

である．(6)と(8)を使えば，

$$\begin{aligned} T(\text{振幅透過率}) &\equiv \frac{E_2}{E_1} = \frac{2c_2\mu_2\cos\varphi_1}{c_1\mu_1\cos\varphi_1 + c_2\mu_2\cos\varphi_2} \\ R(\text{振幅反射率}) &\equiv \frac{E_3}{E_1} = \frac{c_1\mu_1\cos\varphi_1 - c_2\mu_2\cos\varphi_2}{c_1\mu_1\cos\varphi_1 + c_2\mu_2\cos\varphi_2} \end{aligned} \tag{9}$$

と求まる．また(7)は，(8)とスネルの法則が成り立っていれば自動的に満たされることがわかる．

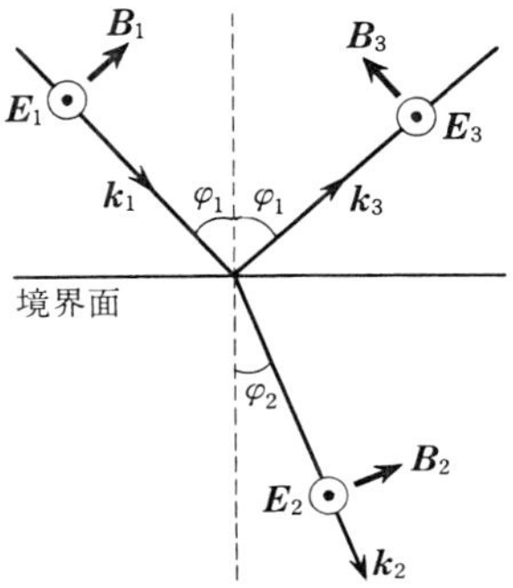

図3 電場が境界面に平行な場合

■電場が境界面に平行な場合

図3のようにして考える．磁場の平行，垂直成分は，(5)の E を B に置き換えたものに他ならない．したがって(3)，(4)の条件は

$$\mu_1{}^{-1}(B_1-B_3)\cos\varphi_1 = \mu_2{}^{-1}B_2\cos\varphi_2 \tag{10}$$

$$(B_1+B_3)\sin\varphi_1 = B_2\sin\varphi_2 \tag{11}$$

▶電場(平行成分のみ)に対する条件($E_1+E_3=E_2$)は，$cB=E$ とスネルの法則により，(11)と同等である．

となる．これより，

$$\begin{aligned} T &= \frac{E_2}{E_1}\left(=\frac{B_2\sin\varphi_2}{B_1\sin\varphi_1}\right) = \frac{2\mu_2\tan\varphi_2}{\mu_1\tan\varphi_1+\mu_2\tan\varphi_2} \\ R &= \frac{E_3}{E_1} = \frac{\mu_2\tan\varphi_2-\mu_1\tan\varphi_1}{\mu_1\tan\varphi_1+\mu_2\tan\varphi_2} \end{aligned} \tag{12}$$

とくに $E_3=0$ となる入射角 φ_1 を**ブルースタ角**という．

章末問題

[7.1 節]

7.1 波長λの光を使ったときの，ニュートンリングの内側から n 番目の明るい輪の半径を求めよ．ただし，レンズの曲率半径を R とする．

[7.2 節]

7.2 ヤングの実験を，2 つのスリットではなく，2 つの小さな穴で行なう．光の波長をλ，穴の間隔を d とするとき，距離 $l(\gg d)$離れた所に置かれたスクリーン上にできる縞模様はどのような曲線になるか．

7.3 直径 10 cm の穴の前方から 45 度の位置にいる人が，穴の向こう側から真っすぐ入射してくる音をよく聞きとるためには，その音波の周波数がどのような条件を満たしていなければならないか(音速は 330 m/s とする)．

▶回折の前方のピークに含まれるための条件を考えよ．

7.4 7.2 節の回折の実験で，入射波が垂直ではなく，角度θだけ傾いて入射する場合の，強度の計算をせよ．

7.5 前方にある，10 cm 離れた 2 つの光源(波長を 600 nm とする)を見分けるためには，それにどの程度近づかなければならないか．ただし，人間の瞳の直径を 2 mm とする．

▶回折の前方のピークが重ならないという条件で考えよ．

7.6 N 個の幅 d のスリットが，等間隔 a で平行に並んでいる．この板に垂直に波長λの波が入射するときの，角度φ方向に回折する波の強さを求めよ．(このような装置を**回折格子**と呼ぶ．その役割は解答を参照.)

[7.6 節]

7.7 $(c_2/c_1)\sin\varphi_1>1$ のときは全反射が起きる．磁場が境界面に平行だとして，そのときの反射波の位相を求めよ．(注意：媒質 2($z<0$ の部分)の電場がゼロになるわけではない．境界面に垂直な方向を z 方向とし，

$$入射波 = \boldsymbol{E}_1 e^{i(\boldsymbol{k}\cdot\boldsymbol{r}-\omega t)}, \qquad 反射波 = \boldsymbol{E}_3 e^{i\theta} e^{i(\boldsymbol{k}\cdot\boldsymbol{r}-\omega t)}$$

$$媒質 2 = \boldsymbol{E}_2 e^{\kappa z} e^{i(k_{2x}x-\omega t)}$$

($\boldsymbol{E}_1, \boldsymbol{E}_3$ は実ベクトルだが，$\boldsymbol{E}_2$ は複素ベクトル)として，解を求めよ.)

7.8 媒質 1 と 2 の立場を逆にしたときの(振幅)透過率と(振幅)反射率をそれぞれ T'，R' とすれば

$$R' = R, \qquad TT' = 1-R^2$$

という式が成り立つ(**ストークスの関係式**と呼ばれる)ことを証明せよ．

7.9 ガラス面の上に厚さ d の薄膜(屈折率 n)を作る．波数 k の光が垂直に入射し薄膜の上下で反射を繰り返すときの，反射波の強さを求めよ．ただし，空気から薄膜への透過率 T_1 と反射率 R_1，薄膜からガラス面への透過率 T_2 と反射率 R_2 で表わせ(問題 7.7 と同様に複素数の波 e^{ikx} で考えるとよい)．

8

ベクトルポテンシャルと電磁波の放出

きききどころ

電磁波とは，電荷も電流もない領域を伝わっていく波だが，それを発生させるためには，時間とともに変化する電流が必要である．発生の機構を理解するには，電場や磁場ではなく，スカラーポテンシャル，ベクトルポテンシャルというものを使うとわかりやすい．これらを使って，変化する電流から電磁波を求める公式を導く．

8.1 スカラーポテンシャルとベクトルポテンシャル

ぽいんと

マクスウェル方程式は，電場と磁場を使って表わされているが，電磁気の法則を記述するもう1つの手段として，ポテンシャル(スカラーポテンシャルとベクトルポテンシャル)というものがある．電磁場とポテンシャルの関係は，保存力における力とポテンシャルの関係に似ているが，ベクトルのポテンシャルを導入する必要があるという点で，より複雑になっている．ここではこれらのポテンシャルの定義と，それで表わした電磁気の法則を説明する．また，ポテンシャルで表わした平面波の式も求める．後になってわかることだが，電磁気の理論においては，電磁場よりもポテンシャルの方が基本的な量である．

キーワード：スカラーポテンシャル，ベクトルポテンシャル，ローレンツ条件，クーロン条件

■静的な場合のポテンシャル

▶**スカラーポテンシャル**は電位とも呼ばれる．

静電場の場合，電場はスカラーポテンシャル(ϕと書く)の微分によって導かれる．保存力がポテンシャルの微分で表わされるのと同じことである．電荷分布をρとすれば，ϕは電荷からの距離に反比例するので

$$\phi(\boldsymbol{r}) = \frac{1}{4\pi\varepsilon_0}\int\frac{\rho(\boldsymbol{r}')}{|\boldsymbol{r}-\boldsymbol{r}'|}d^3\boldsymbol{r}' \tag{1}$$

と書ける．これはクーロンの法則に他ならない．電場は

$$\boldsymbol{E} = -\nabla\phi \tag{2}$$

という式で求まる．ϕの勾配，つまり傾きが電場である．

▶山を常に下っていれば，決して元の位置に戻らない．渦がないことと，ベクトル場が，ある関数の勾配で表わされることとは，数学的に同値である．

静磁場の場合は，(2)のような関係を満たす関数ϕは存在しない．静磁場は渦を巻いているが，渦を巻いているベクトル場は，ある関数の勾配という形では決して表わすことができない．しかし，(1)の類似で

$$\boldsymbol{A}(\boldsymbol{r}) = \frac{\mu_0}{4\pi}\int\frac{\boldsymbol{j}(\boldsymbol{r}')}{|\boldsymbol{r}-\boldsymbol{r}'|}d^3\boldsymbol{r}' \tag{3}$$

▶任意の関数fを使って，$\boldsymbol{A}=$(3)$+\nabla f$としても，(4)は成り立つ．$\nabla\times\nabla f=0$(任意のfに対して)だからである．この$\boldsymbol{A}$の任意性を(8)で使う．

というベクトル場を定義すると($\boldsymbol{j}$は電流分布)，静磁場は

$$\boldsymbol{B} = \nabla\times\boldsymbol{A} \tag{4}$$

という式で表わされる．実際，(3)を(4)に代入すれば，静磁場の基本法則であるビオ・サバールの法則に他ならないことがわかる．$\boldsymbol{A}$のことを**ベクトルポテンシャル**と呼ぶ．

■時間に依存する場合のポテンシャル

マクスウェル方程式が示すように，静的でない場合には，電磁誘導によっても電場が生じる．そして電磁誘導による電場には渦(回転)があるので，(2)という式を満たすϕは存在しえない．しかしポテンシャルと電磁場との関係を少し変更することにより，電場と磁場を上記の両ポテンシャルで表わすことができる．

▶ベクトル関数の一般論より，(4)を満たす $\boldsymbol{A}$ が存在する必要十分条件は，$\nabla\cdot\boldsymbol{B}=0$ であることがわかっている．この関係はマクスウェル理論でも成り立っている．

また，$\boldsymbol{A}$ を $\boldsymbol{A}+\nabla\varphi$（$\varphi$ は任意関数）と置き換えても，$\nabla\times\nabla\varphi=0$ なので(4)は変わらない．つまり $\boldsymbol{A}$ には任意性がある．$\boldsymbol{A}$ を変えればそれに応じて ϕ も変わる．

まずベクトルポテンシャルを，(4)を満たすような $\boldsymbol{A}$ として定義する．ただし，(3)の関係はそのまま使うわけにはいかない．静的でなければ電流分布も変化するので，どの時刻の分布であるかを指定しなければならないからである．$\boldsymbol{A}$ 自身の具体的な形は，後で $\boldsymbol{A}$ が満たす微分方程式(波動方程式になる)から計算する．

電磁誘導の法則(6.1.3)に(4)を代入すると

$$\nabla\times\left(\boldsymbol{E}+\frac{\partial\boldsymbol{A}}{\partial t}\right)=0$$

となる．これは左辺の括弧の中の回転がゼロであるということだから，

$$\boldsymbol{E}+\frac{\partial\boldsymbol{A}}{\partial t}=-\nabla\phi \tag{5}$$

というような ϕ が必ず存在する．そこでこの式を，ϕ の定義として用いる．

■波動方程式

以上のように定義した ϕ と $\boldsymbol{A}$ が，どのような方程式を満たすかを調べよう．まず，(6.1.2)と(6.1.5)に(4)と(5)を代入すると

▶Δ（ラプラシアンと呼ぶ）$\equiv\nabla\cdot\nabla=\dfrac{\partial^2}{\partial x^2}+\dfrac{\partial^2}{\partial y^2}+\dfrac{\partial^2}{\partial z^2}$

$$\nabla\cdot\left(-\frac{\partial\boldsymbol{A}}{\partial t}-\nabla\phi\right)=\frac{\rho}{\varepsilon_0} \tag{6}$$

$$-\Delta\boldsymbol{A}+\nabla(\nabla\cdot\boldsymbol{A})=\mu_0\left\{\boldsymbol{j}+\varepsilon_0\frac{\partial}{\partial t}\left(-\frac{\partial\boldsymbol{A}}{\partial t}-\nabla\phi\right)\right\} \tag{7}$$

ただし(7)の左辺は，(6.2.8)と同じ公式を使って変形したものである．

▶$\boldsymbol{A}$ に課す条件を一般にゲージ条件と呼ぶが，とくに(8)をローレンツ条件と呼び，この条件を課した理論をローレンツゲージと呼ぶ．

次に，$\boldsymbol{A}$ の任意性(上の注参照)を利用して

$$\frac{1}{c^2}\frac{\partial\phi}{\partial t}+\nabla\cdot\boldsymbol{A}=0 \tag{8}$$

という条件を課す．これは，以下の式を簡単にし，計算しやすくするための手法だと考えればよい．この条件を使って(6)からは $\nabla\cdot\boldsymbol{A}$ を，(7)からは $\partial\phi/\partial t$ を消去すると

$$\left(\frac{1}{c^2}\frac{\partial^2}{\partial t^2}-\Delta\right)\phi=\frac{\rho}{\varepsilon_0} \tag{9}$$

$$\left(\frac{1}{c^2}\frac{\partial^2}{\partial t^2}-\Delta\right)\boldsymbol{A}=\mu_0\boldsymbol{j} \tag{10}$$

▶電場や磁場に対しても，ρ や $\boldsymbol{j}$ を残したまま6.2節の計算を繰り返せば，発生源をもつ波動方程式が求まる．しかし発生源の形はもっと複雑なものとなる．

となる．これは，波の発生源(右辺)を伴った波動方程式である．

注意　(8)を**ローレンツ条件**(ローレンツゲージ)と呼ぶが，他に，

$$\nabla\cdot\boldsymbol{A}=0$$

という条件を課すこともある．これを**クーロン条件**(クーロンゲージ，または放射条件(放射ゲージ))という．これを使うと波動方程式は複雑になるが，真空中の電磁波を考えるときは便利な面がある(第10章参照)．

8.2 ポテンシャルで表わす平面波

ぽいんと

前節で求めた $\boldsymbol{A}$ と ϕ に対する方程式を使って，電磁波の平面波を求める．$\boldsymbol{A}$ と ϕ には，合わせて 4 成分あるが，その間に関連性があるため，意味のあるのは横波の 2 成分だけであることがわかる．$\boldsymbol{A}$ の縦波の部分と ϕ とは相殺してしまう．

■x 方向へ進む波

▶ここではローレンツゲージを使う．クーロンゲージでの計算は章末問題 8.4 参照．

真空中，つまり $\rho=\boldsymbol{j}=0$ の場合，$\boldsymbol{A}$ の各成分も ϕ も普通の波動方程式を満たすので，みな，6.3 節で求めたのと同じ形の解(平面波)をもつ．しかし $\boldsymbol{A}$ と ϕ は前節(8)という条件を満たしていなくてはならないので，注意が必要である．まず，x 方向へ進む進行波を使って調べてみよう．

［1］ $A_y=\sin\{k(x-ct)\}$ の場合

他の成分はゼロ，つまり $A_x=A_z=\phi=0$ とする．波動方程式，前節(10)が成り立っているのはもちろんだが，

$$\frac{\partial A_y}{\partial y}=0$$

だから前節(8)の条件も満たしている．このとき電場と磁場は

$$E_y=-\frac{\partial A_y}{\partial t}=ck\cos\{k(x-ct)\}$$

$$B_z=\frac{\partial A_y}{\partial x}=k\cos\{k(x-ct)\}$$

となる．他の成分はゼロである．波の進行方向(x 方向)，電場の方向(y 方向)，磁場の方向(z 方向)すべて互いに直交している．また電場と磁場の大きさの比が(6.3.5)を満たしていることもわかる．

［2］ $A_z=\sin\{k(x-ct)\}$ の場合

今度は $A_x=A_y=\phi=0$ とする．電場と磁場でゼロにならない成分は

$$E_z=-\frac{\partial A_z}{\partial t}=ck\cos\{k(x-ct)\}$$

$$B_y=-\frac{\partial A_z}{\partial x}=-k\cos\{k(x-ct)\}$$

これも，電磁波の条件を満たしている．ただし［1］とは別の直線偏光である．

［3］ $A_x=\sin\{k(x-ct)\}$ の場合

これは，$\boldsymbol{A}$ の方向と波の進行方向が一致しているので縦波である．$A_y=A_z=0$ とするが前節(8)の条件があるので，$\phi=0$ とすることはできない．

$$\frac{1}{c^2}\frac{\partial\phi}{\partial t} = -\frac{\partial A_x}{\partial x} = -k\cos\{k(x-ct)\}$$

だから，

$$\phi = c\sin\{k(x-ct)\}$$

とすればよいことがわかる．これらのポテンシャルを使うと，自動的にゼロにはならない電磁場は E_x だけだが，それも

$$E_x = -\frac{\partial\phi}{\partial x}-\frac{\partial A_x}{\partial t} = 0$$

と，やはりゼロになってしまう．これより，電磁波は，[1]と[2]の2種類だけということがわかる．

■一般の平面波

波数ベクトル $\boldsymbol{k}$，角振動数 ω の平面波に対しては，前節(8)の条件は

$$-\frac{1}{c^2}\cdot\omega\phi+\boldsymbol{k}\cdot\boldsymbol{A} = 0$$

という形になる．これは，$\boldsymbol{A}$ のうちの縦波($\boldsymbol{k}$ 方向)の成分と，スカラーポテンシャル ϕ の大きさの間の関係式である．そして，この条件があるため，$\boldsymbol{A}$ の縦波成分の電場への寄与と，ϕ の電場への寄与が相殺してしまうことは，上の具体例で示した通りである．また磁場については，平面波であれば

$$\boldsymbol{B} = \nabla\times\boldsymbol{A} \quad /\!/ \quad \boldsymbol{k}\times\boldsymbol{A}$$

なので，外積の定義から，$\boldsymbol{k}$ に平行な成分が寄与しないのは明らかである．結局，電磁波に対しては，ϕ は忘れ，$\boldsymbol{A}$ の横波の成分だけを考えればよいことがわかる．もちろん，これは電磁波に限った話であり，クーロンの逆2乗則で表わされる電荷による電場に関しては，ϕ を考えなければならない(次節参照)．

▶ $\boldsymbol{A}$ の横波の成分だけが電磁波として意味があるということは，後で電磁波を力学系として考えるときに重要になる．

■定常波の場合

以上の議論は，進行波に限らず定常波に対しても言える．(6.4.3)と(6.4.4)の電磁波を再現するには，ベクトルポテンシャルだけを使い

$$\boldsymbol{E} = -\frac{\partial\boldsymbol{A}}{\partial t}$$

という式を満たす $\boldsymbol{A}$ を考えればよい．それは単に，(比例係数を除き)(6.4.3)，(6.4.4)の $\sin\omega t$ を $\cos\omega t$ に入れ替えればよい．したがって，$\boldsymbol{A}$ の境界条件は $\boldsymbol{E}$ の境界条件と同じであることがわかる．

8.3 遅延ポテンシャル

ぽいんと

前節では，平面波という波長一定の理想化された電磁波を求めたが，ここではより一般的な，電荷や電流がある場合の波動方程式の解を求めておこう．ある時刻での各点でのポテンシャルは，それより過去の電荷や電流分布により決定されていることがわかる．電荷や電流の影響が伝達するのに，時間がかかるためである．影響が遅れて現われるので，このようにして決まるポテンシャルのことを遅延ポテンシャルと呼ぶ．

キーワード：遅延ポテンシャル

■遅延ポテンシャルの直観的な導出

静電場の場合，スカラーポテンシャル ϕ は，電荷分布 ρ を使って

$$\phi(\boldsymbol{r}) = \frac{1}{4\pi\varepsilon_0}\int \frac{\rho(\boldsymbol{r}')}{|\boldsymbol{r}-\boldsymbol{r}'|}d^3\boldsymbol{r}' \qquad (1)$$

と書けることはわかっている．また ϕ は，常に波動方程式(8.1.9)を満たすが，特に静的な場合は $\partial\phi/\partial t=0$ だから，ラプラシアン Δ を用いて

▶(2)はポワソン方程式と呼ばれるものである．

$$-\Delta\phi = \frac{\rho}{\varepsilon_0} \qquad (2)$$

という方程式を満たす．つまり(1)は，微分方程式(2)の解になる．このことを利用して，電荷分布が時間に依存する場合の波動方程式を解いてみよう．

時刻 t で $\boldsymbol{r}$ という位置でのポテンシャルを考える．それには，別の位置（$\boldsymbol{r}'$ とする）での電荷の影響があるはずだが，その影響の伝達速度は，電磁波の伝わる速度の光速 c であると仮定しよう．すると伝達には

$$|\boldsymbol{r}-\boldsymbol{r}'|/c$$

だけの時間がかかる．つまり，t よりその分だけ過去の電荷分布

$$\rho(\boldsymbol{r}', t-|\boldsymbol{r}-\boldsymbol{r}'|/c)$$

が $\phi(\boldsymbol{r}, t)$ に影響していると考えられる．この遅延効果以外は，影響の仕方は静電場の場合と変わらないとすれば，(1)は

$$\phi(\boldsymbol{r}, t) = \frac{1}{4\pi\varepsilon_0}\int \frac{\rho(\boldsymbol{r}', t-|\boldsymbol{r}-\boldsymbol{r}'|/c)}{|\boldsymbol{r}-\boldsymbol{r}'|}d^3\boldsymbol{r}' \qquad (3)$$

と修正すればよいと予想される．ベクトルポテンシャルも同様に

$$\boldsymbol{A}(\boldsymbol{r}, t) = \frac{\mu_0}{4\pi}\int \frac{\boldsymbol{j}(\boldsymbol{r}', t-|\boldsymbol{r}-\boldsymbol{r}'|/c)}{|\boldsymbol{r}-\boldsymbol{r}'|}d^3\boldsymbol{r}' \qquad (4)$$

である．(3)や(4)を**遅延ポテンシャル**と呼ぶ．

注意　(3)や(4)が正しいことは以下に証明するが，電場や磁場に対しては，遅延効果だけ取り入れても正しい答が求まらないことを，次節，次々節で示す．たとえば(4)は，遅延効果がなければ静磁場のビオ・サバールの法則に過ぎないが，遅延効

晃があると，電磁波という新しい現象を引き起こす．またローレンツゲージでなければ，(3)や(4)さえも正確ではない(章末問題参照)．

■証　明

(3)や(4)が正しいことを，多少直観的に証明しておこう．まず，原点に存在する点電荷を考える．点電荷といっても，その量は時間とともに変化する場合を考えているので，$q(t)$ と表わす．

まず原点以外では何もないので

$$\left(\frac{1}{c^2}\frac{\partial^2}{\partial t^2}-\Delta\right)\phi(\boldsymbol{r},t)=0 \qquad (\boldsymbol{r}\neq 0) \tag{5}$$

という式を満たす．しかも点電荷に対する解は球対称だと考えてよいので，解は原点からの距離 r にしか依存しないだろう．その場合，(5)は

▶ラプラシアン Δ を球座標で表わし，ϕ は r にしか依存しないので，角度座標の微分の項はすべて落とす．

$$\frac{1}{c^2}\frac{\partial^2\phi}{\partial t^2}-\frac{1}{r^2}\frac{\partial}{\partial r}\left(r^2\frac{\partial\phi}{\partial r}\right)=0 \tag{6}$$

という形になる．これを変形すると

$$\left(\frac{1}{c^2}\frac{\partial^2}{\partial t^2}-\frac{\partial^2}{\partial r^2}\right)(r\phi)=0$$

であるが，この式は，$r\phi$ に対する方程式だと考えれば，1次元の波動方程式と変わらない．したがって，r が大きいほうへ伝わっている進行波は

$$r\phi=f(r-ct) \quad \Rightarrow \quad \phi=\frac{f(r-ct)}{r}$$

と表わされる．

クーロン場(点電荷による静電場)では f は定数で，原点での電荷 q と

$$f=q/4\pi\varepsilon_0 \tag{7}$$

という関係にある．今の場合は f は変数であるが，$r\to 0$ の極限では，この関係は成り立つと考えられる．なぜなら $r\to 0$ では，(6)の第1項が第2項と比較して無視でき，第1項が無視できれば(6)は，(2)で $\rho=0$ の場合と変わらないからである．したがって，(7)の関係が $r\to 0$ で成り立つ，つまり

▶$r\to 0$ で発散する関数は，r で微分すると，さらにその発散の程度は増す．

$$f(-ct)=q(t)/4\pi\varepsilon_0 \tag{8}$$

である．これは $r\to 0$ での関係だが，f は $r-ct$ という変数の組み合わせの関数なのだから，(8)より

▶$-ct$ を $r-ct$ にするには，t を $t-r/c$ と置き換えればよい．

$$f(r-ct)=q(t-r/c)/4\pi\varepsilon_0$$

であることもわかる．これは点電荷の場合だが，電荷が広がって分布しているときも，点電荷の集合だと考えれば(3)が求まる．電流の場合(4)も，同じである．

8.4 電磁波の放出

ぽいんと

前節の遅延ポテンシャルから，電場と磁場を計算する．静電場，静磁場の場合と同様，電荷や電流からの距離の 2 乗に反比例して減少する項もあるが，遅延効果のために，電流分布の時間変化率に比例する，距離の 1 乗に反比例する項も現われる．これが，電流の変化により放出される電磁波である．

キーワード：電磁波の放出

■磁場の計算

前節で求めた遅延ポテンシャルから，まず磁場を計算しよう．磁場は(8.1.4)に前節(4)を代入して求める．

$$\tilde{t} \equiv t - |\boldsymbol{r}-\boldsymbol{r}'|/c$$

と定義して

▶$\boldsymbol{A}$ の中の $1/|\boldsymbol{r}-\boldsymbol{r}'|$, $\boldsymbol{j}$, それぞれを微分する．

$$\begin{aligned}\boldsymbol{B}(\boldsymbol{r},t) &= \nabla\times\boldsymbol{A}(\boldsymbol{r},t)\\ &= \frac{\mu_0}{4\pi}\int\left\{\left(\nabla\frac{1}{|\boldsymbol{r}-\boldsymbol{r}'|}\right)\times\boldsymbol{j}(\boldsymbol{r}',\tilde{t})+\frac{1}{|\boldsymbol{r}-\boldsymbol{r}'|}[\nabla\times\boldsymbol{j}(\boldsymbol{r}',\tilde{t})]\right\}d^3\boldsymbol{r}' \quad (1)\end{aligned}$$

空間座標を表わす変数が 2 つあることに注意しよう．$\boldsymbol{r}$ はポテンシャルの座標，$\boldsymbol{r}'$ は電流の座標である．そして(1)の微分 ∇ は $\boldsymbol{r}$ についての微分だから，$\boldsymbol{r}'$ とは無関係である．したがって第 2 項の微分は，$\tilde{t}$ の中の $\boldsymbol{r}$ を微分することになる．

まず(1)の第 1 項は，(　)の中だけを取り出すと

▶$|\boldsymbol{r}-\boldsymbol{r}'| = \{(x-x')^2+(y-y')^2+(z-z')^2\}^{1/2}$
より，たとえば
$$\frac{\partial}{\partial x}\frac{1}{|\boldsymbol{r}-\boldsymbol{r}'|} = -\frac{x-x'}{|\boldsymbol{r}-\boldsymbol{r}'|^3}$$

$$\nabla\frac{1}{|\boldsymbol{r}-\boldsymbol{r}'|} = -\frac{\boldsymbol{r}-\boldsymbol{r}'}{|\boldsymbol{r}-\boldsymbol{r}'|^3}$$

であるから，距離の 2 乗に反比例する．これを第 1 項に代入すれば，静電場のビオ・サバールの法則に他ならないことがわかる．ただし電流分布 $\boldsymbol{j}$ は，伝達時間だけ過去のものを使わなければならない．

第 2 項の微分は具体的な形を 1 つ取り出して考えるとわかりやすい．$\tilde{t}$ について微分することになるので，たとえば

$$\frac{\partial j_y}{\partial x} = \frac{\partial\tilde{t}}{\partial x}\frac{\partial j_y}{\partial\tilde{t}} = -\frac{1}{c}\frac{\partial|\boldsymbol{r}-\boldsymbol{r}'|}{\partial x}\frac{\partial j_y}{\partial\tilde{t}} = -\frac{1}{c}\frac{x-x'}{|\boldsymbol{r}-\boldsymbol{r}'|}\frac{\partial j_y}{\partial\tilde{t}} \quad (2)$$

である．全体では

$$\nabla\times\boldsymbol{j}(\boldsymbol{r}',\tilde{t}) = -\frac{1}{c}\frac{\boldsymbol{r}-\boldsymbol{r}'}{|\boldsymbol{r}-\boldsymbol{r}'|}\times\frac{\partial\boldsymbol{j}}{\partial\tilde{t}}$$

である．これより

$$(1)\text{の第 2 項} = -\frac{\mu_0}{4\pi}\frac{1}{c}\int\left\{\frac{\boldsymbol{r}-\boldsymbol{r}'}{|\boldsymbol{r}-\boldsymbol{r}'|^2}\times\frac{\partial\boldsymbol{j}(\boldsymbol{r}',\tilde{t})}{\partial\tilde{t}}\right\}d^3\boldsymbol{r}' \quad (3)$$

▶第 1 項は $|\boldsymbol{r}-\boldsymbol{r}'|$ の 2 乗に反比例した．

となる．これは，距離 $|\boldsymbol{r}-\boldsymbol{r}'|$ の 1 乗にしか反比例しない．磁場のエネル

ギー密度は $\boldsymbol{B}$ の2乗に比例する．したがって，磁場 $\boldsymbol{B}$ が距離に反比例するということは，電流がある領域を中心とする大きな球面を考えたとき，球面上の全エネルギーが遠くにいっても減少しない，すなわち

▶(2)からわかるように，電流が変化している．つまり電荷が加速度をもつ場合にのみ電磁波が出る．

$$\text{球面上の全エネルギー} \propto (\text{球面積}) \times |\boldsymbol{B}|^2 \propto r^2 \times \frac{1}{r^2} = \text{一定}$$

ということを意味する．つまり電流が変化していると，エネルギーが無限遠に伝達されていくことがわかる．これが**電磁波の放出**に他ならない．

■電場の計算

▶(8.1.5)は
$$\boldsymbol{E} = -\frac{\partial \boldsymbol{A}}{\partial t} - \nabla\phi$$

電場の計算は基本的には，(8.1.5)を使って磁場の場合と同様にできるが，実際には少し面倒である．そこでまず結果を示して，その意味を考えておくことにしよう．結果は

$$\boldsymbol{E} = \frac{1}{4\pi\varepsilon_0}\int\left\{\frac{\boldsymbol{r}-\boldsymbol{r}'}{|\boldsymbol{r}-\boldsymbol{r}'|^3}\rho(\boldsymbol{r}',\tilde{t}) + \frac{1}{c^2}\cdot\frac{\boldsymbol{r}-\boldsymbol{r}'}{|\boldsymbol{r}-\boldsymbol{r}'|}\times\left[\frac{\boldsymbol{r}-\boldsymbol{r}'}{|\boldsymbol{r}-\boldsymbol{r}'|^2}\times\frac{\partial \boldsymbol{j}(\boldsymbol{r}',\tilde{t})}{\partial\tilde{t}}\right]\right\}d^3\boldsymbol{r}' + (\cdots) \quad (4)$$

▶(…)の部分は，静電場では存在しないが距離の2乗に反比例する項である(以下で説明)．

▶電場のエネルギーも電場の2乗に比例する．

である．まず第1項は，逆2乗則のクーロン場に他ならない．ただし遅延効果はある．第2項が，距離の1乗に反比例してしか減少しない，電磁波の放出を表わしている．この式と(3)を見れば，電場，磁場，そしてそれらの伝達方向 $\boldsymbol{r}-\boldsymbol{r}'$ すべてが互いに直交していることがわかるだろう．これは平面波の場合にも現われた，電磁波共通の性質である．

(4)の導出の手順を簡単に説明しておこう．まず

$$-\frac{\partial \boldsymbol{A}}{\partial t} = -\frac{\mu_0}{4\pi}\int\frac{1}{|\boldsymbol{r}-\boldsymbol{r}'|}\frac{\partial \boldsymbol{j}}{\partial t}d^3\boldsymbol{r}'$$
$$= \frac{1}{4\pi\varepsilon_0 c^2}\int\left\{\frac{\boldsymbol{r}-\boldsymbol{r}'}{|\boldsymbol{r}-\boldsymbol{r}'|}\times\left[\frac{\boldsymbol{r}-\boldsymbol{r}'}{|\boldsymbol{r}-\boldsymbol{r}|^2}\times\frac{\partial \boldsymbol{j}}{\partial\tilde{t}}\right] - \frac{\boldsymbol{r}-\boldsymbol{r}'}{|\boldsymbol{r}-\boldsymbol{r}'|^3}\left[(\boldsymbol{r}-\boldsymbol{r}')\cdot\frac{\partial \boldsymbol{j}}{\partial\tilde{t}}\right]\right\}d^3\boldsymbol{r}' \quad (5)$$

▶$\boldsymbol{a}\times(\boldsymbol{b}\times\boldsymbol{c}) = \boldsymbol{b}(\boldsymbol{a}\cdot\boldsymbol{c}) - (\boldsymbol{a}\cdot\boldsymbol{b})\boldsymbol{c}$
$$\boldsymbol{a} = \frac{\boldsymbol{r}-\boldsymbol{r}'}{|\boldsymbol{r}-\boldsymbol{r}'|},\quad \boldsymbol{b} = \frac{\boldsymbol{r}-\boldsymbol{r}'}{|\boldsymbol{r}-\boldsymbol{r}'|^2}$$
$$\boldsymbol{c} = \frac{\partial \boldsymbol{j}}{\partial t} = \frac{\partial \boldsymbol{j}}{\partial \tilde{t}},\quad \varepsilon_0\mu_0 = c^{-2}$$

である．この第1項が(4)の電磁波の項である．また第2項は電磁波の進行方向($\boldsymbol{r}-\boldsymbol{r}'$)を向いているので縦波となってしまうから，$\nabla\phi$ の寄与と相殺しなければならない．実際

$$\nabla\phi = \frac{1}{4\pi\varepsilon_0}\int\left\{\left(\nabla\frac{1}{|\boldsymbol{r}-\boldsymbol{r}'|}\right)\rho(\boldsymbol{r}',\tilde{t}) + \frac{\nabla\rho(\boldsymbol{r}',\tilde{t})}{|\boldsymbol{r}-\boldsymbol{r}'|}\right\}d^3\boldsymbol{r}'$$

この第1項がクーロン場に他ならない．また第2項は(2)と同様にして

▶電荷の連続方程式とは，
$$\frac{\partial\rho}{\partial t} + \nabla\boldsymbol{j} = 0$$
これは一定の時刻で成り立つ式なので，(6)に使うときは
$$\frac{\partial\rho}{\partial\tilde{t}} = -\overrightarrow{\nabla'\boldsymbol{j}(\boldsymbol{r}',\tilde{t})} = -(\nabla'\boldsymbol{j} - \nabla'\overrightarrow{\boldsymbol{j}(\boldsymbol{r}',\tilde{t})})$$
∇' は $\boldsymbol{r}'$ での微分という意味．矢印のない $\nabla'\boldsymbol{j}$ は $\boldsymbol{j}$ 中のすべての $\boldsymbol{r}'$ で微分する．

$$\nabla\rho(\boldsymbol{r}',\tilde{t}) = -\frac{1}{c}\frac{\boldsymbol{r}-\boldsymbol{r}'}{|\boldsymbol{r}-\boldsymbol{r}'|}\frac{\partial\rho}{\partial\tilde{t}} = \frac{1}{c}\frac{\boldsymbol{r}-\boldsymbol{r}'}{|\boldsymbol{r}-\boldsymbol{r}'|}(\nabla'\boldsymbol{j} - \nabla'\overrightarrow{\boldsymbol{j}(\boldsymbol{r}',\tilde{t})}) \quad (6)$$

である．2番目の等式では電荷の連続方程式を使った．ただし，$\tilde{t}$ にも $\boldsymbol{r}'$ が含まれているが，微分するのは最初の変数だけであるという意味で $\tilde{t}$ 部分への微分を差し引いた．そして2番目の等式の第2項が(5)の第2項と相殺する．また2番目の等式の第1項は，部分積分すれば，(4)の(…)の部分に相当することがわかる(詳しくは章末問題参照)．

8.5 リエナール・ウィーヘルトの公式

ぽいんと

8.3節で示したように，スカラーポテンシャルやベクトルポテンシャルは，電荷密度や電流密度で表わすと，影響が光速度分だけ遅れるという直観的にわかりやすい形をしている．しかし電場や磁場に対しては，同じように考えてはいけない．ここでは，等速運動をしている点電荷という問題を中心に，遅延効果に対する補正という現象を説明する．

キーワード：リエナール・ウィーヘルトの公式

■等速運動をしている電荷が作るポテンシャル

電荷密度 ρ で表わされる電荷の集合が，すべて等速で動いているとする．その電荷が作る電場や磁場も，同じように等速で動いているはずである．そのような状況でのポテンシャルを波動方程式から求めてみよう．

▶等速運動だから，電磁波は出ない．

話を具体的にするために，この速度ベクトル $\boldsymbol{v}$ は x 方向を向く，つまり $\boldsymbol{v}=(v,0,0)$ とする．この系では，任意の量 f に対して

▶一般に，x と t に関しては $f(x-vt)$ という形になる．

$$\frac{\partial f}{\partial t} = -v\frac{\partial f}{\partial x}$$

という関係式が成り立つ．したがって(8.1.9)は

$$\left\{\left(1-\frac{v^2}{c^2}\right)\frac{\partial^2}{\partial x^2}+\frac{\partial^2}{\partial y^2}+\frac{\partial^2}{\partial z^2}\right\}\phi = -\frac{\rho}{\varepsilon_0} \tag{1}$$

となる．ここで新しい座標系

$$X \equiv x/\sqrt{1-v^2/c^2}, \qquad Y \equiv y, \qquad Z = z$$

を導入すると，(1)は

$$\left(\frac{\partial^2}{\partial X^2}+\frac{\partial^2}{\partial Y^2}+\frac{\partial^2}{\partial Z^2}\right)\phi = -\frac{\rho}{\varepsilon_0}$$

というように，静電場における通常のポワソン方程式になる．したがって，その解は(8.3.1)と同じ形をしているはずであり，それを元の座標で書き直せば

$$\phi = \frac{1}{4\pi\varepsilon_0}\int\frac{\rho(\boldsymbol{R}')}{|\boldsymbol{R}-\boldsymbol{R}'|}d^3\boldsymbol{R}' = \frac{1}{4\pi\varepsilon_0}\int\frac{\rho(\boldsymbol{r}')}{s}d^3\boldsymbol{r}' \tag{2}$$

▶$\boldsymbol{R} = (X, Y, Z)$

▶$dX = dx/\sqrt{1-v^2/c^2}$

となることがわかる($s^2\equiv(x-x')^2+(1-v^2/c^2)\{(y-y')^2+(z-z')^2\}$)．

■リエナール・ウィーヘルトの公式

(2)で注目すべき点は，遅延効果がないということである．s の形が静電場の場合と異なってはいるが，ϕ と ρ は同じ時刻における値を表わしている．これは一見，遅延ポテンシャルの公式(8.3.3)と矛盾しているように見える．しかし，すべてが等速で運動している場合は，(2)の s が通常の

形($v=0$ とした形)と異なるということが，遅延効果の結果と同等なのである．そのことを点電荷の場合に，簡単に説明しよう．

まず，ρ が電荷 q の点電荷の場合，それが原点にある時刻($t=0$ とする)で(2)は

$$\phi = \frac{1}{4\pi\varepsilon_0}\frac{q}{s} \qquad \left(s^2=x^2+\left(1-\frac{v^2}{c^2}\right)(y^2+z^2)\right) \tag{3}$$

となる．次に，遅延効果があるとしたとき，$t=0$ で点Aに到達するシグナルの，シグナルが出たときの点電荷の位置をBとする．電荷がBから原点までたどりつく時間が $|\tilde{\boldsymbol{r}}|/c$ になるような位置である(図1)．すると，

$$s = |\tilde{\boldsymbol{r}}|-\frac{\tilde{\boldsymbol{r}}\cdot\boldsymbol{v}}{c} \tag{4}$$

という関係がある(両辺どちらも図1の s_0 に等しい．章末問題参照)．したがって，(3)は

$$\phi = \frac{1}{4\pi\varepsilon_0}\frac{q}{|\tilde{\boldsymbol{r}}|-\dfrac{\tilde{\boldsymbol{r}}\cdot\boldsymbol{v}}{c}} \tag{5}$$

となる．これを**リエナール・ウィーヘルトの公式**と呼ぶ．ここではこれを，電荷が等速運動をしているとして(2)から導いたが，実は遅延ポテンシャルから出発しても，(電荷がどのように運動している場合でも)成り立つことが示される(章末問題参照)．したがって(3)は，遅延ポテンシャルと同等であるという結論になる．

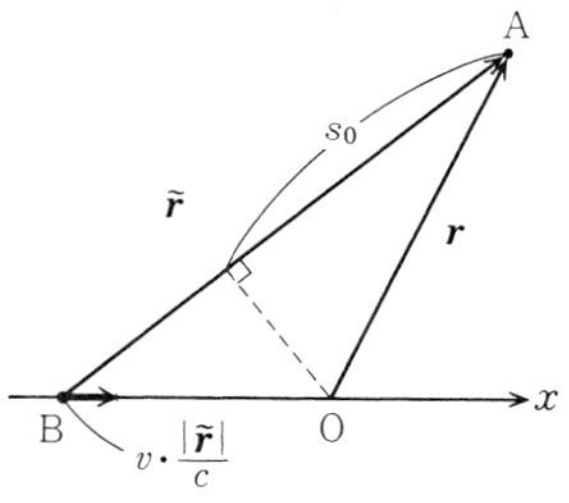

図1　点電荷はBでシグナルを出し，$t=0$ でOに達する．Aが観測点．

■電場の方向

等速直線運動をしている電荷が作る電場を計算してみよう．ベクトルポテンシャルに対するリエナール・ウィーヘルトの公式は

$$\boldsymbol{A} = \frac{\mu_0}{4\pi}\frac{q\boldsymbol{v}}{|\tilde{\boldsymbol{r}}|-\dfrac{\tilde{\boldsymbol{r}}\cdot\boldsymbol{v}}{c}} = \frac{\mu_0}{4\pi}\frac{q\boldsymbol{v}}{s} \tag{6}$$

である．ただし，1番目は一般的に成り立ち，2番目は等速直線運動で成り立つ式である．したがって図1の状況で考えると

▶ $\dfrac{d}{dx}\dfrac{1}{s} = -\dfrac{x}{s^3}$,　$\mu_0 = \dfrac{1}{\varepsilon_0 c^2}$

$$E_x = -\frac{\partial\phi}{\partial x}-\frac{\partial A_x}{\partial t} = -\frac{\partial\phi}{\partial x}+v\frac{\partial A_x}{\partial x} = \frac{q}{4\pi\varepsilon_0}\frac{x}{s^3}\left(1-\frac{v^2}{c^2}\right)$$

$$E_y = -\frac{\partial\phi}{\partial y} = \frac{q}{4\pi\varepsilon_0}\frac{y}{s^3}\left(1-\frac{v^2}{c^2}\right), \qquad E_z = \frac{q}{4\pi\varepsilon_0}\frac{z}{s^3}\left(1-\frac{v^2}{c^2}\right)$$

▶電場 $\boldsymbol{E}$ は $\boldsymbol{r}=(x,y,z)$ の方向を向いている．

となる．つまり電場は，(Bではなく)原点から出た形をしている．実はこれは一般的な性質であり，電場や磁場の方向は，電荷がシグナルを出した位置から，観測する時刻まで等速で動いたとしたときの位置との関係で決まる．

章末問題

[8.1節]

8.1 電場が(8.1.2)のように表わされる場合は，必ず $\nabla\times\boldsymbol{E}=0$ となることを確かめよ．

8.2 磁場が(8.1.4)のように表わされる場合は，必ず $\nabla\cdot\boldsymbol{B}=0$ となることを確かめよ．

8.3 クーロン条件を課したときの，ϕ および $\boldsymbol{A}$ に対する方程式を求めよ．

[8.2節]

8.4 クーロン条件を使って，真空中の x 方向へ進む波を求めよ．

[8.3節]

8.5 クーロン条件を課したときのポテンシャルを求めよ．(問題8.3の結果を使う.)

8.6 遅延ポテンシャルが，ローレンツ条件(8.1.8)を満たしていることを確かめよ(電荷の連続方程式を使う)．

▶連続方程式とは

$$\frac{\partial\rho}{\partial t}+\nabla\cdot\boldsymbol{j}=0$$

ただし，時刻を固定して成り立つ．

[8.4節]

8.7 (8.4.4)の(…)の部分を，本文の手順に沿って求めよ．またこの部分は，静電場ではゼロになることを示せ．

8.8 座標の原点で，電荷 q が $\pm z$ 方向に，$z=a\sin\omega t$ で振動している．このとき発生する電磁波を求めよ(r に反比例する成分だけを求めればよい)．

▶この電磁波を**電気双極子放射**と呼ぶ．

8.9 電流に近い領域では，(8.4.1)の第1項で表わされるビオ・サバールの法則の遅れの効果は，第2項によって打ち消されることを示せ．

[8.5節]

8.10 (8.5.4)を証明せよ．

8.11 (8.5.5)を遅延ポテンシャル(8.3.3)から導くには，点電荷を，微小だが大きさをもったものとして計算しなければならない．そこで点電荷を棒状の電荷だとし，それが観測者に向けて進んでくる場合に(8.5.5)を導け(棒の長さは，観測者までの距離に比べて十分短いとし，$|\boldsymbol{r}-\boldsymbol{r}'|\simeq$ 一定としてよい．ただし，棒の両端で，$\tilde{t}$ は異なることに注意)．

8.12 x 軸に沿って等速運動をしている電荷の作る磁場を求めよ．

8.13 x 軸に沿って光速に近い速度で等速運動をしている電荷の電場と磁場の様子を述べよ．

9

波動と場の理論

ききどころ

波動方程式とは，弦や棒など，連続体に対する(ニュートンの)運動方程式である．一般に力学系の性質は，運動方程式ではなく，エネルギーとラグランジアンを出発点として表わすと理解しやすくなる面がある．連続体に対するこのような形式を，場の理論と呼ぶ．

この章ではまず，すでにその性質がわかっている弦を使って，場の理論による定式化がどのようなものかを説明する．弦の振動とは，「各点における弦の振れ」という1次元の場の運動とみなせる．その次に，弾性体(棒ではなく，3次元的に広がったもの)の波動にこの方法を適用する．この波動は，弾性体の「各点の動き」の場(変位ベクトルと呼ぶ)の運動になる．この場のラグランジュ方程式が，弾性波の方程式なのである．

また，電磁気のマクスウェル方程式もこのような観点から見ると，その力学的な意味がわかってくる．電磁気の理論とは，「ベクトルポテンシャル $\boldsymbol{A}$ とスカラーポテンシャル ϕ」の場の理論であり，マクスウェル方程式とは，それらのラグランジュ方程式に他ならないことが示せる．電磁場は物体の運動ではないが，それでも力学系とみなせるのである．

9.1 弦のエネルギーと運動方程式

ぽいんと

弦の例を使って，連続体の力学的取り扱い，特に，エネルギーからラグランジュ方程式(運動方程式)を導く方法を説明する．

キーワード：ラグランジュ方程式

■エネルギーとラグランジュ方程式

単振動を例にとって，ラグランジュ方程式を簡単に復習しておこう．質点の位置座標を x，質量を μ，角振動数を ω とすれば，運動エネルギー T とポテンシャル U は，それぞれ

▶ $\dot{x}$ の・は，時間 t による微分を表わす．

$$T=\frac{1}{2}\mu\dot{x}^2, \qquad U=\frac{1}{2}\mu\omega^2x^2 \tag{1}$$

である．そして，ラグランジュ方程式は

$$\frac{d}{dt}\left(\frac{\partial T}{\partial \dot{x}}\right)+\frac{\partial U}{\partial x}=0 \tag{2}$$

▶正確には $L\equiv T-U$ として

$$\frac{d}{dt}\left(\frac{\partial L}{\partial \dot{x}}\right)-\frac{\partial L}{\partial x}=0$$

である．T が $\dot{x}$ しか含まず U が x しか含まないときは(2)になるが，そうはならない例も後で出てくる．

であるから，(1)を代入すれば

$$\mu\ddot{x}+\mu\omega^2x=0 \tag{3}$$

というように，よく知られた運動方程式が求まる．

■弦のエネルギー

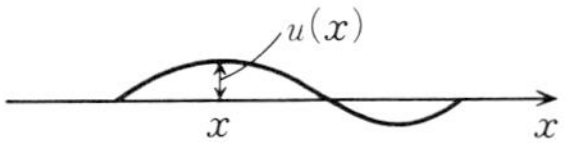

図1 弦の振動．振れ u は x の関数であるばかりでなく時刻 t の関数でもある．

弦に対して，上の議論がどのように拡張されるかを考えてみよう(図1)．弦のエネルギーは，5.6節で求めた．弦の各点における振れ $u(x)$ で表わしたもの(5.6.3)と，基準座標 v_m で表わしたもの(5.6.4)がある．(ただし，(5.6.3)はポテンシャルエネルギーのみである．運動エネルギーは下の説明参照.)

連続体の特徴の1つは，自由度(変数)の数が無限個あることである．基準座標で書いた場合は，$v_1, v_2, \cdots$ が，その無限個の自由度である．また $u(x)$ で書いた場合は，弦の端から端までの無限個の点 x に対して，$u(x)$ がある．

ラグランジュ方程式は，その各自由度に対して考えなければならない．基準座標で表わす場合は，各 v_m に対して

$$\frac{d}{dt}\left(\frac{\partial T}{\partial \dot{v}_m}\right)+\frac{\partial U}{\partial v_m}=0 \tag{4}$$

を考える．(5.6.4)で示したように，エネルギーは各 v_m に対する単振動のエネルギーの和なので，(4)は各 v_m に対する単振動の運動方程式(3)に他ならない．実際，このように問題を単純化できることが，基準座標とい

うものを導入した目的であった．

一方，$u(x)$ で考えた場合は，ポテンシャルに u の x 微分があるので，(2)の第2項の計算をどうするかを考えなければならない．これは，場の理論を考えるときにしばしば出てくる問題なので，以下，詳しく説明しよう．

■波動方程式

$u(x)$ で表わしたときのエネルギーは

▶λ＝弦の質量密度，T_0＝張力(以前は単に T と書いたが，運動エネルギーと区別するために添字を付ける．)

$$T = \int \frac{1}{2}\lambda \dot{u}^2(x)dx, \qquad U = \int \frac{1}{2} T_0 \left(\frac{\partial u}{\partial x}\right)^2 dx \tag{5}$$

である．そしてラグランジュ方程式は，(2)で x を $u(x)$ とすればよいのだが，(5)の形のままでは，$\partial U/\partial u$ などの意味がはっきりしない．そこでまず，(5)の積分を和の形にする(図2参照)．

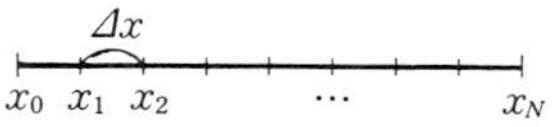

図2 弦を等間隔 Δx で N 区間に分割する．

$$T = \sum_{j=1}^{N} \frac{1}{2}\lambda \dot{u}^2(x_j)\Delta x, \qquad U = \sum_{j=1}^{N} \frac{1}{2} T_0 \left(\frac{u(x_j) - u(x_{j-1})}{\Delta x}\right)^2 \Delta x$$

これを(2)に代入する(ただし $u=u(x_i)$)と第1項からは，偏微分によって $j=i$ の項だけが残り，

$$\frac{d}{dt}\left(\frac{\partial T}{\partial \dot{u}(x_i)}\right) = \frac{d}{dt}(\lambda \dot{u}(x_i)\Delta x) = \lambda \ddot{u}(x_i)\Delta x$$

また第2項からは，$j=i$ の項と $j-1=i$ の項を取り出し

$$\begin{aligned}\frac{\partial U}{\partial u(x_i)} &= \frac{1}{2} T_0 \frac{\partial}{\partial u(x_i)}\left\{\left(\frac{u(x_{i+1}) - u(x_i)}{\Delta x}\right)^2 + \left(\frac{u(x_i) - u(x_{i-1})}{\Delta x}\right)^2\right\}\Delta x \\ &= -T_0 \frac{1}{\Delta x}\left\{\frac{u(x_{i+1}) - u(x_i)}{\Delta x} - \frac{u(x_i) - u(x_{i-1})}{\Delta x}\right\}\Delta x \\ &\simeq -T_0 \frac{1}{\Delta x}\left\{\frac{\partial u}{\partial x}\left(x_i + \frac{1}{2}\Delta x\right) - \frac{\partial u}{\partial x}\left(x_i - \frac{1}{2}\Delta x\right)\right\}\Delta x \\ &\simeq -T_0 \frac{\partial^2 u}{\partial x^2}\Delta x \end{aligned} \tag{6}$$

となる．結局ラグランジュ方程式は

$$\lambda \frac{\partial^2 u}{\partial t^2} - T_0 \frac{\partial^2 u}{\partial x^2} = 0$$

となり，予想通り波動方程式(5.1.3)に一致する．

注意 (6)は次のように考えるとわかりやすいかもしれない．弦の両端で $u=0$(固定端)とすると，(5)は部分積分により，

$$U = -\int \frac{1}{2} T_0 u \frac{\partial^2 u}{\partial x^2} dx \tag{7}$$

▶(7)を求める際に，両端で $u\,\partial u/\partial x \to 0$ とした．ただし，両端に働く力を求める場合には，部分積分の両端の寄与が無視できない(9.5節参照)．

ここで，積分の中の1番目の u でのみ微分すると，(6)の半分が求まる．もう1つの u について同じことをすれば，(6)になる．

9.2 弾性体の変形

ぽいんと

前節の議論により，連続体の場合も，ポテンシャルを使って運動方程式を導けることがわかった．一般に，直接，運動方程式を求めるよりも，まずエネルギーを求め，それから運動方程式を導くほうが容易である．この節からはこの手法を使って，弾性体の問題を議論しよう．ただし，以前議論した弾性体の棒の伸縮ではなく，3次元的な広がりをもった弾性体の，伸縮，ねじれを含む，一般的な振動を取り扱う．

キーワード：変位ベクトル，歪みテンソル

■変位ベクトル

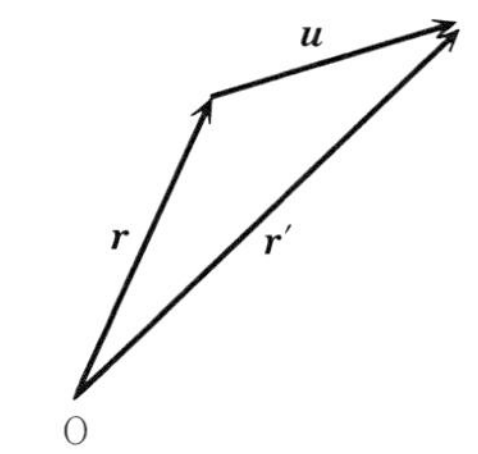

図1　点 $\boldsymbol{r}$ の変形によるずれ $\boldsymbol{u}$

3次元的に広がっている弾性体を考える．変形していない状態での，弾性体の各部分の位置を，ベクトル $\boldsymbol{r}=(x_1, x_2, x_3)$ で表わす．何らかの変形(伸縮やねじれ)が生じると，各部分の位置はずれる．ずれた位置を $\boldsymbol{r}'=(x_1', x_2', x_3')$ とし，ずれ

$$\boldsymbol{u} \equiv \boldsymbol{r}'-\boldsymbol{r} \qquad (u_i \equiv x_i'-x_i,\ \ i=1,2,3)$$

を，**変位ベクトル**と呼ぶ(図1)．ここでは便宜上，座標には x, y, z の代わりに x_1, x_2, x_3 を使う．

■歪みテンソル

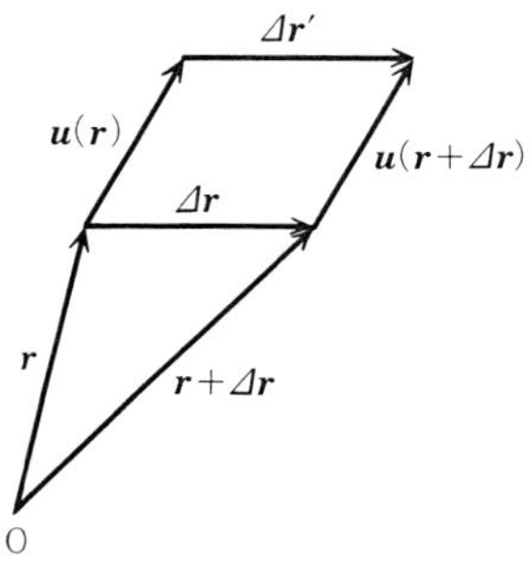

図2　変形前の差 $\Delta\boldsymbol{r}$ と変形後の差 $\Delta\boldsymbol{r}'$

$\boldsymbol{u}\neq 0$ だとしても，変形が生じたとは限らないことに注意しよう．変形せずに全体が動いただけ(平行移動あるいは回転)かもしれないからである．変形があるためには，少なくとも弾性体のどこかで，2点間の距離が変化していなければならない．たとえば，変形前に $\boldsymbol{r}$ および $\boldsymbol{r}+\Delta\boldsymbol{r}$ にあった2点は，$\boldsymbol{u}(\boldsymbol{r})$ のずれが起これば，それぞれ

$$\boldsymbol{r} \to \boldsymbol{r}+\boldsymbol{u}(\boldsymbol{r})$$
$$\boldsymbol{r}+\Delta\boldsymbol{r} \to \boldsymbol{r}+\Delta\boldsymbol{r}+\boldsymbol{u}(\boldsymbol{r}+\Delta\boldsymbol{r})$$

というようにずれる．$\Delta\boldsymbol{r}=(\Delta x_1, \Delta x_2, \Delta x_3)$ は微小だとして

▶Δx_i について1次の近似式だから，各変数ごとに展開すればよい．

$$u_i(x_1+\Delta x_1, x_2+\Delta x_2, x_3+\Delta x_3) \simeq u_i(x_1, x_2, x_3)+\sum_{j=1}^{3}\frac{\partial u_i}{\partial x_j}\Delta x_j$$
$$\left(=u_i(x_1, x_2, x_3)+\frac{\partial u_i}{\partial x_1}\Delta x_1+\frac{\partial u_i}{\partial x_2}\Delta x_2+\frac{\partial u_i}{\partial x_3}\Delta x_3\right)$$

というように展開(テーラー展開)すれば，この2点のずれた後の距離は

▶変形が小さいとして，$\dfrac{\partial u_i}{\partial x_j}$ の2次の項を無視する．

$$|\Delta\boldsymbol{r}'|^2 = |\Delta\boldsymbol{r}+\boldsymbol{u}(\boldsymbol{r}+\Delta\boldsymbol{r})-\boldsymbol{u}(\boldsymbol{r})|^2$$
$$\simeq \sum_i\left|\Delta x_i+\sum_j\frac{\partial u_i}{\partial x_j}\Delta x_j\right|^2 \simeq \sum_i \Delta x_i{}^2+2\sum_i\sum_j\frac{\partial u_i}{\partial x_j}\Delta x_i\Delta x_j$$

この第2項が，ずれる前との距離の変化である(図2)．$\Delta x_i\Delta x_j$ と $\Delta x_j\Delta x_i$ が同じものであることを考えれば，この第2項は

$$|\Delta \boldsymbol{r}'|^2 - |\Delta \boldsymbol{r}|^2 = 2\sum_i \sum_j u_{ij} \Delta x_i \Delta x_j \qquad (1)$$

$$\text{ただし,}\quad u_{ij} \equiv \frac{1}{2}\left(\frac{\partial u_i}{\partial x_j} + \frac{\partial u_j}{\partial x_i}\right) \qquad (2)$$

▶厳密な言い方ではないが，添字1つの u_i をベクトル，2つの u_{ij} をテンソルと呼ぶと考えればよい．

とも書ける．この $\{u_{ij}\}$ 全体を**歪みテンソル**と呼ぶ．これは

$$u_{ij} = u_{ji}$$

というように対称であるから，全部で6つの成分

$$u_{11}, \quad u_{22}, \quad u_{33}$$
$$u_{12}\,(=u_{21}), \quad u_{23}, \quad u_{31}$$

をもつ．そのうちのどれかがゼロでなければ，この弾性体は何らかの変形をしていることになる．

■変形の例

[1] 伸縮

x 方向に一様に，$(1+\varepsilon)$倍になっていると，$x_1' = (1+\varepsilon)x_1$ だから，変位ベクトルは

$$u_1 = \varepsilon x_1, \quad u_2 = u_3 = 0$$

したがって，歪みテンソルは

$$u_{11} = \frac{\partial u_1}{\partial x_1} = \varepsilon, \quad \text{他の } u_{ij} \text{ はゼロ} \qquad (3)$$

[2] ずれ

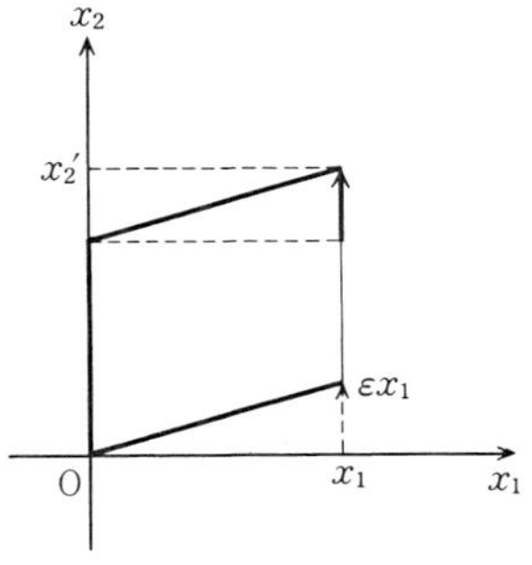

図3 ずれ εx_1

図3のように，x_2 の方向に一様にずれたとする．つまり

$$x_2' = x_2 + \varepsilon x_1 \quad \Rightarrow \quad u_2 = \varepsilon x_1$$

である．したがって，

$$u_{12} = u_{21} = \frac{1}{2}\varepsilon, \quad \text{他の } u_{ij} \text{ はゼロ} \qquad (4)$$

原点と点$(a, b, 0)$の距離の変化を計算してみよう．まず三平方の定理を使えば

$$|\Delta \boldsymbol{r}'|^2 = a^2 + (b+\varepsilon a)^2 \simeq a^2 + b^2 + 2\varepsilon ab$$

第3項が，距離の変化である．また(1)を使えば，$\Delta x_1 = a$，$\Delta x_2 = b$ だから

$$2\cdot(u_{12}\Delta x_1 \Delta x_2 + u_{21}\Delta x_2 \Delta x_1) = 2\cdot\left(\frac{1}{2}\varepsilon\cdot ab \times 2\right) = 2\varepsilon ab$$

となり，一致する．

このずれは，45度方向の伸びと−45度方向の縮みの組合せとも考えられる(章末問題参照)．しかし，体積は変化していないという点で，(1)の伸縮とは本質的に異なる．

9.3 弾性体のエネルギーと復元力

ぽいんと

弾性体が変形したときのポテンシャルエネルギーを，歪みテンソル u_{ij} を使って表わす．またそれを使って，弾性体が変形したときの復元力を求める．

キーワード：等方性，ラメ係数，復元力

■変形のポテンシャルエネルギー

前節で，弾性体が変形していれば，$u_{ij} \neq 0$ であることを示した．逆にいえば，$u_{ij}=0$ という状態が，弾性体の安定点である．したがって2.4節の安定点に対する一般的な議論から，微小な変形に対するポテンシャルは，u_{ij} の2次式で表わされることがわかる．

しかし，u_{ij} には6つの成分があるので，2次式といってもさまざまな形があり，その弾性体が，どちらの方向に変形しやすいかなどによって異なる．ここでは，以下，一番簡単な，「等方的」な弾性体に限って話を進めることにしよう．等方的であるとは，特別，変形しやすい方向をもたない物質(等方性のある物質)という意味である．一般にどのような組合せが許されるのか，直観的に説明してみよう．

等方的であるということは，ポテンシャルが，それを表わす座標系の向きに依らないということを意味する．たとえばベクトルは，座標系の向きが変われば，その成分の大きさは変わる．しかしその内積

$$\boldsymbol{a}\cdot\boldsymbol{b} = \sum_{i=1}^{3} a_i b_i = a_1 b_1 + a_2 b_2 + a_3 b_3 \tag{1}$$

は座標系に依存しない．各成分の大きさは変わっても，内積全体では不変である．

▶テンソルに関する数学的な説明は，第6巻「相対論的物理学」を参照．

歪みテンソル u_{ij} の場合も同じ考え方をすればよい．ベクトルには添字が1つしかないが，u_{ij} には添字が2つあるので，添字1つ1つが，1つのベクトルに対応すると考えられる．したがって，(1)と同様に，1番目と2番目の添字に対して内積を考えればよい．つまり

$$\sum_{i=1}^{3} u_{ii} = u_{11} + u_{22} + u_{33} \tag{2}$$

という量は，座標系の向きには依らない量になる．ただしポテンシャルは u_{ij} の2次式でなければならないので，(2)の2乗を考えなければならない．

座標系の向きに依らない量は(2)だけではない．u_{ij} を2つもってきて，それぞれの添字どうしで内積を考えればよい．つまり

$$\sum_i \sum_j u_{ij} u_{ji} = \sum_i \sum_j u_{ij}{}^2 \tag{3}$$

である．これは u_{ij} の2次式だから，このままの形でポテンシャルの一部となりうる．結局，弾性体のポテンシャルの一般形は，(2)の2乗と(3)の和であり

$$U = \int\left\{\frac{\lambda}{2}\left(\sum_i u_{ii}\right)^2 + \mu\sum_i\sum_j u_{ij}{}^2\right\}d^3x \tag{4}$$

と書ける．弾性体全体で積分をし，全ポテンシャルを求めた．係数 λ と μ を，**ラメ係数**と呼ぶ．各係数の物理的な意味については，後で議論をする．

■復 元 力

弾性体が変形していれば，その各点に，もとに戻ろうとする復元力が働く．その大きさは，変形のポテンシャルエネルギー(4)を，変位ベクトルで微分すれば求まる．微分のやり方は9.1節で説明したが，特に(9.1.7)の方法を使うとわかりやすい．たとえば(4)の第1項は，部分積分すると

▶弦の各点に働く力を，$u(x)$ で微分して求めたのと同じことである．

$$\int\left(\sum_i \frac{\partial u_i}{\partial x_i}\right)\left(\sum_j \frac{\partial u_j}{\partial x_j}\right)d^3x = -\sum_i\int u_i\cdot\frac{\partial}{\partial x_i}\left(\sum_j \frac{\partial u_j}{\partial x_j}\right)d^3x \tag{5}$$

であるから，u_i で微分すれば，復元力の x_i 方向の成分 f_i が得られ，

▶正確には9.1節でしたように，Δx を掛けなければいけないが，以下省略する．

$$f_i(\text{第1項}) = -\frac{\partial U(\text{第1項})}{\partial u_i} = \lambda\frac{\partial}{\partial x_i}\left(\sum_j \frac{\partial u_j}{\partial x_j}\right)$$

となる．(4)の第2項の計算も同様にでき，結局，変位 u_i に対する復元力 f_i は

▶(4)の第2項は
$$\int\sum_{i,j} u_{ij}{}^2 d^3x = \int\sum_{i,j}\frac{\partial u_i}{\partial x_j}u_{ij}d^3x = -\int\sum_i u_i\left(\sum_j\frac{\partial u_{ij}}{\partial x_j}\right)d^3x$$

$$f_i = \sum_j \frac{\partial \sigma_{ij}}{\partial x_j}$$

$$\text{ただし，}\ \sigma_{ij} \equiv \lambda\delta_{ij}\left(\sum_k \frac{\partial u_k}{\partial x_k}\right) + \mu\left(\frac{\partial u_i}{\partial x_j} + \frac{\partial u_j}{\partial x_i}\right) \tag{6}$$

▶$\sum_j \frac{\partial}{\partial x_j}\delta_{ij}(\cdots) = \frac{\partial}{\partial x_i}(\cdots)$ であることに注意．

と表わすことができる．

■ポテンシャルの意味

前節で考えた変形に対するポテンシャルを求め，(4)の意味を考えてみよう．前節の(3)と(4)を使えば

$$\begin{aligned} &(3)\text{の場合(伸縮)} \qquad U = \left(\frac{\lambda}{2}+\mu\right)\varepsilon^2 \\ &(4)\text{の場合(ずれ)} \qquad U = 2\mu\varepsilon^2 \end{aligned} \tag{7}$$

▶この場合は σ_{ij} は定数，つまり $f_i=0$ である．一様な変形では各点の両側からの力が相殺するので復元力はない．ただし，境界面では異なる．9.5節参照．

(4)の第1項は，伸縮によるエネルギーのみを表わし，第2項は双方の効果を含んでいることがわかる．

弾性体と言えば通常は固体を考えるが，液体に対しても以上の議論は成り立つ．ただし液体の場合は，いくら形が変わっても体積が不変な限りエネルギーは変化しない．したがって $\mu=0$ でなければならない．

9.4 弾性波

ぽいんと

前節で求めた力を使えば，弾性体内部の各点に対する運動方程式が求まる．それにより，弾性体中に伝わる波(**弾性波**)を計算することができる．縦波と横波があり，一般に，その速度は異なることがわかる．

キーワード：弾性波

■弾性体中の波動方程式

▶運動エネルギーは $\int \frac{\rho}{2}\dot{u}^2 d^3x$

弾性体の各部分のずれを，変位ベクトル $u_i(x)$ で表わしたのだから，その時間微分 $\dot{u}_i(x)$ が，各部分の速度になる．同様に，u_i の2階の時間微分が加速度になり，運動方程式は，質量密度を ρ とすれば，前節(6)より

$$\rho\frac{\partial^2 u_i}{\partial t^2}-(\lambda+\mu)\frac{\partial}{\partial x_i}\left(\sum_j \frac{\partial u_j}{\partial x_j}\right)-\mu\sum_j \frac{\partial^2 u_i}{\partial {x_j}^2}=0 \tag{1}$$

となる．

この式は，今まででてきた波動方程式と比較するとかなり複雑な形をしているが，それは2種類の波が混ざった形をしているためである．

x_1 方向に進む平面波の場合に，2つの波を分離してみよう．x_1 方向に進む平面波とは，u_i が t と x_1 にしか依存しない，つまり

$$\frac{\partial u_i}{\partial x_2}=\frac{\partial u_i}{\partial x_3}=0$$

という意味である．波面が x_1 軸に垂直といってもいい．これを(1)に使うと，

$$\begin{aligned} i&=1 \qquad \rho\frac{\partial^2 u_1}{\partial t^2}-(\lambda+2\mu)\frac{\partial^2 u_1}{\partial {x_1}^2}=0 \\ i&=2,3 \qquad \rho\frac{\partial^2 u_i}{\partial t^2}-\mu\frac{\partial^2 u_i}{\partial {x_1}^2}=0 \end{aligned} \tag{2}$$

となる．

$i=1$ とは，名部分の変位 u_i の方向が，波の進む方向(x_1 方向)と同じ，つまり縦波ということであり，$i=2$ または3は，変位が波の進む方向とは垂直，つまり横波という意味である．そして(2)から，波の速度はそれぞれ

▶ l = longitudinal，t = transverse

$$\text{縦波} \qquad {v_l}^2=(\lambda+2\mu)/\rho$$

$$\text{横波} \qquad {v_t}^2=\mu/\rho$$

縦波のほうが速い($\lambda+2\mu>\mu$)ことは，次のように考えればわかる．まず，すべての方向に一様に $(1+\varepsilon)$ 倍だけ膨張したとしよう．すると歪みテンソルは，

$$u_{ii}=\frac{\partial u_i}{\partial x_i}=\varepsilon,\quad u_{ij}(i\neq j)=0$$
$$\Rightarrow\quad \Big(\sum_i u_{ii}\Big)^2=9\varepsilon^2,\quad \sum_i\sum_j u_{ij}{}^2=3\varepsilon^2$$

したがって，ポテンシャルエネルギーは前節(4)より，

$$U=\left(9\cdot\frac{\lambda}{2}+3\mu\right)\int\varepsilon^2d^3x$$

▶安定点でエネルギーが最小でなければならないから．

この変形のエネルギーはプラスでなければならないから，

$$\lambda+\frac{2}{3}\mu>0$$

である．したがって

▶次節で，普通の物質に対しては $\lambda>0$ であることをを示すので，$v_l{}^2>2v_t{}^2$．

$$\lambda+2\mu>\frac{4}{3}\mu\quad\Rightarrow\quad v_l{}^2>\frac{4}{3}v_t{}^2 \tag{3}$$

また，液体の場合は $\mu=0$ だから，横波はありえない．ずれに対して復元力がないのだから，横波がないのは当然である．

■一般の場合

▶ベクトル解析の詳しいことは，電磁気学の巻参照．

ベクトル解析の手法を知っていると，平面波に限らない一般の場合に，(1)から縦波と横波とを分離することができる．まず，波動方程式(1)を，

$$\rho\ddot{\boldsymbol{u}}-(\lambda+\mu)\nabla(\nabla\cdot\boldsymbol{u})-\mu(\nabla\cdot\nabla)\boldsymbol{u}=0 \tag{4}$$

と書く．次に，任意のベクトル場は，回転がないものと発散がないものに分離できるから，変位ベクトルを

$$\boldsymbol{u}=\boldsymbol{u}_l+\boldsymbol{u}_t,\quad \text{ただし，}\ \nabla\times\boldsymbol{u}_l=0,\quad \nabla\cdot\boldsymbol{u}_t=0 \tag{5}$$

と書く．これを(4)に代入し，∇ との内積を作ると，$\nabla\cdot\boldsymbol{u}_t=0$ だから

$$\nabla\{\rho\ddot{\boldsymbol{u}}_l-(\lambda+2\mu)(\nabla\cdot\nabla)\boldsymbol{u}_l\}=0 \tag{6}$$

また，$\nabla\times\boldsymbol{u}_l=0$ より $\nabla\times\{(6)\text{と同じ}\}=0$ でもあるので

▶一般に $\nabla\boldsymbol{a}=0$，$\nabla\times\boldsymbol{a}=0$ であれば，$\boldsymbol{a}=0$ である．

$$\rho\ddot{\boldsymbol{u}}_l-(\lambda+2\mu)\nabla\cdot\nabla\boldsymbol{u}_l=0$$

となる．これは3次元の通常の波動方程式に他ならない．また ∇ と(4)の外積を考えると，同様な議論により横波($\boldsymbol{u}_t$)に対する方程式が求まる(章末問題参照)．

■反射と屈折

弾性波も通常の波と同様に，異なる媒質が接触する面では，屈折や反射が起こる．しかし，入射波がたとえば横波であっても，反射波や屈折波には縦波成分も現われる．そして縦波と横波は速度が異なるので，それぞれ別の方向に反射(あるいは屈折)する．たとえば横波が縦波となって反射する場合には，スネルの法則と同様な法則が成り立つ．

▶例は章末問題参照．

9.5　応力テンソル

ぽいんと

9.3節では，弾性体が変形しているときに，各点に働いている力と，その位置での変形との関係を求めた．しかし現実の問題としては，外力が弾性体の表面に働き，その結果としての弾性体の変形を計算するという場合が多い．

この節ではまず，面(弾性体の表面でも，また内部の面でもよい)に働く力を表わす，応力テンソルというものを説明する．そして，変形があるときの，面での釣り合いの条件を求める．9.3節で導入したテンソル σ_{ij} で表わされる．

キーワード：体積力，表面力，応力テンソル，フックの法則，ポワソン比

■弾性体に働く力

弾性体の任意の部分(全体でもその一部でもよい)を考える．この部分に働く力は，次のように3通りに分類できる．

［1］　復元力：この部分が変形しているとすれば，もとの形に戻ろうとする復元力が働く．これが，9.3節のポテンシャルから求まる力である．

［2］　体積力：この部分が質量をもっていれば重力が働く．また電荷をもっていればクーロン力も働く．内部に直接働く力なので**体積力**と呼ぶ．

［3］　表面力：この弾性体を両側から引っ張ったとしよう．その力はこの部分にも伝わり，その表面を通して働く．歪めようと力を加えた場合も同様で，表面を通してこの部分に力が働く．これらを**表面力**と呼ぶ．

■応力テンソル

表面力を表わす方法を説明しよう．まず，x_1 軸に垂直な微小な面を考える．この面の右側の部分が，左側の部分に与える表面力は，この部分の面積に比例するだろう．そこでその表面力を面積で割った量(つまり単位面積当たりの力)を，力はベクトルだから，T_{1i} と書く．T_{1i} には，面に垂直な成分(その方向への伸縮を引き起こす力)T_{11} と，面に平行な成分(その面でずれを引き起こす力) $T_{1\parallel}$ (=(T_{12}, T_{13}))がある(図1)．

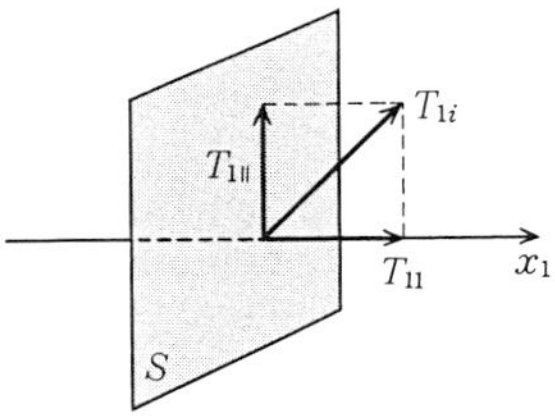

図1　面 S に働く力 T_{1i} とその垂直成分 T_{11}，平行成分 $T_{1\parallel}$．

▶一般に応力とは，ある部分の外部から内部へ働く，境界面の外向きの方向を正とした力と定義する．ここでは，座標の小さい側を内部と考えている．

場所は同じでも面の方向が違えば，一般に表面力は異なる．x_2 軸に垂直な微小な面の，x_2 の大きい側が小さい側へ与える(単位面積当たりの)表面力は，T_{2i} と表わす．同様に T_{3i} も考え，それらを合わせたもの

$$\{T_{ij}\ ;\ i,j=1,2,3\} \qquad (1)$$

を**応力テンソル**と呼ぶ．

■復元力と応力テンソル

(9.3.5)で復元力の計算をするとき，部分積分の，積分領域の両端の寄与

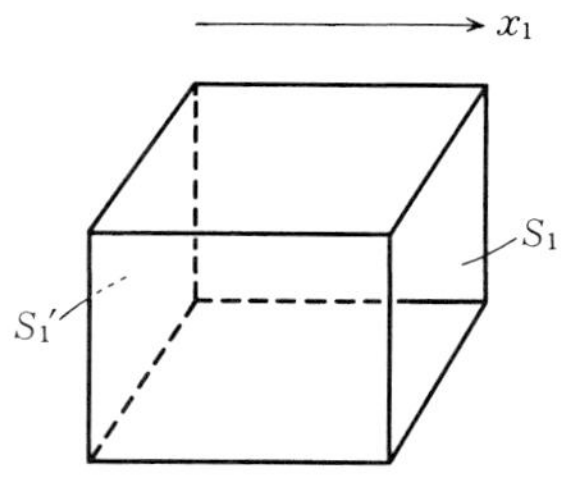

図 2 面 S_1 と S_1'

▶S_1 上では
$$\boldsymbol{u}\cdot\boldsymbol{n} = u_1$$
S_1' 上では
$$\boldsymbol{u}\cdot\boldsymbol{n} = -u_1$$

▶$\int dS$ とは，表面上の 2 次元積分．また，n_j は $\boldsymbol{n}$ の成分．

を無視した．その寄与を集めると，積分領域の境界面全体での積分になる．たとえば，領域が図 2 のような立方体だとし，x_1 微分の項だけ考えると，

$$\int \frac{\partial u_1}{\partial x_1}\Big(\sum_j \frac{\partial u_j}{\partial x_j}\Big)dx_1dx_2dx_3 = \int \Big[u_1\Big(\sum_j \frac{\partial u_j}{\partial x_j}\Big)\Big]_{\text{境界}}dx_2dx_3 - \int u_1\frac{\partial}{\partial x_1}\Big(\sum_j \frac{\partial u_j}{\partial x_j}\Big)dx_1dx_2dx_3 \tag{2}$$

となる．x_1 方向の積分に対する部分積分だから，積分領域の境界とは，面 S_1 と S_1' を意味する．面に垂直で外向きの単位ベクトルを $\boldsymbol{n}$ とすれば

$$(2)\text{の右辺第 1 項} = \int_{S_1+S_1'} \boldsymbol{u}\cdot\boldsymbol{n}\Big(\sum_j \frac{\partial u_j}{\partial x_j}\Big)dx_2dx_3$$

とも書ける．同様に x_2 微分や x_3 微分の項も含めれば，この立方体の全表面での積分になる．これを(9.3.4)の第 2 項に対しても行なうと，

$$U = \int_{\text{表面}} \sum_{i,j} u_i\sigma_{ij}n_jdS - \int \sum_{i,j} u_i\frac{\partial\sigma_{ij}}{\partial x_j}d^3x \tag{3}$$

これを u_i で微分すれば，表面に働く復元力が $-\sigma_{ij}$ であることがわかる．これは，外力による応力テンソル T_{ij} と釣り合っていなければならない．

$$T_{ij} - \sigma_{ij} = 0 \qquad \Big(\sigma_{ij} \equiv \lambda\delta_{ij}\Big(\sum_k \frac{\partial u_k}{\partial x_k}\Big) + \mu\Big(\frac{\partial u_i}{\partial x_j} + \frac{\partial u_j}{\partial x_i}\Big)\Big) \tag{4}$$

σ_{ij} は変形 u_{ij} に比例しているので，(4)は外力と変形との比例関係を示す式になっている．外力とバネの伸びの比例関係がフックの法則であるが，(4)は，一般化された**フックの法則**と呼ばれる．

■釣り合いの例

簡単な例として，断面が一様な針金を，両端から単位面積当たり，張力 T で引っ張ったときの変形を計算してみよう．重力は無視すると，内部では復元力 $f_i = 0$ だから，σ_{ij}= 一定としてよい．この一定の値は，表面力の釣り合いから決まる．針金の方向を x_1 軸とすれば，$T_{11} = T$ で残りの T_{ij} はゼロ．したがって(4)は T_{11}, T_{22}, T_{23} に対する式だけが残り，

▶変形は x_1 方向に一様に伸び，その影響で，x_2 方向，x_3 方向には一様に縮む．したがって，u_1, u_2, u_3 はそれぞれ，x_1, x_2, x_3 のみに依存すると考える．すなわち，$\partial u_i/\partial x_j = 0$ $(i \neq j)$．また一様性より σ_{ij} = 一定．

$$\begin{aligned} T &= (\lambda+2\mu)\frac{\partial u_1}{\partial x_1} + \lambda\frac{\partial u_2}{\partial x_2} + \lambda\frac{\partial u_3}{\partial x_3} \\ 0 &= \lambda\frac{\partial u_1}{\partial x_1} + (\lambda+2\mu)\frac{\partial u_2}{\partial x_2} + \lambda\frac{\partial u_3}{\partial x_3} \\ 0 &= \lambda\frac{\partial u_1}{\partial x_1} + \lambda\frac{\partial u_2}{\partial x_2} + (\lambda+2\mu)\frac{\partial u_3}{\partial x_3} \end{aligned} \tag{5}$$

以上より

$$\begin{aligned} T &= E\frac{\partial u_1}{\partial x_1}, \qquad E \equiv \frac{3\lambda+2\mu}{\lambda+\mu}\cdot\mu \\ \frac{\partial u_2}{\partial x_2} &= \frac{\partial u_3}{\partial x_3} = -\sigma\frac{\partial u_1}{\partial x_1} \qquad \Big(\sigma \equiv \frac{\lambda}{2(\lambda+\mu)}\Big) \end{aligned} \tag{6}$$

▶σ を**ポワソン比**と呼ぶ．ある方向に伸ばしたときの，それと直角方向の縮み率である．自然界の物質では $\sigma > 0$，つまり $\lambda > 0$ である．また E は張力と伸縮率の比だからヤング率に等しい．

9.6 電磁場の運動方程式

ぽいんと

弾性体の理論は，変位ベクトル $\boldsymbol{u}$ に対する力学(場の理論)であった．ポテンシャルを $\boldsymbol{u}$ で表わし，それから運動方程式を導いた．同様のことを，電磁気の理論で行なう．電磁気では，ベクトルポテンシャル $\boldsymbol{A}$ とスカラーポテンシャル ϕ を使って，エネルギーを表わす．そして，それを使って $\boldsymbol{A}$ や ϕ の運動方程式(ラグランジュ方程式)を求めると，マクスウェル方程式になることを示す．ラグランジュ方程式というものが，物体に対するニュートンの運動方程式以上の，深い意味をもっていることがわかる．

■電磁場のエネルギー

電磁場のエネルギー $\mathcal{E}$ は，電場と磁場を使って

$$\mathcal{E} = \int \left\{ \frac{\varepsilon_0}{2} \boldsymbol{E}^2 + \frac{1}{2\mu_0} \boldsymbol{B}^2 \right\} d^3x \quad (1)$$

と表わされる．ここではこれを出発点にし，この式を場の理論としていかに解釈するかという問題を考えよう．まず，8.1節で議論した，電場や磁場と，それらのポテンシャル($\boldsymbol{A}$ と ϕ)との関係

▶スカラーポテンシャル ϕ やベクトルポテンシャル $\boldsymbol{A}$ における「ポテンシャル」という言葉を，ポテンシャル(エネルギー)と混同しないように注意．

$$\boldsymbol{E} = -\dot{\boldsymbol{A}} - \nabla\phi, \quad \boldsymbol{B} = \nabla \times \boldsymbol{A} \quad (2)$$

を思い出そう．ここで弾性体との比較を容易にするため，

$$F_{ij} \equiv \frac{\partial A_j}{\partial x_i} - \frac{\partial A_i}{\partial x_j} \quad (i, j = 1, 2, 3)$$

▶定義から明らかに，$F_{ij} = -F_{ji}$，$F_{ii} = 0$ である．このような量を，**反対称テンソル**と呼ぶ．

という量を定義する．これは，外積の定義を考えれば，磁場に他ならず，

$$B_1 = F_{23} (= -F_{32}), \quad B_2 = F_{31}, \quad B_3 = F_{12} \quad (3)$$

である．これらを使えば，

$$\mathcal{E} = \int \left\{ \frac{\varepsilon_0}{2} \sum_{i=1}^{3} \left(\dot{A}_i + \frac{\partial \phi}{\partial x_i} \right)^2 + \frac{1}{4\mu_0} \sum_{i,j} F_{ij}{}^2 \right\} d^3x \quad (4)$$

(第2項には，たとえば $F_{12}{}^2$ という項と，それに等しい $F_{21}{}^2$ という項が現われるので，2で割っておかなければならない．)

一方，弾性体のエネルギーは，変位ベクトル u_i と，それから作られる対称な歪みテンソルを使って，

$$\mathcal{E} = \int \left\{ \frac{\rho}{2} \sum_i \dot{u}_i{}^2 + \left[\frac{\lambda}{2} \sum_i u_{ii}{}^2 + \mu \sum_{i,j} u_{ij}{}^2 \right] \right\} d^3x \quad (5)$$

である．$\partial\phi/\partial x_i$ という項が(4)についていることを除けば，(4)と(5)の類似性は明らかである．つまり弾性体の場合は，u_i を独立変数とする，無限自由度の力学系(場の理論)であったのが，電磁場(4)の場合は，A_i を独立変数とする，場の理論になっている．そして(4)の第1項(電場のエネルギー)は，A_i の運動エネルギーに対応し，第2項(磁場のエネルギー)は，A_i のポテンシャルエネルギー U に対応することがわかる．ただし U は，

▶ただし ϕ については，右ページ参照．

弾性体の場合は対称テンソル u_{ij} で表わされたのに対して，電磁場の場合は，反対称テンソル F_{ij} を使って表わされる．

■運動方程式

力学系では，運動エネルギー T とポテンシャルエネルギー U の形がわかれば，ラグランジュ方程式，つまり運動方程式の形がわかる．電磁場の場合も，T と U がわかったのだから，電磁場の運動方程式が導かれるはずである．つまり，電磁場のラグランジアン L を

$$L = T-U = \int\left\{\frac{\varepsilon_0}{2}\sum_i\left(\dot{A}_i+\frac{\partial\phi}{\partial x_i}\right)^2-\frac{1}{4\mu_0}\sum_{i,j}F_{ij}{}^2\right\}d^3x \tag{6}$$

とする．もっとも ϕ に関係した部分は，T なのか U なのかを判断する基準はなく，むしろ(6)を，電磁場のラグランジアンと「定義する」といったほうが，正確な言い方である．そしてラグランジアンがわかれば，ラグランジュ方程式

▶このような複雑な系になると，T や U は個別には定義できない．ただし全エネルギー(ハミルトニアン)とラグランジアンの関係は決まっている(章末問題 9.11 参照)．

$$\frac{d}{dt}\left(\frac{\partial L}{\partial \dot{A}_i}\right)-\frac{\partial L}{\partial A_i} = 0, \qquad \frac{d}{dt}\left(\frac{\partial L}{\partial \dot{\phi}}\right)-\frac{\partial L}{\partial \phi} = 0 \tag{7}$$

がわかる．これが具体的にどのようなものになるのか，計算してみよう．

まず，(9.3.5)のように部分積分をすると，

$$\int\sum_{i,j}F_{ij}{}^2d^3x = -\int 2\sum_{i,j}\frac{\partial A_i}{\partial x_j}F_{ij}d^3x = 2\int\sum_{i,j}A_i\frac{\partial F_{ij}}{\partial x_j}d^3x$$
$$\Rightarrow\quad \frac{\partial L}{\partial A_i} = -\frac{1}{4\mu_0}\cdot 4\cdot\sum_j\frac{\partial F_{ij}}{\partial x_j} \tag{8}$$

▶$\sum_{i,j}\frac{\partial A_j}{\partial x_i}F_{ij}$ で，i, j という記号を入れ換えれば $-\sum_{i,j}\frac{\partial A_i}{\partial x_j}F_{ij}$ になる．

▶厳密には，L 中の積分を，微小領域の和と考えてから A_i で微分する．そのとき微小領域の体積が(8)にはかかるが，最終的には相殺する．

したがって，(7)の第1式は

$$\varepsilon_0\frac{d}{dt}\left(\dot{A}_i+\frac{\partial\phi}{\partial x_i}\right) = -\frac{1}{\mu_0}\sum_j\frac{\partial F_{ij}}{\partial x_j}$$

これは，(2)，(3)を考えれば，真空中のマクスウェル方程式 $\nabla\times\boldsymbol{B} = \varepsilon_0\mu_0\partial\boldsymbol{E}/\partial t$ に他ならない．また ϕ の時間微分は(6)に含まれていないので，(7)の第2式は

▶ここでは荷電粒子のラグランジアンは考慮していないので，電荷や電流の項は出てこない．

$$-\frac{\partial L}{\partial\phi} = \varepsilon_0\sum_i\frac{\partial}{\partial x_i}\left(\dot{A}_i+\frac{\partial\phi}{\partial x_i}\right) = 0$$

となる．これは $\nabla\cdot\boldsymbol{E}=0$ そのものである．$\nabla\cdot\boldsymbol{B}=0$ と $\nabla\times\boldsymbol{E}=-\partial\boldsymbol{B}/\partial t$ は，定義式(2)から導けるので，これですべての真空中のマクスウェル方程式が求まったことになる．

ラグランジュ方程式とは，もともとは物体に対するニュートンの運動方程式と等価なものとして導かれた．しかし $\boldsymbol{A}$ や ϕ は物体の運動を表わす量ではない．そのような量にまでラグランジュ方程式を一般化すると，力学と電磁気学という別個の理論と見える2つの理論が，統一的に理解できるのである．

9.7 電磁場と荷電粒子

ぽいんと

前節では，真空中のマクスウェル方程式が，ポテンシャル $\boldsymbol{A}$ と ϕ に対するラグランジュ方程式であることを示した．この節ではその議論を，物質がある場合に拡張する．電荷や電流を含むマクスウェル方程式が導かれるのみならず，物質に対するラグランジュ方程式からは，電場と磁場による力，つまり**ローレンツ力**も求まる．

キーワード：ローレンツ力

■電磁場と荷電粒子の相互作用

2つの質点が，たとえば万有引力によって力を及ぼし合っている場合，その力は1つのポテンシャルエネルギー U で表わされる．U を質点1の座標で微分すれば，質点2が質点1に及ぼす力が求まり，質点2の座標で微分すれば，逆に質点1が質点2に及ぼす力が求まる．このように，この質点間に働いている力は，共通のポテンシャルエネルギーに起源をもつ．

▶作用反作用の法則が成り立つ理由もここにある．

同様のことが，電磁場と物質の間にも成り立つ．電磁場は，物質のもつ電荷やその動き（電流）によって生じる．また電荷をもつ物質は，電磁場からローレンツ力と呼ばれる力を受ける．前節の例でもわかるように，電磁場があると，運動エネルギーとポテンシャルエネルギーの区別は判然としなくなる．しかしラグランジアンというものは定義できる（下の(6)）．そして，そのラグランジアンを使って，$\boldsymbol{A}$ や ϕ についてのラグランジュ方程式を計算すると，電荷や電流を含むマクスウェル方程式が求まる．また物質の座標についてのラグランジュ方程式を考えると，ローレンツ力を含む物質の運動方程式が求まる．電磁場の発生とローレンツ力は，共通のラグランジアンに起源をもつのである．

■マクスウェル方程式とローレンツ力

上に述べたことを，具体的に確かめよう．まず，求めるべきマクスウェル方程式は

$$\nabla\cdot\boldsymbol{E} = \rho/\varepsilon_0 \qquad (1) \qquad\qquad \nabla\cdot\boldsymbol{B} = 0 \qquad (2)$$

$$\nabla\times\boldsymbol{E} = -\partial\boldsymbol{B}/\partial t \qquad (3) \qquad\qquad \nabla\times\boldsymbol{B} = \mu_0\boldsymbol{j}+\varepsilon_0\mu_0\frac{\partial\boldsymbol{E}}{\partial t} \qquad (4)$$

また，電荷 q をもつ荷電粒子の運動方程式は，その位置ベクトルを $\boldsymbol{r}=(x_1, x_2, x_3)$ とすれば，ローレンツ力は $q(\boldsymbol{E}+\dot{\boldsymbol{r}}\times\boldsymbol{B})$ より，

▶たとえば $\dot{\boldsymbol{r}}\times\boldsymbol{B}$ の x_1 成分は，$\dot{x}_2B_3-\dot{x}_3B_2=\dot{x}_2F_{12}+\dot{x}_3F_{13}$ これが(5)の右辺の第2項である．

$$m\frac{d^2x_i}{dt^2} = qE_i(\boldsymbol{r})+q\sum_{j=1}^{3}\dot{x}_jF_{ij} \qquad (5)$$

ここで F_{ij} は前節(3)と同じものである．(1)～(5)を導くラグランジアン

は，まず結論を先に記すと

$$L = \int\left\{\frac{\varepsilon_0}{2}\sum_i\left(\dot{A}_i+\frac{\partial\phi}{\partial x_i}\right)^2-\frac{1}{4\mu_0}\sum_{i,j}F_{ij}{}^2\right\}d^3x$$
$$+\sum_i\frac{1}{2}m\dot{x}_i{}^2-q\phi(\boldsymbol{r})+\sum_i q\dot{x}_iA_i(\boldsymbol{r}) \qquad (6)$$

となる．1行目は電磁場のラグランジアン，2行目は荷電粒子およびその電磁場との相互作用のラグランジアンである．

まず，荷電粒子のラグランジュ方程式を考えよう．それは

$$\frac{d}{dt}\left(\frac{\partial L}{\partial\dot{x}_i}\right)-\frac{\partial L}{\partial x_i}=0 \qquad (7)$$

であるから，

▶$A_i(\boldsymbol{r})$ とは，粒子の位置 $\boldsymbol{r}$ における A_i の値という意味である．したがって，時間が経過したとき，A_i 自身の形が変わることにより変わる $(\partial A_i/\partial t)$ ばかりでなく，粒子が移動することによっても変わる．

$$\frac{d}{dt}\left(\frac{\partial L}{\partial\dot{x}_i}\right)=\frac{d}{dt}\{m\dot{x}_i+qA_i(\boldsymbol{r})\}=m\ddot{x}_i+q\left(\frac{\partial A_i}{\partial t}+\sum_j\dot{x}_j\frac{\partial A_i}{\partial x_j}\right)$$
$$\frac{\partial L}{\partial x_i}=-q\frac{\partial\phi}{\partial x_i}+\sum_j q\dot{x}_j\frac{\partial A_j}{\partial x_i}$$
$$\Rightarrow\quad m\ddot{x}_i=-q\left(\frac{\partial A_i}{\partial t}+\frac{\partial\phi}{\partial x_i}\right)+\sum_j q\dot{x}_j\left(\frac{\partial A_j}{\partial x_i}-\frac{\partial A_i}{\partial x_j}\right)$$

となり，前節(2)と(3)を考えれば，(5)と一致することがわかる．

次に，マクスウェル方程式のほうを考えよう．まず(2)と(3)は，定義式の前節(2)だけからすぐ導けることは，前節(あるいは8.1節)ですでに述べた．また(1)と(4)も，ρ と $\boldsymbol{j}$ の項以外は，(6)の1行目から求まることはすでにわかっている．そして ρ と $\boldsymbol{j}$ の項は，(6)の2行目の，電磁場と荷電粒子の相互作用の項から導かれるはずである．しかし(6)では，荷電粒子が1つだけあるケースを扱っているので，連続分布している電荷や電流に拡張しておかなければならない．そしてそれは

$$-q\phi+\sum q\dot{x}_iA_i \quad\rightarrow\quad \int\left(-\rho\phi+\sum_i j_iA_i\right)d^3x$$

とすればよい．この項が，ラグランジアンに加われば，A_i に対するラグランジュ方程式には

$$\frac{\partial L}{\partial A_i}\quad\rightarrow\quad j_i$$

という項が，そして ϕ に対するラグランジュ方程式には

$$\frac{\partial L}{\partial\phi}\quad\rightarrow\quad-\rho$$

という項が加わる．それを前節の結果と合わせれば，(1)と(4)が求まる．

このように，質点の運動と電磁場の振舞いが，ラグランジュ方程式という立場から統一的に理解できることがわかった．しかしそれでも，完全に同等とは言えない．質点は粒子，電磁場は場として扱われているからである．そのギャップを埋めるのが，次章で述べる場の量子論である．

章末問題

[9.1節]

9.1 (9.1.5)で T_0 が場所に依存しているときのラグランジュ方程式を求め，(9.1.7)になることを確かめよ．

[9.2節]

9.2 $\dfrac{\partial u_i}{\partial x_j}=-\dfrac{\partial u_j}{\partial x_i}$ の場合は，歪みテンソルはゼロになる．これは，弾性体のどのような変化に対応しているのか．

9.3 (9.2.4)の変形が，本文の説明にあるような伸縮の組合せで表わされることを示せ．ただし，変形を伴わない回転を加える必要はある．

9.4 歪みテンソル全体は，3×3の対称行列になる．2.3節で説明した対称行列の性質から，すべての(微小な)変形は，各点での伸縮の組合せで表わせることを示せ．

[9.3節]

9.5 ずれに対して復元力が働かないとすれば，ポテンシャルはどのような形になるか．また，一様な膨張に対して復元力が働かないとすれば，ポテンシャルはどのような形になるか．

9.6 x_1 方向が，他の方向よりも伸縮しやすい場合には，ポテンシャルの一般形はどのようになるか．

[9.4節]

▶ $\nabla \boldsymbol{u}$ は，体積の変化，つまり密度の変化を表わすから，これは密度波の方程式を求める問題となる．

9.7 (9.4.4)から，横波に対する波動方程式を求めよ．また $\nabla \boldsymbol{u}$ が満たす波動方程式を求めよ．

9.8 弾性体の内部からその表面へ，入射角 θ で縦波が入射したときの，横波および縦波の反射波の強さを求めよ．ただし，表面は固定されており，まったく動かないものとする．

[9.5節]

9.9 断面が一様な棒を，側面方向には伸縮しないようにして伸ばす．そのときのヤング率を求めよ．(9.5.6)のヤング率との大小関係を調べよ．

9.10 長さ l，質量密度 ρ の棒を，上端を固定し垂直に垂らす．そのときの棒の変形を求めよ．ただし歪みテンソルは，棒の高さのみに依存するとしてよい．

[9.7節]

▶ まず $\boldsymbol{x}$ および $\boldsymbol{A}$ に対する正準運動量(一般化された運動量)を求める(力学の巻参照)．

9.11 ラグランジアン(9.7.6)から，荷電粒子と電磁場からなる系のハミルトニアン(エネルギー)を求め，各項の意味を考えよ．

10

場の量子論

きききどころ

今世紀に入って，量子力学の誕生により，物質観は大きく変わった．まず，(光を含む)電磁波は，光子という粒子の集団であることがわかった．また，電子や陽子などの粒子は，波動関数とシュレディンガー方程式というものを使って表わさなければならないこともわかった．

この2つの発見を結びつけると，従来はまったく異質のものだと思われていた電磁波と普通の粒子(電子や陽子)が，基本的には同じ枠組み(つまり同じ理論形式)のもとで扱うべきものであることがわかる．それを具体的に示すには，次の2つのステップを踏まなければならない．

［1］ 前章でマクスウェル方程式を場の理論として表わしたのと同様に，シュレディンガー方程式を場の理論として，つまりラグランジュ方程式として表わす．(これにより，電磁場も電子も，同じレベルの場の理論として表わされたことになる．)

［2］ 場の理論(電磁場も電子も)を，基準座標で書き換える．すると，ハミルトニアン(エネルギー)は単振動の集合となるが，この各単振動を量子論で考える．そして，量子論における単振動の数表示を使い，光子や電子に対する粒子像を導き出す．これは場の量子論，あるいは量子場の理論と呼ばれ，現代の物質観の基本となる考え方である．

10.1 シュレディンガー方程式と物質場の理論

ぽいんと

弦や弾性体の波動とは，その各点が運動している状態であり，それを表わす波動方程式はニュートンの運動方程式に他ならない．そして力学においては，ニュートンの運動方程式とラグランジュ方程式とは同等なのだから，波動方程式は，ラグランジュ方程式という形でも書ける．

しかし前章で示したように，ラグランジュ方程式というものは，ニュートンの運動方程式より広い意味をもつ．後者は，質点の座標に対する微分方程式であるが，前者は，何らかの自由度に対するラグランジアンというものさえあれば，導くことができる．質点の座標を自由度とすれば，ニュートンの運動方程式に一致するが，電磁気におけるベクトルポテンシャルとスカラーポテンシャルを自由度とすると，マクスウェル方程式になる(9.6節参照)．

この考え方をシュレディンガー方程式にも拡張することが，この節の目的である．この章の「ききどころ」で説明したプログラムの第1段階である．

キーワード：シュレディンガー方程式，物質場の理論

■波動関数の場の理論

ポテンシャル U の中を動いている，質量 μ の粒子の量子力学を考えてみよう．量子力学では，粒子の状態は波動関数で表わされる．それを $\psi(x,t)$ と書くと，シュレディンガー方程式は

$$i\hbar\frac{\partial}{\partial t}\psi = \left(-\frac{\hbar^2}{2\mu}\frac{\partial^2}{\partial x^2}+U\right)\psi \tag{1}$$

という形になる．これが，$\psi(x,t)$ を自由度とするラグランジュ方程式として導けることを示そう．

まず，$\psi(x,t)$ のラグランジアンを

$$L = \int dx\left\{i\hbar\psi^*\frac{\partial\psi}{\partial t}-\frac{\hbar^2}{2\mu}\frac{\partial\psi^*}{\partial x}\frac{\partial\psi}{\partial x}-U\psi^*\psi\right\} \tag{2}$$

とする．この形の由来は問わない．以下に示すように，(1)が導けるように決めたと考えればよい．しかし電磁場の場合の(9.6.6)と比較すれば，多少は感じがつかめるだろう．まず(2)の第1項は，(9.6.6)の第1項($\boldsymbol{E}^2$ の項)に対応し，また第2項は，(9.6.6)の第2項($\boldsymbol{B}^2$ の項)に対応する．また最後の U を含む項は，他の自由度との相互作用を表わしている．電磁場の場合だったら，電荷や電流からの影響を表わす(9.7.6)の2行目に対応する．

波動関数は複素数である．したがって，その実数部と虚数部に対してラグランジュ方程式を考えることができる．しかし実際には，ψ と，その複素共役 ψ^* に対してラグランジュ方程式を考えたほうがわかりやすい(同等である)．つまり

▶粒子のエネルギーは運動量を p とすると，

$$E = \frac{p^2}{2\mu}+U$$

量子力学の基本原理により $p\rightarrow -i\hbar\frac{\partial}{\partial x}$，$E\rightarrow i\hbar\frac{\partial}{\partial t}$ と置き換えれば(1)になる．ψ の物理的な意味については，第3巻「量子力学」参照．

▶ψ^* は ψ の複素共役．

▶(2)は，相対性理論から決まる形の近似式である．詳しくは第6巻「相対論的物理学」参照．

$$\frac{d}{dt}\left(\frac{\partial L}{\partial \dot{\psi}(x)}\right)-\frac{\partial L}{\partial \psi(x)} = 0 \qquad (3)$$

$$\frac{d}{dt}\left(\frac{\partial L}{\partial \dot{\psi}^*(x)}\right)-\frac{\partial L}{\partial \psi^*(x)} = 0 \qquad (4)$$

この計算は，前章で行なった弾性体や電磁場の場合と同じで，9.1節で説明した方法を用いればよい．たとえば

▶(2)の第2,3項は，部分積分をすれば
$\int dx\psi^*\left(\frac{\hbar^2}{2\mu}\frac{\partial^2}{\partial x^2}-U\right)\psi$
$=\int dx\psi\left(\frac{\hbar^2}{2\mu}\frac{\partial^2}{\partial x^2}-U\right)\psi^*$

$$\frac{\partial L}{\partial \dot{\psi}} = i\hbar\psi^*$$

$$\frac{\partial L}{\partial \psi} = \frac{\hbar^2}{2\mu}\frac{\partial^2\psi^*}{\partial x^2}-U\psi^*$$

であるから，(3)は

$$-i\hbar\frac{\partial\psi^*}{\partial t}+\frac{\hbar^2}{2\mu}\frac{\partial^2\psi^*}{\partial x^2}-U\psi^* = 0$$

となる．これは(1)の複素共役に他ならない．(4)は，(1)そのものになる．

▶シュレディンガー方程式が，場ψのラグランジュ方程式であることがわかった．このような考え方を**物質場の理論**と呼ぶ．

■基準座標

波動の問題は，基準座標を考えるとわかりやすくなる．上記の物質場の問題も，同じ手法が使える．まず一定の角振動数ωで変化する解(基準振動)を求める．ただし今までの波動方程式とは異なり，ψが複素数であることと，(1)が時間については1階の微分方程式なので，$\psi\propto \sin\omega t$ではなく

▶$\frac{d}{dt}e^{-i\omega t}\propto e^{-i\omega t}$であるが，sinは2回微分をしないとsinには戻らない．

$$\psi = e^{-i\omega t}f(x)$$

とする．これを(1)に代入すれば

$$\hbar\omega f = \left(-\frac{\hbar^2}{2\mu}\frac{d^2}{dx^2}+U\right)f \qquad (5)$$

これは，時間に依存しないシュレディンガー方程式に他ならず($E=\hbar\omega$)，無限個の解がある．それを$\{f_m, E_m=\hbar\omega_m\}$($m=1,2,\cdots$)とし，波動関数$\psi$を$f_m$で展開する．展開係数を$\tilde{\psi}_m$とすれば，

▶$\int f_m^* f_{m'}dx=0$($m\neq m'$)という性質がある．また$\int|f_m|^2dx=1$というように規格化しておく．

$$\psi(x,t) = \sum_m \tilde{\psi}_m(t)f_m(x) \qquad (6)$$

▶(6)のように展開できるというのは5.7節の議論と同じ．

$\tilde{\psi}_m$が基準座標である．これを(2)に代入すると，第2項は

$$\int\frac{\partial\psi^*}{\partial x}\frac{\partial\psi}{\partial x}dx = \sum_m \tilde{\psi}_m{}^*\tilde{\psi}_m\int\frac{\partial f_m{}^*}{\partial x}\frac{\partial f_m}{\partial x}dx$$

となり，これに部分積分を適用して，(5)を用いると

$$L = \sum_m\{i\hbar\tilde{\psi}_m{}^*\dot{\tilde{\psi}}_m-\hbar\omega_m\tilde{\psi}_m{}^*\tilde{\psi}_m\} \qquad (7)$$

となる．通常の波動と同じように，ラグランジアンが各基準座標からなる項の和になった．

10.2 1次元格子の波動の量子力学

ぽいんと

電磁場や物質場の量子論を作るのが，この章の目的だが，その準備としてここでは，1次元の結晶格子の量子力学を考える．今世紀になって，ニュートンの力学はあくまで近似的な理論であり，原子レベルのことを考えるには量子力学というものを使わなければならないことがわかった．そして結晶格子系も，もとをただせば原子から構成されているのだから，その運動である波動も，厳密には量子力学で考える必要がある．ここでは波動の量子力学というものの構成法を説明しよう．ここでも，基準座標という考え方が重要な役割をする．

キーワード：波動の量子力学

■1次元格子の量子力学

振動する原子がとびとびに並んでいる1次元結晶格子を考える．原子が1から N まであるとし，各原子の安定点からのずれを u_i とする．系全体のエネルギーを

▶第3章や第5章では，u の添字に n を使ったが，ここでは i と書く．n は別の量(量子数)を表わすのに使う．

▶U の具体的な形は(3.1.1)参照.

$$E = \sum_{i=1}^{N} \frac{\mu}{2} \dot{u}_i{}^2 + U(u_1, \cdots, u_N) \tag{1}$$

と書く．すべての原子に対するポテンシャルをまとめて，U と書いた．

この系を量子力学で考えるには，N 個の原子を表わす波動関数(Ψ と書く)を考えなければならない．Ψ は，u_1 から u_N までの N 個の変数の関数である．そして Ψ に対する(時間に依存しない)シュレディンガー方程式は，(1)を，量子力学の基本原理に基づいて変形して

▶運動量 $p_i \equiv \mu\dot{u}_i$ を $-i\hbar\dfrac{\partial}{\partial u_i}$ に置き換える.

$$E\Psi = \left\{\sum_{i=1}^{N}\left(-\frac{\hbar^2}{2\mu}\frac{\partial^2}{\partial u_i{}^2}\right) + U\right\}\Psi \tag{2}$$

■基準座標

(2)の解を直接求めるのは難しい．ポテンシャル U の中で，さまざまな u_i がからみあっているからである．適切な変数で(2)を書き直し，解きやすくする必要がある．それには基準座標を使えばいいだろうと予想されるが，(2)を直接書き換えるのではなく，(1)に戻って考えるとわかりやすい．

基準座標 $\tilde{u}_i$ を(5.2.2)のように定義すると，エネルギーは

▶(3.3.3)参照

$$E = \sum_{m=1}^{N}\left(\frac{1}{2}\mu\dot{\tilde{u}}_m{}^2 + \frac{1}{2}\mu\omega_m{}^2\tilde{u}_m{}^2\right) \tag{3}$$

というように，単振動のエネルギーの和となる．次に，各基準座標に対する(一般化された)運動量 p_m を

▶一般化された運動量とは正準運動量とも呼ばれ，
$$p_m \equiv \frac{\partial L}{\partial \dot{\tilde{u}}_m}$$
と定義される(力学の巻参照).

$$p_m = \mu\dot{\tilde{u}}_m$$

というように定義し，(3)に代入する．すると量子力学の基本原理にした

がって，

$$\frac{1}{2}\mu\dot{\tilde{u}}_m{}^2 = \frac{1}{2\mu}p_m{}^2$$

$$\to \frac{1}{2\mu}(-i\hbar)^2\frac{\partial^2}{\partial \tilde{u}_m{}^2}$$

より，シュレディンガー方程式は，

$$E\Psi = \sum_m\left(-\frac{\hbar^2}{2\mu}\frac{\partial^2}{\partial \tilde{u}_m{}^2}+\frac{\mu}{2}\omega_m{}^2\tilde{u}_m{}^2\right)\Psi \tag{4}$$

この形にすると，すべての項が単一の変数に依存しているので，解くことができる．まず波動関数が，

$$\Psi = \psi_1(\tilde{u}_1)\psi_2(\tilde{u}_2)\cdots\psi_N(\tilde{u}_N) \tag{5}$$

というように，変数分離しているとしよう．これを(4)に代入し全体を Ψ で割ると

$$E = \sum_m \frac{1}{\psi_m}\left(-\frac{\hbar^2}{2\mu}\frac{\partial^2}{\partial \tilde{u}_m{}^2}+\frac{\mu}{2}\omega_m{}^2\tilde{u}_m{}^2\right)\psi_m$$

となる．右辺の各項は，すべて異なる変数 $\tilde{u}_m$ の関数なので，この式が常に成り立つためには各項が定数でなければならない．その定数を E_m とすれば

▶量子力学では，単振動のことをよく調和振動子とも呼ぶ．

$$E_m\psi_m = \left(-\frac{\hbar^2}{2\mu}\frac{\partial^2}{\partial \tilde{u}_m{}^2}+\frac{\mu}{2}\omega_m{}^2\tilde{u}_m{}^2\right)\psi_m \qquad (\text{ただし，} E=\textstyle\sum E_m)$$

という，単振動のシュレディンガー方程式を解く問題になる．

■単振動の解と波動の解

結局 Ψ は，単振動の解の積になることがわかった．ところで，単振動の解は無限個あるが，エネルギーをその低い順番に $E(n)$ $(n=0,1,2,\cdots)$ と書けば，角振動数を ω として

▶以下の議論では，どのようなエネルギーをもつ状態があるかということが重要で，波動関数の具体的な形は必要ない．また数表示というものによる，この解の求め方は次節参照．単振動の量子論の詳しいことは第3巻「量子力学」参照．

$$E(n) = \hbar\omega\left(n+\frac{1}{2}\right) \tag{6}$$

以下 n で，その単振動の状態を表わすことにする．

波動は，このような単振動の和である．その状態は，各単振動の状態から，(5)により決まる．m 番目の基準振動の状態を n_m と書けば，波動全体は

$$(n_1, n_2, \cdots, n_N)$$

という，N 個の整数で決まる．そしてそのエネルギーは

$$E(n_1, \cdots, n_N) = \sum_m \hbar\omega_m\left(n_m+\frac{1}{2}\right)$$

となる．

10.3 生成・消滅演算子

ぽいんと

単振動の問題を量子力学で解くには，シュレディンガー方程式を直接解かず，生成・消滅演算子というものを使う方法がある．これを使えば，単振動の解のエネルギーが，等間隔で並ぶ理由もすぐわかる．

この節ではこの手法を復習し，また，波動を表わす場と，これらの演算子との関係を説明する．以後の節で電磁場などの量子論を考えるうえで，非常に重要な問題である．

キーワード：生成演算子，消滅演算子，交換関係

■単振動

▶厳密には，x と p の関数として表わしたものがハミルトニアン，その数値がエネルギーだと考えればよい．

単振動のハミルトニアン（エネルギー）は，座標 x とその運動量 p で表わすと

$$H = \frac{1}{2\mu}p^2 + \frac{1}{2}\mu\omega^2 x^2 \tag{1}$$

となる．量子力学の基本原理によれば，運動量は微分演算子

$$p \to -i\hbar\frac{\partial}{\partial x}$$

▶関数にある演算をほどこして，別の関数にする操作のことを，一般的に**演算子**と呼ぶ．微分も積分も演算子であり，また単に x も，関数に x を掛けて別の関数にするという意味で演算子である．

に置き換えられる．したがって，関数に座標を掛けるという操作と，運動量を掛けるという操作は交換しなくなる．つまり

$$(xp-px)f(x) = -i\hbar\left\{x\frac{\partial f}{\partial x} - \frac{\partial}{\partial x}(xf)\right\} = i\hbar f$$

これを，

$$[x, p]\ (\equiv xp-px) = i\hbar \tag{2}$$

と表わす．これを**交換関係**と呼ぶ．量子力学の本質はこの交換関係にあり，これだけからさまざまな結果を導くことができる．

単振動のエネルギー準位を，この関係だけから導いてみよう．まず

▶a を消滅演算子，$a^\dagger$ を生成演算子と呼ぶが，その意味は次節で明らかになる．この節前半の内容の詳しい説明は，第3巻4.4，4.5節参照．

$$\begin{aligned} a &\equiv \sqrt{\frac{\hbar}{2\mu\omega}}\left(\frac{\partial}{\partial x} + \frac{\mu\omega}{\hbar}x\right) \\ a^\dagger &\equiv \sqrt{\frac{\hbar}{2\mu\omega}}\left(-\frac{\partial}{\partial x} + \frac{\mu\omega}{\hbar}x\right) \end{aligned} \tag{3}$$

という2つの演算子を定義する．(2)より，これは

$$[a, a^\dagger] = 1 \tag{4}$$

という交換関係を満たすことがわかり，ハミルトニアン(1)は，

$$H = \hbar\omega\left(a^\dagger a + \frac{1}{2}\right) \tag{5}$$

と書ける．ここで，

▶(6)は演算子(3)を使えば

$$\psi_0(x) \propto e^{-\frac{\mu\omega}{2\hbar}x^2}$$

が得られる．

$$a\psi_0(x) = 0 \tag{6}$$

という関係を満たす波動関数を考えよう．これは

$$H\psi_0 = \hbar\omega\left(a^\dagger a + \frac{1}{2}\right)\psi_0 = \frac{\hbar\omega}{2}\psi_0$$

であるから，前節(6)の基底状態（$n=0$）になる．次に，

$$\psi_1 \equiv a^\dagger \psi_0$$

とすると，

$$H\psi_1 = \hbar\omega\left(a^\dagger a a^\dagger \psi_0 + \frac{1}{2}\psi_1\right)$$
$$= \hbar\omega\left\{a^\dagger(a^\dagger a+1)\psi_0 + \frac{1}{2}\psi_1\right\} = \frac{3}{2}\hbar\omega\psi_1$$

であるから，これは$n=1$の状態であることがわかる．同様に，$\psi_n \propto (a^\dagger)^n\psi_0$とすれば，これは前節(6)の一般の$n$の状態になる．また，$\psi_n$が規格化されていれば次の関係も成り立つ．

▶章末問題参照．

$$a\psi_n = \sqrt{n}\,\psi_{n-1} \quad (7)$$
$$a^\dagger\psi_n = \sqrt{n+1}\,\psi_{n+1} \quad (8)$$
$$a^\dagger a\,\psi_n = n\psi_n \quad (9)$$

aはnを1つ減らす演算子，$a^\dagger$はnを1つ増やす演算子となっている．また，$a^\dagger a$はnの値を求める演算子であり，(6)と(9)を使えば，

$$H\psi_n = \hbar\omega\left(a^\dagger a + \frac{1}{2}\right)\psi_n$$
$$= \hbar\omega\left(n+\frac{1}{2}\right)\psi_n = E(n)\psi_n$$

となり，前節のエネルギー準位の式(10.2.6)が求まる．

■波　　動

波動は単振動（基準振動）の集合だから，各単振動mに対して，演算子a_mと$a_m{}^\dagger$を導入する．すると，$(n_1, n_2, \cdots, n_N)$で表わされる一般の状態$\Psi(\{n_m\})$は，基底状態に生成演算子を掛けて

$$\Psi(n_1, \cdots, n_N) \propto ((a_1{}^\dagger)^{n_1}\cdot(a_2{}^\dagger)^{n_2}\cdots\cdot(a_1{}^\dagger)^{n_N})\Psi_0 \quad (10)$$

と表わされることになる．

▶Ψ_0はすべての基準振動が基底状態である状態．

また，前節では1次元格子を考えたが，電磁場などに応用するためには，その連続極限を考えなければならない．また，あとで無限長の極限をとるためには，周期的境界条件で考えるのが便利である．それには，(5.4.6)を使えばよく，そこではa_mとb_mが基準座標になっている．それぞれに対して，生成・消滅演算子（それぞれ$\alpha_m{}^\dagger, \alpha_m, \beta_m{}^\dagger, \beta_m$とする）を定義すれば

▶$-L<x<L$の領域での波動を考える．このLと，ラグランジアンLとに同じ記号を使うが，混同することはないだろう．

▶(3)より

$$x = \sqrt{\frac{\hbar}{2\mu\omega}}(a+a^\dagger)$$

この関係を各基準座標a_m, b_mに使う．μは各基準振動の，質量に相当する値．たとえば(5.6.5)ならば$\lambda L/2$.

$$u(x) = \sum_{m=1}^{\infty}\sqrt{\frac{\hbar}{2\mu\omega_m}}\left\{(\alpha_m+\alpha_m{}^\dagger)\cos\left(\frac{\pi m}{L}x\right)+(\beta_m+\beta_m{}^\dagger)\sin\left(\frac{\pi m}{L}x\right)\right\} \quad (11)$$

（$\alpha_m{}^\dagger, \beta_m{}^\dagger$はそれぞれ$a_m, b_m$を(3)の$x$に代入して定義される）．

10.4 電磁場の量子化

ぽいんと

前節までは，実際の物質(1次元結晶格子や弦)が動く波動の量子力学を考えた．振動の場 $u(x)$ の量子力学なので，場の量子論ということもできる．しかし，各原子の運動を通常の量子力学で考え，それを組み合わせただけである．基準座標というものを使って解を求めたが，それは単に問題解法のテクニックにすぎない．

この節では，電磁場(9.6節)の理論，つまりベクトルポテンシャルの量子化を考える．その手法は，今までやってきた振動の場の理論の量子化とまったく同じである．しかし概念的には違う．ベクトルポテンシャルは質点の座標ではない．しかしそれでも，エネルギーあるいはラグランジアンが同じ形をしているので，弦と同じ量子化の手続きをするのである．

キーワード：クーロンゲージ(放射ゲージ)

■組み替え

電磁場の話に入る前に，1つだけ準備をしておく．前節の(11)には，同じ角振動数をもつ基準振動が2つある．cos の項と sin の項であり，波動の位相の違いによる区別である．この2つは，組み替えることもできる．そこでまず

$$\gamma_m \equiv (\alpha_m - i\beta_m)/\sqrt{2}, \quad \gamma_m{}^\dagger \equiv (\alpha_m{}^\dagger + i\beta_m{}^\dagger)/\sqrt{2}$$
$$\gamma_{-m} \equiv (\alpha_m + i\beta_m)/\sqrt{2}, \quad \gamma_{-m}{}^\dagger \equiv (\alpha_m{}^\dagger - i\beta_m{}^\dagger)/\sqrt{2} \tag{1}$$

▶ α_m や β_m は，cos や sin という基準振動に対する演算子であるのに対し，γ_m は(3)からわかるように e^{ikx} で表わされる振動に対する演算子となる．量子力学ではこれが，運動量一定の状態の波動関数になるが，そのことを利用するためにこのような組み替えをするのである(次節参照)．

というように定義する．すると

$$[\gamma_m, \gamma_m{}^\dagger] = [\gamma_{-m}, \gamma_{-m}{}^\dagger] = 1$$
$$[\gamma_m, \gamma_{-m}{}^\dagger] = [\gamma_{-m}, \gamma_m{}^\dagger] = 0$$
$$H_m \equiv \hbar\omega_m(\alpha_m{}^\dagger\alpha_m + \beta_m{}^\dagger\beta_m) = \hbar\omega_m(\gamma_m{}^\dagger\gamma_m + \gamma_{-m}{}^\dagger\gamma_{-m}) \tag{2}$$

▶ 2行目の式は，γ_m と γ_{-m} が別個の単振動になることを意味する．

であるから，$\gamma_m{}^\dagger$ と γ_m，$\gamma_{-m}{}^\dagger$ と γ_{-m} がそれぞれ，生成・消滅演算子の役割をすることがわかる．これを使えば前節(11)は，$k_m \equiv \pi m/L$ として

$$u(x) = \sum_{m=-\infty}^{\infty} \sqrt{\frac{\hbar}{4\mu\omega_m}}\{\gamma_m e^{ik_m x} + \gamma_m{}^\dagger e^{-ik_m x}\} \tag{3}$$

▶ $(\alpha_m + \alpha_m{}^\dagger)\cos kx + (\beta_m + \beta_m{}^\dagger)\sin kx = \frac{1}{\sqrt{2}}(\gamma_m + \gamma_{-m}{}^\dagger)e^{ikx} + \frac{1}{\sqrt{2}}(\gamma_{-m} + \gamma_m{}^\dagger)e^{-ikx}$

となる．m の和が1ではなく $-\infty$ からになったことに注意．

(5.4.6)の代わりに最初から

$$u(x) = \sum_{m=-\infty}^{\infty} c_m e^{ik_m x} \tag{4}$$

というように展開しておくと，波動のハミルトニアンの運動エネルギーは，係数を $A/2$ として，

▶ 系の大きさとラグランジアンに同じ記号 L を使うが混同することはないだろう．

$$H \equiv \int_{-L}^{L} \frac{A}{2}\left(\frac{\partial u}{\partial t}\right)^2 dx \tag{5}$$
$$= AL \sum_{m=-\infty}^{\infty} \frac{dc_m}{dt}\cdot\frac{dc_{-m}}{dt} \quad \left(= \frac{AL}{2}\sum_{m=1}^{\infty}\left\{\left(\frac{da_m}{dt}\right)^2 + \left(\frac{db_m}{dt}\right)^2\right\}\right)$$

▶ $\int e^{i(k_m + k_{m'})x}dx = 2L\delta_{m,-m'}$ を使う．章末問題参照．

となる．これを量子化したものが(3)である．(3)の μ は括弧の中の式よ

▶質点の場合の $T=\frac{\mu}{2}\dot{x}^2$ という形と比較せよ．

り，この場合 AL であることがわかる．

■ベクトルポテンシャルの量子化

▶以下の内容は，第3巻「量子力学」第10章にも説明されているが，ここではMKSA単位系，第3巻ではCGSガウス単位系が使われている．

まず，電荷も電流もない真空中の電磁波を考えよう．8.2節では，

$$\nabla\cdot\boldsymbol{A}+\frac{1}{c^2}\frac{\partial\phi}{\partial t}=0 \tag{6}$$

という条件(ローレンツゲージ)の下で電磁波を求めた．そして，$\boldsymbol{A}$ の波数ベクトル $\boldsymbol{k}$ に垂直な2成分(横波)が電磁波となることがわかった．$\boldsymbol{k}$ に平行な成分(縦波)は ϕ の寄与と相殺する．

▶平面波で考えると，横波は $\boldsymbol{k}\perp\boldsymbol{A}$ なので，$\boldsymbol{A}\neq 0$ でも自動的に $\nabla\boldsymbol{A}\propto\boldsymbol{k}\cdot\boldsymbol{A}=0$ となる．つまり(7)は縦波をゼロとする条件になる．

▶$\boldsymbol{E}=-\nabla\phi-\frac{\partial\boldsymbol{A}}{\partial t}$

電荷も電流もないときは，(6)の代わりに

$$\nabla\cdot\boldsymbol{A}=0 \tag{7}$$

という条件(**クーロンゲージ**または**放射ゲージ**と呼ぶ)を付けて考えるとさらにわかりやすい．これは最初から，横波だけを考えることに相当する．また，真空中では $\nabla\cdot\boldsymbol{E}=0$ だから(7)より $\nabla\cdot\nabla\phi=0$ となるが，無限遠でゼロとなるようなこの式の解は $\phi=0$ しかないので，電荷や電流がまったくないときは，(7)が成り立てば(6)も成り立つ．結局，電磁波は，波動方程式(8.1.10)(ただし $\boldsymbol{j}=0$)を，(7)の条件の下で解けばよいことになる．

▶1辺 $2L$ の大きさの，非常に大きいが有限の立方体の中で考える．また m_x, m_y, m_z は任意の整数．

真空中では横波だけを考えればよいことがわかったので，

$$\boldsymbol{A}=\sum_{\boldsymbol{k}}\sum_{\alpha}\boldsymbol{\varepsilon}_\alpha c_{\boldsymbol{k}\alpha}e^{i\boldsymbol{k}\cdot\boldsymbol{r}} \qquad \left(\boldsymbol{k}=\frac{\pi}{L}(m_x, m_y, m_z)\right) \tag{8}$$

と書く．$\boldsymbol{\varepsilon}_\alpha$ は，$\boldsymbol{A}$ の方向が $\boldsymbol{k}$ に直交することを表わすために導入した，単位ベクトルである．2つの独立の方向があるので，それを α で区別した．

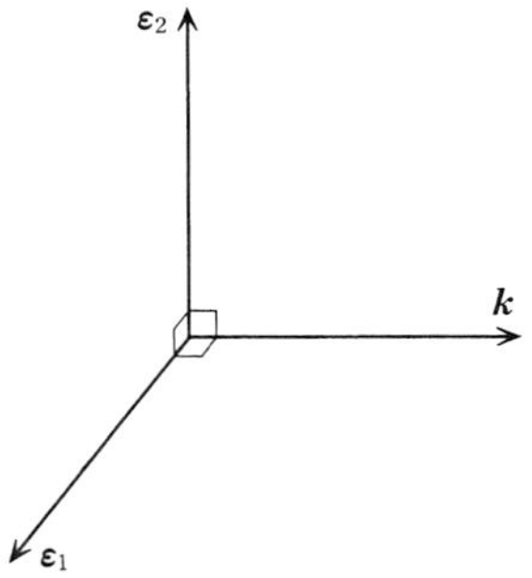

図1 単位ベクトル $\boldsymbol{\varepsilon}_\alpha$

電磁波のハミルトニアンは，(9.6.6)(ただし $\phi=0$)を参考にすると

$$H=T+U=\int\left\{\frac{\varepsilon_0}{2}\sum_i\dot{A}_i{}^2-\frac{1}{4\mu_0}\sum_{i,j}F_{ij}{}^2\right\}d^3x \tag{9}$$

これに(8)を代入して，$V\equiv(2L)^3$ とすれば

$$H=\frac{\varepsilon_0 V}{2}\sum_{\boldsymbol{k}}\sum_{\alpha}\left\{\frac{dc_{\boldsymbol{k}\alpha}}{dt}\frac{dc_{-\boldsymbol{k}\alpha}}{dt}+\omega_{\boldsymbol{k}}{}^2c_{\boldsymbol{k}\alpha}c_{-\boldsymbol{k}\alpha}\right\} \qquad (\omega_{\boldsymbol{k}}{}^2=c^2|\boldsymbol{k}|^2) \tag{10}$$

となる．(5)にポテンシャルを加えたハミルトニアンが表わす系の，量子論での場が(3)で表わされることとの類推から，(10)の場合は

$$\boldsymbol{A}=\sum_{\boldsymbol{k}}\sum_{\alpha}\sqrt{\frac{\hbar}{2\varepsilon_0 V\omega_{\boldsymbol{k}}}}\boldsymbol{\varepsilon}_\alpha(\gamma_{\boldsymbol{k}\alpha}e^{i\boldsymbol{k}\cdot\boldsymbol{r}}+\gamma_{\boldsymbol{k}\alpha}{}^\dagger e^{-i\boldsymbol{k}\cdot\boldsymbol{r}}) \tag{11}$$

となる(ただし，(5)と(10)の比較より $\mu=\varepsilon_0 V/2$)．また量子化したハミルトニアンは，(2)との類推から(基底状態のエネルギーも加えて)，

$$H=\sum_{\boldsymbol{k}}\sum_{\alpha}\hbar\omega_{\boldsymbol{k}}\left(\gamma_{\boldsymbol{k}\alpha}{}^\dagger\gamma_{\boldsymbol{k}\alpha}+\frac{1}{2}\right) \tag{12}$$

10.5 物質場の量子化と場の量子論における粒子像

ぽいんと

前節で導いた電磁場の量子論に粒子(光子)的解釈を与える．また10.1節で導いた物質場の理論を電磁場と同様の方法で量子化する．量子論であるシュレディンガー方程式から導いた物質場の理論を，もう一度量子化するので，第2量子化と呼ばれる．その上で，電磁場と共通の，物質場に対する新しい粒子像を提出する．

キーワード：光子，第2量子化

■電磁波の量子力学的状態

前節では，ベクトルポテンシャルを基準振動で展開し，各基準振動を，量子力学で扱った．その結果が前節(12)であり，エネルギーEの電磁波は，

$$H\Psi = E\Psi \tag{1}$$

という式の解でなければならない．

この式の解は，10.2節，10.3節の1次元格子と同じである．電磁波とは，$\boldsymbol{k}$とαで指定される無限個の単振動の集まりである．したがって，電磁波の状態を量子力学的に決めるには，各単振動の状態を決めればよく，それは1つの(0以上の)整数$n_{\boldsymbol{k}\alpha}$で指定され，そのエネルギーは

$$E = \sum_{\boldsymbol{k}}\sum_{\alpha}\hbar\omega_{\boldsymbol{k}\alpha}n_{\boldsymbol{k}\alpha} \tag{2}$$

である．ただし，基底状態のエネルギー(前節(12)の1/2の部分)は除いた．エネルギーが有限ならば，$n_{\boldsymbol{k}\alpha}$のうちでゼロでないものは，有限個しかない．したがって(2)のエネルギーをもつ状態は，$n_{\boldsymbol{k}\alpha}$がゼロでない基準振動の生成演算子を$n_{\boldsymbol{k}\alpha}$乗だけ，基底状態Ψ_0に掛ければよい．つまり

$$\Psi(\{n_{\boldsymbol{k}\alpha}\}) \propto (\gamma_{\boldsymbol{k}\alpha}{}^{\dagger})^{n_{\boldsymbol{k}\alpha}}(\gamma_{\boldsymbol{k}'\alpha'}{}^{\dagger})^{n_{\boldsymbol{k}'\alpha'}}\cdots\Psi_0 \tag{3}$$

▶特定のエネルギーの値をもたない状態は，(3)の形の状態の重ね合わせ，つまり一次結合である．

■光　子

20世紀の初頭，電磁波や光は，光子という粒子の集団であるという仮説が唱えられた(アインシュタインの光量子説)．光電効果という現象から，たとえば角振動数ωの電磁波は，$\hbar\omega$というエネルギーをもつ光子が集まったものであると考えられた．これは，上の結果とつじつまがあう．

▶光量子説の詳しいことは，第3巻「量子力学」参照．

▶振動数をνとすれば$\hbar\omega=h\nu$．$h(=2\pi\hbar)$はプランク定数．

(2)によれば，角振動数が$\omega(=c|\boldsymbol{k}|)$，偏光が$\alpha$の基準振動の状態が$n$だとすれば，そのエネルギーは$\hbar\omega n$である．$n$は整数なのだから，少なくともエネルギーの観点から見れば，このことは，エネルギーが$\hbar\omega$である粒子(光子)がn個あると考えるとつじつまがあっている．nが光子数に対応することを言うには，エネルギー以外の量についても考えなければならない．その議論は次節で行なうが，ともかく電磁場を量子論で考えることにより，電磁波を粒子の集合として考える道が開けたのである．

▶これより$\gamma_{\boldsymbol{k}\alpha}{}^{\dagger}$は光子を1つ生成し，$\gamma_{\boldsymbol{k}\alpha}$は1つ消滅させる演算子であることがわかる．

■物質場の量子化

同じことを，10.1節の物質場に対して考えてみよう．(10.1.6)は，通常の単振動のラグランジアン

$$L = \frac{\mu}{2}\dot{x}^2 - \frac{\mu\omega^2}{2}x^2 \tag{4}$$

とは少し違った形をしているので，量子力学の基本原理に立ち戻った手順を行なう．(4)の場合は，x に対する運動量(正確には正準運動量)p_x を

$$p_x \equiv \frac{\partial L}{\partial \dot{x}} = \mu\dot{x}$$

と定義し，$[x, p] = i\hbar$ という交換関係が成り立つように量子論を作る．またハミルトニアンの一般的な定義は

$$H \equiv \dot{x}p_x - L = \frac{1}{2\mu}p^2 + \frac{\mu\omega^2}{2}x^2$$

▶この関係は第1巻「力学」13.1節に説明してある．

物質場の理論(10.1.7)の場合は，$\tilde{\varphi}_m$ に対する運動量が

$$p_{\tilde{\varphi}_m} \equiv \frac{\partial L}{\partial \dot{\tilde{\varphi}}_m} = i\hbar\tilde{\varphi}_m{}^*$$

なので，$\tilde{\varphi}_m$ を量子論で(演算子として)扱うということは，

$$[\tilde{\varphi}_m, i\hbar\tilde{\varphi}_m{}^*] = i\hbar \quad\Rightarrow\quad [\tilde{\varphi}_m, \tilde{\varphi}_m{}^*] = 1 \tag{4}$$

という交換関係を要求することになる．またハミルトニアンは，

$$H = \sum_m \dot{\tilde{\varphi}}_m p_{\tilde{\varphi}_m} - L = \sum_m \hbar\omega_m \tilde{\varphi}_m{}^* \tilde{\varphi}_m \tag{5}$$

となる((10.1.7)より)．ところで(4)と(5)は，$\tilde{\varphi}_m$ を消滅演算子，$\tilde{\varphi}_m{}^*$ を生成演算子とする単振動での関係と同じである．したがって，この物質場の理論も，結局は単振動の集合として表わされることになる．その各状態は電磁波と同様に，一連の0以上の整数 $\{n_m\,;\,m=1,\cdots\}$ で表わされ，具体的には基底状態に生成演算子 $\tilde{\varphi}_m{}^*$ の n_m 乗を掛けていくことによって求まる．その全エネルギーは

$$E = \sum_m \hbar\omega_m n_m \tag{6}$$

▶マクスウェル理論を，電磁場の古典論というのに対して，各基準振動を量子論で考える理論を電磁場の量子論という．粒子の場合，シュレディンガー方程式は量子論だが，それを場の理論にした10.1節の形式は，場の理論としては古典論である．そして各基準座標 $\tilde{\varphi}_m$ を演算子として再解釈する理論が，物質場の量子論(第2量子化)になる．

この節の[ぽいんと]でも述べたように，以上のような手続き(波動関数を関数ではなく演算子として扱う手続き)を**第2量子化**という．そして(6)を見ると，n_m という数字は，$\hbar\omega_m$ というエネルギーをもつ粒子の個数だと解釈できることがわかる．(10.1.5)からわかるように，もともと $\tilde{\varphi}_m$ は，エネルギーが $\hbar\omega_m$ のときのシュレディンガー方程式の固有関数(基準振動)の係数だったので，もっともらしい解釈だと言える．次節でさらに詳しく議論するが，このようにして，場の理論にしたことで不明確になってしまった物質の粒子像が，第2量子化によって回復するのである．

10.6 第2量子化における運動量

ぽいんと

前節では，場の量子論における状態が，エネルギーという観点から見れば，粒子の集合とみなせることを示した．しかし粒子には，エネルギーの他にも，運動量や角運動量などといった性質がある．そのような量が，場の量子論でどのように表わされるかということを考えてみよう．またこの議論を光子に対して適用すると，光子のもつエネルギー ε と運動量 p の関係式 $\varepsilon=cp$ が求まる．

■第2量子化における運動量

まず，エネルギーの場合を復習する．エネルギーを求める演算子ハミルトニアン H は，物質場の場合，前節(5)だが，これは(10.1.2)の第2項，第3項(の逆符号)を変形したものであり，

$$H = \int \psi^*\left(-\frac{\hbar^2}{2\mu}\frac{d^2}{dx^2}+U\right)\psi dx \qquad (1)$$

と書ける．(　)の中は第1量子化におけるハミルトニアンであった．これとの類推で，第2量子化での運動量演算子 P を

▶場の量子論を第2量子化というのに対して，通常のシュレディンガー方程式を第1量子化という．

$$P = \int \psi^*\left(-i\hbar\frac{d}{dx}\right)\psi dx \qquad (2)$$

と書こう．これは，(10.1.6)を代入すれば

$$P = \int \sum_{m,m'}\left\{f_m{}^*(x)(-i\hbar)\frac{d}{dx}f_{m'}(x)\right\}\tilde{\psi}_m{}^*\tilde{\psi}_{m'}dx \qquad (3)$$

とも書ける．ここで f_m は，シュレディンガー方程式(10.1.5)の解であるが，たとえば $U=0$ の場合は，規格化すると

▶周期的境界条件 $e^{-ikL}=e^{ikL}$ を課した．

$$-i\hbar\frac{df_m}{dx}=\hbar k_m f_m$$

$$f_m = \frac{1}{\sqrt{2L}}e^{ik_m x} \qquad \left(k_m=\frac{\pi}{L}m,\ \ m=1,2,\cdots\right)$$

となり，これは第1量子化では，運動量が $\hbar k_m$ の値をもつ状態である．これを(3)に使えば

$$P = \sum_m \hbar k_m \tilde{\psi}_m{}^*\psi_m \qquad (4)$$

となる．$\tilde{\psi}_m{}^*, \tilde{\psi}_m$ が生成・消滅演算子であることから，一般の状態 $\{n_m\}$ の運動量の値は

$$P = \sum_m \hbar k_m n_m$$

となる．これは，各粒子が $\hbar k_m$ という運動量をもっているということに他ならない．つまり第2量子化における粒子は，第1量子化における粒子と同じ運動量をもつことになる．

■一般の物理量

一般の物理量を考えてみよう．第1量子化において，この物理量を表わす演算子を $O_{\rm I}$ と書く．これは x，あるいは微分演算子 $\partial/\partial x$ の関数であり，またスピンをもっている粒子の場合は行列にもなりえる．

(1)や(2)からの類推で，この物理量に対する第2量子化での演算子を，

$$O_{\rm II} \equiv \int \psi^* O_{\rm I} \psi dx \tag{5}$$

と書く．もし f_m が $O_{\rm I}$ の固有関数であって，固有値が λ_m ならば，(5)は

▶ $O_{\rm I} f_m = \lambda_m f_m$
$\int f_m{}^* f_{m'} dx = \delta_{mm'}$

$$O_{\rm II} = \sum_m \lambda_m \tilde{\psi}_m{}^* \tilde{\psi}_m$$

となる．これは粒子の $O_{\rm II}$ の値が，第2量子化でも λ_m であることを意味する．もし f_m が $O_{\rm I}$ の固有関数でなかったら，粒子には特定の $O_{\rm II}$ の値は指定できない．これも，第1量子化の場合と同じである(不確定性関係)．

■電磁波の場合

▶ $\boldsymbol{A}$ に対する正準運動量は(9.6.6)と $\phi=0$ より

$$\boldsymbol{P_A} \equiv \frac{\partial L}{\partial \dot{\boldsymbol{A}}} = \varepsilon_0 \dot{\boldsymbol{A}}$$

▶(2)で ψ を $\boldsymbol{A}$ に，ψ の正準運動量である $i\hbar\psi^*$ を $\boldsymbol{P_A}$ に置き換える．

電磁波の場合，基本的な場は，ベクトルポテンシャルであった．それに対する正準運動量(一般化された運動量)を $\boldsymbol{P_A}$ とする．すると(2)との類推で，運動量の(たとえば) x 成分に対する第2量子化での表現は

$$P_x = \frac{1}{i\hbar}\int \boldsymbol{P_A}\cdot\left(-i\hbar\frac{\partial}{\partial x}\right)\boldsymbol{A} d^3\boldsymbol{r} \tag{6}$$

とすればよいだろう．ところで(10.4.9)を，$\boldsymbol{P_A}$ を使って表わすと

$$H = \int\left(\frac{1}{2\varepsilon_0}\boldsymbol{P_A}{}^2 + \cdots\right)d^3\boldsymbol{r}$$

また，基準座標で展開した(10.4.10)を正準運動量を使って表わせば

▶ $p_{\boldsymbol{k}\alpha} = \partial T/\partial \dot{c}_{\boldsymbol{k}\alpha} = \varepsilon_0 V \dot{c}_{-\boldsymbol{k}\alpha}$

$$H = \frac{1}{2}\sum_{\boldsymbol{k}}\sum_{\alpha}\left\{\frac{1}{\varepsilon_0 V}p_{\boldsymbol{k}\alpha}p_{-\boldsymbol{k}\alpha} + \cdots\right\}$$

両者が一致するためには，$\boldsymbol{P_A}$ は

▶(10.4.3)で

$$c_m \to \sqrt{\frac{\hbar}{4\mu\omega_m}}(\gamma_m + \gamma_{-m}{}^\dagger)$$

と量子化されたことを考えれば，$[c_m, p_m] = i\hbar$，$[c_m, p_{-m}] = 0$ より

$p_m \to i\sqrt{\hbar\mu\omega_m}(-\gamma_{-m} + \gamma_m{}^\dagger)$

これと $\mu = \varepsilon_0 V/2$ より，(7)の2行目が求まる．

$$\begin{aligned}\boldsymbol{P_A} &= \sum_{\boldsymbol{k}}\sum_{\alpha}\boldsymbol{\varepsilon}_\alpha \frac{1}{V}p_{\boldsymbol{k}\alpha}e^{i\boldsymbol{k}\cdot\boldsymbol{r}} \\ &= \sum_{\boldsymbol{k}}\sum_{\alpha}\boldsymbol{\varepsilon}_\alpha \frac{i}{V}\sqrt{\frac{\hbar\varepsilon_0 V\omega_{\boldsymbol{k}}}{2}}(-\gamma_{\boldsymbol{k}\alpha}e^{i\boldsymbol{k}\cdot\boldsymbol{r}} + \gamma_{\boldsymbol{k}\alpha}{}^\dagger e^{-i\boldsymbol{k}\cdot\boldsymbol{r}})\end{aligned} \tag{7}$$

とすればよい．これを，(6)に代入すると，

$$P_x = \sum_{\boldsymbol{k}}\sum_{\alpha}\hbar k_x \gamma_{\boldsymbol{k}\alpha}{}^\dagger \gamma_{\boldsymbol{k}\alpha} \tag{8}$$

▶ $\omega_{\boldsymbol{k}} = c|\boldsymbol{k}|$

となる．つまり各光子の運動量 p_x は $\hbar k_x$ であることになる．光子1つのエネルギー ε は $\hbar\omega_{\boldsymbol{k}}$ だったから，$\varepsilon = c|\boldsymbol{p}|$ という関係が求まる．

10.7 波動関数・フェルミ粒子

ぽいんと

前節の物質場に関する議論により，第2量子化で表わされる粒子が，第1量子化で表わされていた粒子と同等のものであることが想像できるだろう．ここではまず，第2量子化における状態から，第1量子化における波動関数が導けることを示そう．

ところで(量子力学において)粒子には，ボーズ粒子とフェルミ粒子という区別がある．いくつでも同じ状態になれる粒子が**ボーズ粒子**，複数が同じ状態になれない粒子が**フェルミ粒子**である．前節まで議論した物質場の第2量子化は，実はボーズ粒子に対するものであり，フェルミ粒子に対しては，量子化の手順を少し変更する必要がある．

キーワード：ボーズ粒子，フェルミ粒子，反交換関係

■波動関数

量子力学(第1量子化)における波動関数の内積ということを思い出そう．a および b という2つの状態の内積を $\langle a|b\rangle$ と書くが，その意味は，この2つの状態を波動関数で $\psi_a(x), \psi_b(x)$ と表わしたとき，

$$\langle a|b\rangle \equiv \int \psi_a{}^*(x)\psi_b(x)dx$$

であった．特に，a と b がエネルギーの異なる状態だったら，$\langle a|b\rangle=0$ となる．また，O を何らかの演算子としたとき(座標 x でも，微分演算子でもよい)，

▶O は前節の O_{I} のこと．

$$\langle a|O|b\rangle \equiv \int \psi_a{}^* O \psi_b dx$$

と書く．

単振動の場合の内積は，波動関数の形を具体的に知らなくてもすぐわかる．エネルギーが定まった状態は整数 n で表わされるが，n が異なればエネルギーも違うのだから

$$\langle n|n'\rangle = \delta_{nn'} \tag{1}$$

▶$n=n'$ のときは内積が1となるように規格化しておく．

となる．また，(10.3.7)より消滅演算子 a は，

$$\langle n-1|a|n\rangle = \sqrt{n} \tag{2}$$

となることに注意．

第2量子化における状態の場合も，それが各基準振動の固有状態で表わされていれば，その内積は上の公式を使ってすぐ求まる．まず，粒子が1つしかない状態を考えてみよう．いずれか1つの m に対してのみ $n_m=1$ であり，その他の $n_{m'}(m'\neq m)$ はゼロである．それを $|1_m\rangle$ と書き，

▶ $|1_m\rangle = \tilde{\varphi}_m{}^*|0\rangle$
物質場では $\tilde{\varphi}_m$ が消滅，$\tilde{\varphi}_m{}^*$ が生成演算子である．

$$\Psi_m(x) \equiv \langle 0|\varphi(x)|1_m\rangle \tag{3}$$

という量を計算してみよう．(10.1.6)と(2)を使えば

$$\Psi_m(x) = f_m(x)$$

である．これは(10.1.5)を満たすが，$|1_m\rangle$ に時間依存性まで含めれば

$$\Psi_m = e^{-i\omega_m t} f_m(x) \tag{4}$$

となり，時間に依存するシュレディンガー方程式を満たす．一般に，$|1_m\rangle$ の線形結合を考えると，c_m を係数とすれば

$$\Psi(x) \equiv \langle 0|\psi(x)\cdot\left\{\sum_m c_m e^{-i\omega_m t}|1_m\rangle\right\} = \sum c_m e^{-i\omega_m t} f_m(x)$$

これは，最も一般的なシュレディンガー方程式の解に他ならない．

■フェルミ粒子

量子力学では，すべての粒子はボーズ粒子とフェルミ粒子に分類できる．それは，複数の粒子が同時に同じ状態になれるかどうかで区別されるが，今まで説明してきた第2量子化で表わされる粒子は，n_m が任意の整数になれるのだから，明らかにボーズ粒子である．しかし第2量子化の手順を少し変えると，フェルミ粒子を表わす理論を作ることもできる．(10.5.5)を導くまでの手順は，今までとは変わりない．しかし，(10.5.4)の代わりに，

$$\{\tilde{\varphi}_m, \tilde{\varphi}_{m'}^\dagger\} = \delta_{mm'} \tag{5}$$

$$\{\tilde{\varphi}_m, \tilde{\varphi}_{m'}\} = \{\tilde{\varphi}_m^\dagger, \tilde{\varphi}_{m'}^\dagger\} = 0 \tag{6}$$

という関係(反交換関係と呼ばれる)を仮定する．今までの交換関係を，すべて反交換関係に置き換えるのである．まず，任意の m に対して，

$$\tilde{\varphi}_m|0\rangle = 0 \tag{7}$$

という式を満たす状態 $|0\rangle$ を考えよう．これは

$$(\tilde{\varphi}_m^\dagger\tilde{\varphi}_m)|0\rangle = 0$$

より，$H|0\rangle=0$ である．次に

$$|1_m\rangle \equiv \tilde{\varphi}_m^\dagger|0\rangle \tag{8}$$

という状態を定義する．これは(5)と(6)より

$$(\tilde{\varphi}_m^\dagger\tilde{\varphi}_m)|1_m\rangle = \tilde{\varphi}_m^\dagger(-\tilde{\varphi}_m^\dagger\tilde{\varphi}_m+1)|0\rangle = |1_m\rangle$$

となる．つまり，$|1_m\rangle$ は，エネルギー $\hbar\omega_m$ の粒子が1つある状態と解釈できる．今までの第2量子化では，さらに $\tilde{\varphi}_m^\dagger$ を掛けていくことにより，エネルギーの高い状態(つまり粒子数の多い状態)を作ることができるが，今の場合は $(\tilde{\varphi}_m^\dagger)^2=0$ なので，これ以上は進めない．

次に，運動量を考えてみよう．前節(2)と同様に定義すると，前節(4)は変わらない．また $\tilde{\varphi}_m^\dagger\tilde{\varphi}_m$ が n_m を表わす(ただし，n_m は，今の場合は0か1のみ)ことも変わらないので，この粒子は $\hbar k_m$ の運動量をもつことになる．つまり(5)，(6)としても，粒子像には変わりはないことがわかる．

▶反交換関係は
$$\{A, B\} \equiv AB+BA$$
と定義される．

▶(6)は $(\tilde{\varphi}_m)^2=(\tilde{\varphi}_m^\dagger)^2=0$ を意味する．$\tilde{\varphi}_m$ は何らかの演算子であって，普通の数ではない．たとえば行列で考えると $\begin{pmatrix}0&1\\0&0\end{pmatrix}$ は，0ではないが2乗すれば0になる．ここでは $\tilde{\varphi}_m$ の具体的な形を指定する必要はなく，(5)，(6)の関係式だけを使えばよい．

▶ $H|1_m\rangle=\hbar\omega_m|1_m\rangle$ であるということになる．

▶量子力学で複数の粒子に対する波動関数を考えると，ボーズ粒子では対称，フェルミ粒子では反対称になる．第2量子化でも，(3)を一般化して複数の粒子に対する波動関数を求めれば，同じ性質が導かれる(章末問題参照)．

10.8 粒子の生成・消滅

ぽいんと

場の量子化により，電磁波は光子という粒子の集まりであるという描像が得られた．したがって，電磁波の放出・吸収も，この光子の放出・吸収を意味することになる．マクロな物体に対して量子力学を使うことに意味がないのと同様，通常の電磁波の場合は，わざわざ光子レベルで考える必要はない．しかし原子のレベルでは，光子が1つずつ放出・吸収されているので，電磁波を量子化して考えなければならない．

この節では，このようなプロセスの取り扱い方について，物質場を第2量子化しない場合と，した場合に分けて説明する．結論はどちらも同じで，物質の第1量子化と第2量子化には差が出ない．しかし，この同等性は，相対論を考えると成り立たなくなる．光子が生成・消滅するように，第2量子化を相対論の枠組み内で考えると，(エネルギーさえ十分にあれば)電子などの粒子も生成・消滅が可能であることがわかる．この粒子の発生という現象は実際にも観測され，物質場に対しても，第1量子化ではなく，第2量子化つまり場の量子論が，真の理論であることがわかった．

キーワード：光子の放出・吸収，粒子の発生，反粒子

■光子の放出・吸収

今までは場の量子論を，他の粒子との相互作用を無視して考えてきた．実際には光子は，荷電粒子から放出されたり，それに吸収されたりする．このプロセスがどのように記述されるのかを考えてみよう．まず，ベクトルポテンシャルがあるときの荷電粒子のシュレディンガー方程式は，

▶運動量 $\boldsymbol{p}$ を $\boldsymbol{p}-q\boldsymbol{A}$ と置き換える．第3巻「量子力学」6.7節参照．ただし，第3巻ではCGSガウス単位系が使われている．

$$i\hbar\frac{\partial}{\partial t}\psi=\left[\frac{1}{2\mu}\left\{\left(-i\hbar\frac{\partial}{\partial x}-qA_x\right)^2+\left(-i\hbar\frac{\partial}{\partial y}-qA_y\right)^2+\left(-i\hbar\frac{\partial}{\partial z}-qA_z\right)^2\right\}+U\right]\psi \qquad (1)$$

となる．A_i は電磁波の効果を表わし，他の電荷によるクーロンポテンシャルがあれば，それは U に含まれる．

まず，ψ のほうは第2量子化しないで，このままの形で考えてみよう．これは通常は，摂動論という方法によって解かれる．詳しくは量子力学の巻を参照していただきたいが，簡単に考え方を説明しておこう．(1)を

▶第3巻10.3節参照．
$\boldsymbol{p}=-i\hbar\left(\frac{\partial}{\partial x},\frac{\partial}{\partial y},\frac{\partial}{\partial z}\right)$

$$i\hbar\frac{\partial}{\partial t}\psi=(H_0+H_1+H_2)\psi$$
$$H_0=-\frac{\hbar^2}{2\mu}\left(\frac{\partial^2}{\partial x^2}+\frac{\partial^2}{\partial y^2}+\frac{\partial^2}{\partial z^2}\right)+U \qquad (2)$$
$$H_1=-\frac{q}{2\mu}(\boldsymbol{A}\cdot\boldsymbol{p}+\boldsymbol{p}\cdot\boldsymbol{A}),\quad H_2=\frac{q^2}{2\mu}\boldsymbol{A}^2$$

という形に書き直す．まず H_1 と H_2 を無視して考えてみよう．これは，荷電粒子と光子(電磁波)は無関係，つまり独立に扱ってよいということだから，荷電粒子については $\boldsymbol{A}$ なしのシュレディンガー方程式を解けばよく，電磁波は，今までのように光子の集まりと考えればよい．つまり一般

的な状態は，シュレディンガー方程式の解である荷電粒子の状態f_mと，光子の状態の積として，$f_m \cdot \Psi(\{n_{\boldsymbol{k}\alpha}\})$，あるいは，$f_m \cdot |\{n_{\boldsymbol{k}\alpha}\}\rangle$ というように書ける．

▶H_2も同様に考えられるが，これはq^2に比例しているので，qに比例するH_1よりも影響は小さい．

このようにして求めたある状態$f_m |\{n_{\boldsymbol{k}\alpha}\}\rangle$に対して$H_1$が働くと，別の状態$f_{m'} |\{n'_{\boldsymbol{k}\alpha}\}\rangle$に移り変わることができる．この移り変りの頻度は

$$\int f_{m'}^* \langle\{n'_{\boldsymbol{k}\alpha}\}|H_1|\{n_{\boldsymbol{k}\alpha}\}\rangle f_m d^3\boldsymbol{r} \qquad (3)$$

という量から計算できることが知られている(摂動論)．H_1の中にある$\boldsymbol{A}$は，(10.4.11)からわかるように，生成演算子に比例する部分と，消滅演算子に比例する部分がある．前者の場合は，$\{n_{\boldsymbol{k}\alpha}\}$のうちのいずれかが1つ増える，つまり光子が1つ放出されるプロセスを表わすことになる．逆に後者の場合は光子が1つ吸収されるプロセスを表わす．

▶詳しい計算方法は第3巻10.4節参照．

次に，第2量子化した理論を考えてみよう．H_1の効果は，場の理論にすると(10.1.2)に

▶(10.1.2)に$-i\hbar\dfrac{\partial}{\partial x}\to -i\hbar\times\dfrac{\partial}{\partial x}-qA_x$ etc．という置き換えをしたときに出てくるのが，H_1とH_2の効果である．

$$-(1/2\mu)q\boldsymbol{A}\cdot\{\phi^*(\boldsymbol{p}\phi)+(\boldsymbol{p}\phi^*)\phi\} \qquad (4)$$

という項を加えることに対応する．そして場を量子化すれば，$\boldsymbol{A}$は上と同様，光子を1つ吸収または放出する演算子で表わされ，ϕは荷電粒子を1つ消滅，ϕ^*は1つ生成する演算子になる．消滅・生成される粒子の状態は，異なる．全体としてエネルギーが保存していなければならないから，光子が吸収・放出されれば，荷電粒子の状態も変化せざるをえないからである．このように(4)は，光子が1つ吸収・放出されるときに，荷電粒子の状態も変化するプロセスを表わすことになる．そして，その計算式は(3)と変わりはない．(4)では，荷電粒子はϕにより一度消滅し，またϕ^*により生成されるという描像になっており，(3)はその形にはなっていないが，結果としては同じプロセスを表わしている．

▶(4)が(3)に等しいことはϕを(10.1.6)のように展開してみればわかる．

■粒子の発生

(4)で表わされるプロセスでは，その前後での荷電粒子の数は変わらない．ϕは消滅演算子しか含んでおらず，ϕ^*も生成演算子しか含んでいないからである．しかしこれは，相対性理論まで考えた，より厳密な理論では成り立たなくなる．$\boldsymbol{A}$が(10.4.11)のように生成・消滅演算子双方を含んでいるように，ϕも双方を含むようになるのである．ただし，たとえば電子の場合，ϕは電子の消滅演算子と反電子(陽電子ともいう)という粒子の生成演算子を含む．ϕ^*はその逆である．その結果(4)は，光子から電子と反電子が1つずつ発生するプロセスも表わすことになる．実際，このようなプロセスが観測され，(4)が(3)よりも正しい形であることがわかったのである(詳しい話は本シリーズ第6巻「相対論的物理学」参照)．

▶**反粒子**とは，電荷が逆である以外は，粒子とすべて同じ性質(質量やスピン)をもつ粒子である．粒子の消滅と反粒子の生成では，電荷の増減は変わらない．

章末問題

[10.1節]

10.1 ψ に対するラグランジュ方程式(10.1.4)の具体的な形を書け．

[10.3節]

10.2 単振動(調和振動子)について，以下の性質を証明せよ．

(i) $\psi_n \propto (a^\dagger)^n \psi_0$ とすると状態のエネルギーは $(n+1/2)\hbar\omega$ である(まず，(10.3.9)を示す)．

(ii) $\psi_n = N(a^\dagger)^n \psi_0$，ただし $N = 1/\sqrt{n!}$ とすれば，ψ_n は規格化される．

(iii) ψ_n が規格化されていれば，(10.3.7)，(10.3.8)が成り立つ．

[10.4節]

10.3 指数関数によるフーリエ変換を考える．まず，ある関数 $u(x)$ が(5.4.6)のように展開されているとき，それは

$$u(x) = \sum_{m=-\infty}^{\infty} c_m e^{ik_m x} \qquad \left(k_m = \frac{\pi m}{L}\right)$$

と展開できることを示せ(係数 c_m と a_m や b_m との関係を求めよ)．また

$$c_m = \frac{1}{2L}\int_{-L}^{L} e^{-ik_m x} u(x) dx$$

であることを示せ．$u(x)$ が実数であれば $c_m = c_{-m}^*$ であることも示せ．

10.4 α_m などを使わずに，直接(10.4.2)と(10.4.3)を求める．

$$L = \int \left\{ \frac{A}{2}\left(\frac{\partial u}{\partial t}\right)^2 - \frac{v^2 A}{2}\left(\frac{\partial u}{\partial x}\right)^2 \right\} dx$$

というラグランジアンを，(10.4.4)を代入して c_m で表わせ．次に，c_m に対する正準運動量 p_m を計算し，ハミルトニアンを求めよ．

次に，この系を量子化する．まず

▶ここで p_m とは，演算子としての運動量を意味する．

$$\gamma_m \equiv \sqrt{\frac{\hbar}{4\mu\omega_m}}\left(\frac{i}{\hbar}p_{-m} + \frac{2\mu\omega_m}{\hbar}c_m\right), \qquad \gamma_m^\dagger \equiv \sqrt{\frac{\hbar}{4\mu\omega_m}}\left(-\frac{i}{\hbar}p_m + \frac{2\mu\omega_m}{\hbar}c_{-m}\right)$$

と定義する．これらが生成・消滅演算子の交換関係を満たしていることを確かめよ．次に，μ を適当に選べば，ハミルトニアンが

$$H = \sum_{m=-\infty}^{\infty} \hbar\omega_m\left(\gamma_m^\dagger \gamma_m + \frac{1}{2}\right) \qquad \left(\omega_m \equiv \frac{v\pi m}{L}\right)$$

となることを確かめよ．また(10.4.3)も確かめよ．

[10.7節]

▶$m_1 \neq m_2$ とする．

10.5 第2量子化の理論で，状態 m_1 と m_2 にある2粒子の波動関数を

$$\Psi_{m_1 m_2}(x_1, x_2) \equiv \langle 0|\psi(x_1)\psi(x_2)|1_{m_1}, 1_{m_2}\rangle$$

というように定義すると，

$$\Psi_{m_1 m_2}(x_1, x_2) = f_{m_1}(x_1) f_{m_2}(x_2) \pm f_{m_1}(x_2) f_{m_2}(x_1)$$

であることを示せ(＋はボーズ粒子，－はフェルミ粒子に対応する)．

さらに学習を進める人のために

この本の内容に関係する教科書・参考書をいくつかあげる．ただし名著ではあっても，その内容がほぼこの本に含まれているものは，省略させていただく．

[1] 有山正孝，振動・波動(裳華房)
[2] スレーター，フランク，力学(丸善)
[3] パノフスキー，フィリップス，電磁気学下(吉岡書店)
[4] 平川浩正，電磁気学(培風館)
[5] ランダウ，リフシッツ，弾性理論(東京図書)
[6] ファインマン，レイトン，サンズ，ファインマン物理学 II，III，IV(岩波書店)
[7] 恒藤敏彦，弾性体と流体(岩波書店)
[8] 戸田盛和，振動論(培風館)
[9] 神谷芳弘，北門新作，振動・波動演習(サイエンス社)
[10] 長岡洋介，振動と波(裳華房)
[11] 中西襄，場の理論(培風館)
[12] 高橋康，物性研究者のための場の理論 I，II(培風館)
[13] H. Umezawa，場の量子論(培風館)

力学の振動・波動に詳しいのは，[1]，[2]などである．[8]は多少高度で，非線形振動に詳しい．弾性体については[5]が古典的な名著である．また，ここではふれなかった流体力学の基礎は，たとえば[7]を参照してほしい．[6]の II には光学，III，IV には電磁波についての物理的に興味ある議論が多い．電磁波について，さらに詳しい説明があるのは[3]や[4]，光学について数学的に詳しいのは[1]である．演習書は，たとえば[9]，[10]が役立つ．また場の量子論については，本シリーズ第 6 巻でもさらに説明するが，詳しくは，たとえば[11]～[13]を参照してほしい．

付録　減衰振動・強制振動・単振り子・パラメータ励振

▶力学の巻で扱ったのは，減衰振動，強制振動(共鳴)，断熱近似(バネ定数がゆるやかに変化する場合の振動)，非線形振動の摂動論(変位の2次に比例する弱い力が加わった場合の解法)である．

単純な単振動に別の効果が加わった運動方程式は，力学の巻でいくつか議論をした．そのうちの減衰振動と強制振動は，この巻でも登場するので，以下にその要点を再掲する．またここではその他に，単振り子(単振動からのずれ)，パラメータ励振(ブランコの機構)について説明する．

■減衰振動

$$\mu\frac{d^2x}{dt^2}+\eta\frac{dx}{dt}+\kappa x = 0 \tag{1}$$

▶速度の2乗に比例した抵抗力が働く場合の解は，力学の巻の章末問題で説明した．

という方程式を考える(μは質量，κはバネ定数)．単振動に，速度に比例する抵抗力(第2項)を付け加えたものである(ηはその大きさを決める定数($\eta>0$))．まず

$$x = e^{-\alpha t} \tag{2}$$

という形の解を考えよう．これを(1)に代入すれば

$$(\mu\alpha^2-\eta\alpha+\kappa)e^{-\alpha t} = 0$$

$$\Rightarrow \quad \alpha = \alpha_\pm \equiv \frac{\eta}{2\mu}\pm\frac{1}{2\mu}\sqrt{\eta^2-4\mu\kappa} \tag{3}$$

となる．以下，2つの場合に分けて，この式の意味を説明しよう．

［1］　$\eta^2>4\mu\kappa$ の場合(抵抗力が強いとき)

(3)より実数解が2つ求まった．それの任意の一次結合

$$x = Ae^{-\alpha_+ t}+Be^{-\alpha_- t} \quad (A, B \text{ は任意の定数})$$

も，(1)の解になっている．時間が経過すると $x\to 0$ となる．抵抗力が強いので，まったく振動しない．

［2］　$\eta^2<4\mu\kappa$ の場合(抵抗力が弱いとき)

(3)よりαは複素数になる．しかし物理の問題としては，xが実数になることが明らかな形で解を表わしたい．そこで

$$\alpha_\pm = \beta\pm i\gamma, \qquad \beta\equiv\frac{\eta}{2\mu}$$

とすると，

$$e^{-\alpha t} = e^{-\beta t}(\cos\gamma t\mp i\sin\gamma t) \tag{4}$$

というように，解が実数部と虚数部に分かれる．これを(1)に代入して式全体の実数部を取れば，(4)の実数部が解になっていることがわかる．虚数部も同様．したがって，それらの任意の一次結合が(1)の解になる．つまり一般解は

$$x = e^{-\beta t}(A\cos\gamma t+B\sin\gamma t)$$

xは振動するが，その振幅はしだいにゼロとなる．これを**減衰振動**という．

▶これに対して［1］を**過減衰**，［3］を**臨界減衰**という．

［3］　$\eta^2=4\mu\kappa$ の場合

このときは，(2)の形の解は1つしかあらわれない．もう1つの解の形は

$$x \propto te^{-\alpha t} \tag{5}$$

となる．一般解は，(2)と(5)の一次結合である．

■強制振動

$$\mu\frac{d^2x}{dt^2}+\eta\frac{dx}{dt}+\kappa x = F_0\cos\omega t \tag{6}$$

という方程式を考える．減衰振動の式に，振動する外力を加えたものである．この式の代わりに

$$\mu\frac{d^2x}{dt^2}+\eta\frac{dx}{dt}+\kappa x = F_0\,e^{i\omega t} \tag{7}$$

という式を考えよう．この解の実数部分を取れば，(6)の解になる．そこで

▶(7)の右辺の実数部が(6)の右辺になっているから．

$$x = Ae^{i\omega t}$$

として(7)に代入すると，

$$(-\mu\omega^2+i\eta\omega+\kappa)Ae^{i\omega t} = F_0e^{i\omega t}$$

$$\Rightarrow\quad A = \frac{F_0}{\kappa-\mu\omega^2+i\eta\omega} = \frac{F_0}{\sqrt{(\kappa-\mu\omega^2)^2+\eta^2\omega^2}}e^{-i\theta}$$

▶$\tan\theta = \dfrac{\eta\omega}{\kappa-\mu\omega^2}$

となる．したがって(6)の解は

$$x = \frac{F_0}{\sqrt{(\kappa-\mu\omega^2)^2+\eta^2\omega^2}}\cos(\omega t-\theta) \tag{8}$$

となる．これは，任意定数のない解なので特解という．これに，(1)の一般解を付け加えたものが(6)の一般解になるが，(1)の一般解は時間の経過とともに減衰するので，結局，解は(8)で表わされることになる．(8)は，振幅一定の振動である．つまりこの系は，外力からエネルギーを受け取りながら，抵抗(摩擦などの)によって，それに等しいエネルギーを外部に放出している．また(8)は

$$\omega^2 = \frac{\kappa}{\mu}-\frac{\eta^2}{2\mu^2}$$

のときに最大となる．抵抗ηが小さければ，これはもとの単振動の振動数κ/μにほぼ等しい．つまり，さまざまな振動数をもつ力が組み合わさった外力がかかると，この系は，そのうちの系の振動数に近い成分を強く吸収することになる．

▶分子による電磁波の吸収(6.5節)も，この原理で起こる．

■単振り子

▶先端に質点が1つ付いただけの振り子を**単振り子**と呼ぶ．大きさをもった物体で作る振り子の単振動については，力学の巻第10章参照．

長さlの単振り子の運動方程式は，振れの角度をθとすれば

$$\frac{d^2\theta}{dt^2} = -\frac{g}{l}\sin\theta \tag{9}$$

となる．ここで$\sin\theta\simeq\theta$と近似すれば単振動になるが，ここでは単振動からのずれを議論しよう．エネルギー保存則は

▶$dE/dt=0$であることは，(9)を使えば証明できる．

$$E = \frac{\mu l^2}{2}\dot{\theta}^2+\mu gl(1-\cos\theta)$$

となる．これより，振れの最大角をθ_mとすれば

▶$\theta=\theta_m$のとき$\dot{\theta}=0$であることを考えれば(10)はすぐ求まる．

$$\frac{d\theta}{dt} = 2\sqrt{\frac{g}{l}}\sqrt{\sin^2\theta_m/2-\sin^2\theta/2} \tag{10}$$

$$\Rightarrow\quad t(\theta) = \frac{1}{2}\sqrt{\frac{l}{g}}\int^{\theta}\frac{d\theta}{\sqrt{\sin^2\theta_m/2-\sin^2\theta/2}}$$

$$\Rightarrow \quad T(\text{周期}) = 2\sqrt{\frac{l}{g}}\int_0^{\theta_m}\frac{d\theta}{\sqrt{\sin^2\theta_m/2-\sin^2\theta/2}}$$

ここで

$$\sin\varphi = (\sin\theta/2)/(\sin\theta_m/2)$$

という変数 φ を導入すると，

$$T = 4\sqrt{\frac{l}{g}}\int_0^{\pi/2}\frac{d\varphi}{\sqrt{1-(\sin^2\theta_m/2)\sin^2\varphi}}$$

さらに，振れが小さいとして

$$\frac{1}{\sqrt{1-(\sin^2\theta_m/2)\sin^2\varphi}} = 1+\frac{1}{2}(\sin^2\theta_m/2)\sin^2\varphi+\cdots$$

という展開をすれば

$$T = 4\sqrt{\frac{l}{g}}\left\{\frac{\pi}{2}+\frac{\pi}{8}\sin^2\frac{\theta_m}{2}+\cdots\right\}$$

というように，振れが増すと周期が単振動($T=2\pi\sqrt{l/g}$)からずれていく様子がわかる．

■パラメータ励振

$$\frac{d^2x}{dt^2} = -\omega_0{}^2(1+a\cos 2\omega t)x \qquad (|a|\ll 1) \tag{11}$$

という方程式を考える．角振動数が周期的に変化する振動である．解として

$$x = A(t)\cos\omega t+B(t)\sin\omega t \tag{12}$$

という形のものを考えよう．ただし，A や B はゆっくり変化すると仮定する．(12)を(11)に代入し，A と B の2階微分は無視すると，

▶ブランコに乗っている人が，周期的に自分の重心を上下させる状況を考えればよい．この式の解から，タイミングよく重心を上下させれば，ブランコの振幅が増すことがわかる．

$$\begin{aligned}-A\omega^2\cos\omega t-B\omega^2\sin\omega t-2\dot{A}\omega\sin\omega t+2\dot{B}\omega\cos\omega t \\ \simeq -\omega_0{}^2\Big\{A\cos\omega t+B\sin\omega t+\frac{aA}{2}[\cos 3\omega t+\cos\omega t] \\ +\frac{aB}{2}[\sin 3\omega t-\sin\omega t]\Big\}\end{aligned}$$

となる．この式がすべての t について成り立つためには，$\sin\omega t$ と $\cos\omega t$ の係数がそれぞれゼロでなければならず

▶角振動数 3ω の項は無視している．この項も含めてこの式を成り立たせるためには，(12)に高調波(倍振動)の項も含めておかなければならないが，a が小さいときは，それは(12)に比べて小さい．

$$\begin{cases}-2\dot{A}\omega-B\omega^2 = -\omega_0{}^2\left(B-\dfrac{aB}{2}\right) \\ 2\dot{B}\omega-A\omega^2 = -\omega_0{}^2\left(A+\dfrac{aA}{2}\right)\end{cases}$$

$$\Rightarrow \quad -2\omega\ddot{A} = \left\{\omega^2-\omega_0{}^2\left(1-\frac{a}{2}\right)\right\}\frac{1}{2\omega}\left\{\omega^2-\omega_0{}^2\left(1+\frac{a}{2}\right)\right\}A$$

となる．これより，もし

$$\omega_0{}^2\left(1-\frac{a}{2}\right) < \omega^2 < \omega_0{}^2\left(1+\frac{a}{2}\right)$$

であれば，A が指数関数的に増大する解($A\propto e^{\alpha t}$，ただし $\alpha>0$)があることがわかる．

章末問題解答

第1章

1.1
(1) $x = x_0 \cos \omega t$　　(2) $x = \dfrac{v_0}{\omega} \sin \omega t$

1.2 $\sin^2(\omega t+\theta_0) = (1/2)\{1-\cos(2\omega t+2\theta_0)\} \underset{\text{平均}}{\rightarrow} 1/2$ だから

$$T(\text{平均}) = \frac{\mu}{4}A^2\omega^2 = \frac{\kappa}{4}A^2 = U(\text{平均})$$

1.3 中央の位置から質点が x ずれたときのバネの伸びは，$|x| \ll L$ として

$$\sqrt{L^2+x^2}-l \simeq L-l+(1/2L)x^2$$

したがって，バネのエネルギーの和は

$$U = 2\times\frac{1}{2}\kappa\left(L-l+\frac{1}{2L}x^2\right)^2 \simeq \kappa(L-l)^2+\kappa\frac{L-l}{L}x^2 \quad\Rightarrow\quad \omega^2 = \frac{2\kappa(L-l)}{\mu L}$$

1.4 仕切りが安定点から x だけ上昇したときの，シリンダー内部の圧力の変化は

$$\Delta P = \frac{dP}{dV}\Delta V = -\gamma\frac{P}{V}\cdot Sx$$

したがって，運動方程式は

$$\mu\frac{d^2x}{dt^2} = \Delta P\cdot S = -\gamma\frac{PS^2}{V}x$$

また，角振動数は

$$\omega^2 = \gamma\frac{PS^2}{\mu V}$$

1.5 $\kappa=\kappa'$ の場合と同じように，$x_\pm \equiv x_2 \pm x_1$ とすれば

$$\mu\frac{d^2}{dt^2}x_+ = -\kappa(x_+-L)$$

$$\mu\frac{d^2}{dt^2}x_- = -(\kappa+2\kappa')(x_--x_0)$$

$$(x_0 \equiv \{2(\kappa'-\kappa)l+\kappa L\}/(\kappa+2\kappa'))$$

したがって，$x_\pm$ はそれぞれ角振動数が

$$\omega_+{}^2 = \frac{\kappa}{\mu}, \qquad \omega_-{}^2 = \frac{\kappa+2\kappa'}{\mu}$$

の単振動をする．安定点は $x_+=L$，$x_-=x_0$．

1.6 基準座標に対する初期条件は

$$x_+ = L+d, \qquad \dot{x}_+ = 0$$

$$x_- = x_0+d, \qquad \dot{x}_- = 0$$

したがって，

$$x_+(t) = L+d\cos\omega_+ t$$

$$x_-(t) = x_0+d\cos\omega_- t$$

これより

$$\begin{aligned} 2x_1 &= L-x_0+d(\cos\omega_+ t-\cos\omega_- t) \\ &= L-x_0+2d\cos\frac{\omega_+-\omega_-}{2}t\cdot\cos\frac{\omega_++\omega_-}{2}t \end{aligned}$$

$$2x_2 = L+x_0-2d\sin\frac{\omega_+-\omega_-}{2}t\cdot\sin\frac{\omega_++\omega_-}{2}t$$

$\kappa'\ll\kappa$ のときは

$$\frac{\omega_++\omega_-}{2} \simeq \sqrt{\frac{\kappa}{\mu}}$$
$$\frac{\omega_--\omega_+}{2} \simeq \sqrt{\frac{\kappa}{\mu}}\frac{\kappa'}{\kappa} \ll \sqrt{\frac{\kappa}{\mu}}$$

たとえば x_1 は角振動数 $\sqrt{\kappa/\mu}$ で振動しながら，その振幅が角振動数 $\sqrt{\kappa/\mu}\cdot\kappa'/\kappa$ でゆっくり変化しているとみなせる．x_2 も同様だが，x_1 と交互に振幅が大きくなる．一般に，2つの単振動をする系が弱く結びついているとき，このような現象が起きる．音が周期的に大きくなる現象との類推でうなりと呼ばれる．

1.7 (1.4.2)からは，すぐに(1.4.5)と同じ式が求まる．また(1.4.12)を使うときは，

$$T = \frac{\mu}{2}(\dot{u}_1{}^2+\dot{u}_2{}^2) = \frac{\mu}{4}(\dot{u}_+{}^2+\dot{u}_-{}^2)$$
$$U = U_0+\frac{1}{4}\kappa u_+{}^2+\frac{3}{4}\kappa u_-{}^2$$

より

$$\frac{d}{dt}\left(\frac{\partial T}{\partial \dot{u}_+}\right) = \frac{\mu}{2}\frac{d}{dt}\dot{u}_+ = \frac{\mu}{2}\ddot{u}_+$$
$$\frac{\partial U}{\partial u_+} = \frac{\kappa}{2}u_+$$

だから，(1.4.12)は

$$\frac{\mu}{2}\ddot{u}_+ = -\frac{\kappa}{2}u_+$$

となり，(1.4.5)と一致する．u_- も同様．

1.8 振れの角度は微小だとし，$\cos\theta_i\simeq 1$ とする．まず，上の振り子が μ_1 を引っ張る張力は，重力との釣り合いから

$$T \simeq g(\mu_1+\mu_2)$$

これの x_1 方向の成分は

$$g(\mu_1+\mu_2)\times(x_1/l_1)$$

同様に，下の振り子が μ_1 を下に引っ張る力は $g\mu_2$ だから，その x_1 方向の成分は $g\mu_2\times(x_2-x_1)/l_2$．これより(1.5.4)の x_1 に対する運動方程式が求まる．x_2 も同様．

1.9

$$\frac{d}{dt}\left(\frac{\partial T}{\partial \dot{x}_+}\right) = \frac{2-\sqrt{2}}{4}\mu\ddot{x}_+, \qquad \frac{\partial U}{\partial x_+} = \frac{3-2\sqrt{2}}{2}\mu\kappa x_+$$

したがって，ラグランジュ方程式は

$$\ddot{x}_+ = -\frac{4}{2-\sqrt{2}}\cdot\frac{3-2\sqrt{2}}{2}\frac{\kappa}{\mu}x_+$$

右辺の係数は，$\omega_+{}^2$ に等しい．x_- も同様．

1.10 x_+ の運動は，$x_-=0$ より

$$\frac{x_2-x_1}{x_1} = -\frac{1}{\xi_-}-1 = \sqrt{2}\ (>0)$$

つまり，上下の振り子は同じ方向に振れる．x_- の運動では，上下の振り子は逆方向に振れる．

1.11 ポテンシャルは，(1.5.3)と同様に考えて

$$U = \frac{1}{2}\frac{\mu g}{l}(x_1{}^2+x_2{}^2)+\frac{1}{2}\kappa(x_2-x_1)^2$$

運動方程式は

$$\mu\ddot{x}_1 = -\frac{\partial U}{\partial x_1} = -\frac{\mu g}{l}x_1+\kappa(x_2-x_1)$$

$$\mu\ddot{x}_2 = -\frac{\mu g}{l}x_2-\kappa(x_2-x_1)$$

$x_\pm = x_2 \pm x_1$ が基準座標になるのは明らかだろう．

第2章

2.1　(2.1.9)より $\tan 2\theta=\infty$ だから，$\theta=\pi/4$ とする．(2.1.10)より $K_{\tilde{x}}=1$, $K_{\tilde{y}}=16$. したがって

$$U = \frac{1}{2}\tilde{x}^2+8\tilde{y}^2$$

初期条件より

$$\tilde{x} = \frac{x+y}{\sqrt{2}} = \frac{1}{\sqrt{2}}\cos t$$

$$\tilde{y} = \frac{-x+y}{\sqrt{2}} = -\frac{1}{\sqrt{2}}\cos 4t$$

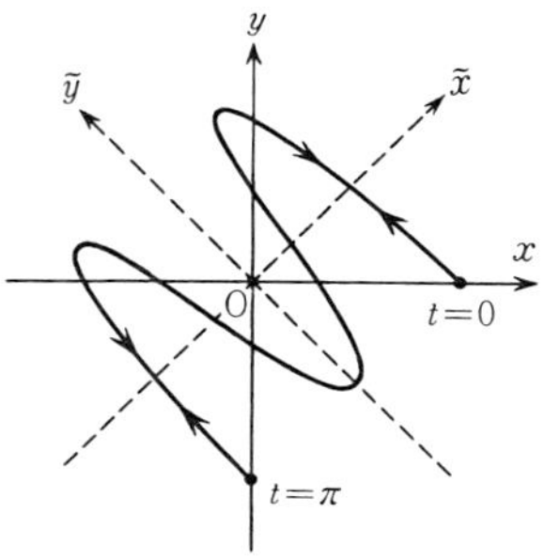

図1　質点の運動の軌跡

$t=2\pi$ で $\tilde{x}$ も $\tilde{y}$ も元に戻る．その間の軌跡を追っていけば，図1のようになる．(元に戻るのは，$K_{\tilde{x}}$ と $K_{\tilde{y}}$ の比が有理数だから.)

2.2　(1.5.3)より，$\mu_1 g/l_1=\mu_2 g/l_1=\mu_2 g/l_2\equiv K$ として

$$U \simeq \frac{3}{2}Kx_1{}^2-Kx_1x_2+\frac{1}{2}Kx_2{}^2$$

(2.1.9)より，

$$\tan 2\theta = -1 \quad\Rightarrow\quad \tan\theta = 1\pm\sqrt{2}$$

また，1.5節より，たとえば x_+ の方向(つまり $x_-=0$)は

$$x_2/x_1 = -\xi_-{}^{-1} = 1+\sqrt{2}$$

x_- の方向も，$x_2/x_1=1-\sqrt{2}$ で，$\tan\theta$ に一致する．

2.3　計算を簡単にするために，全体を$(\sqrt{2})^2$倍して

$$\begin{pmatrix} 1 & 1 \\ -1 & 1 \end{pmatrix}\begin{pmatrix} 2\kappa & -\kappa \\ -\kappa & 2\kappa \end{pmatrix}\begin{pmatrix} 1 & -1 \\ 1 & 1 \end{pmatrix} = \begin{pmatrix} 2\kappa & 0 \\ 0 & 6\kappa \end{pmatrix}$$

を確かめればよい．

2.4　(ⅰ)　問題2.2の解答より

$$\boldsymbol{K} = K\begin{pmatrix} 3 & -1 \\ -1 & 1 \end{pmatrix}$$

(ⅱ)　以下，$K=1$ とする．固有値を λ とすると

$$(\lambda-3)(\lambda-1)-(-1)^2 = 0 \quad\Rightarrow\quad \lambda_\pm = 2\mp\sqrt{2} = 3-\xi_\pm \qquad (\xi_\pm\equiv 1\pm\sqrt{2})$$

これは(1.5.9)の $\omega_\pm{}^2$ に相当する．

(ⅲ)　固有ベクトルを $(a_\pm, b_\pm)$ とすると

$$\begin{pmatrix} 3-\lambda_\pm & -1 \\ -1 & 1-\lambda_\pm \end{pmatrix}\begin{pmatrix} a \\ b \end{pmatrix} = 0 \quad\Rightarrow\quad \frac{b_\pm}{a_\pm} = 3-\lambda_\pm = \xi_\pm$$

x_+ の基準振動は，$x_-=0$ より，$x_2/x_1=1+\sqrt{2}=\xi_+$．x_- の基準振動は，$x_+=0$ より，$x_2/x_1=1-\sqrt{2}=\xi_-$ で上に一致する．

(ⅳ)　固有ベクトルを規格化するために

$$\begin{pmatrix} a_\pm \\ b_\pm \end{pmatrix} = c_\pm \begin{pmatrix} 1 \\ \xi_\pm \end{pmatrix} \qquad (c_\pm \text{ は定数})$$

とすると

$$a_\pm{}^2 + b_\pm{}^2 = 1 \quad \Rightarrow \quad c_\pm = 1/\sqrt{4\pm 2\sqrt{2}}$$

したがって

$$\boldsymbol{O} = \begin{pmatrix} c_+ & c_- \\ c_+\xi_+ & c_-\xi_- \end{pmatrix}, \qquad {}^t\boldsymbol{O} = \begin{pmatrix} c_+ & c_+\xi_+ \\ c_- & c_-\xi_- \end{pmatrix}$$

$\boldsymbol{O}\cdot{}^t\boldsymbol{O} = {}^t\boldsymbol{O}\cdot\boldsymbol{O} = \boldsymbol{1}$ は，$c_+{}^2 + c_-{}^2 = 1$，$c_+{}^2 - c_-{}^2 = -1/\sqrt{2}$ などを使えば示せる．

（v）

$$\begin{pmatrix} x_1 \\ x_2 \end{pmatrix} \propto \boldsymbol{O} \begin{pmatrix} x_+ \\ x_- \end{pmatrix}$$

であることを直接確かめてもよいが，むしろその逆変換

$$\begin{pmatrix} x_+ \\ x_- \end{pmatrix} \propto {}^t\boldsymbol{O} \begin{pmatrix} x_1 \\ x_2 \end{pmatrix}$$

を示しても同じことである．そしてこれは

$$x_\pm \propto x_1 + \xi_\pm x_2$$

だから，(iv)の ${}^t\boldsymbol{O}$ を使えば明らか．

2.5 負の固有値があったとすると，それに対応する基準座標(x とする)の運動方程式は

$$\frac{d^2x}{dt^2} = +\alpha^2 x \qquad (\alpha>0)$$

の形になる．この一般解は

$$x = Ae^{\alpha t} + Be^{-\alpha t} \qquad (A, B \text{ は定数})$$

したがって，$A=0$ でない限り $t\to\infty$ で $|x|\to\infty$ となってしまう．曲面で考えたときは，$x=0$ が極小ではなく(x 方向には)極大となっていることを意味する．つまり $x=0$ は不安定点である．

2.6 (2.5.2)より

$$\boldsymbol{O} = \begin{pmatrix} 1/\sqrt{2} & 1/2 & 1/2 \\ 0 & -1/\sqrt{2} & 1/\sqrt{2} \\ 1/\sqrt{2} & 1/2 & 1/2 \end{pmatrix}, \qquad \boldsymbol{O}^{-1} = {}^t\boldsymbol{O} = \begin{pmatrix} 1/\sqrt{2} & 0 & 1/\sqrt{2} \\ 1/2 & -1/\sqrt{2} & 1/2 \\ 1/2 & 1/\sqrt{2} & 1/2 \end{pmatrix}$$

したがって，基準振動を $(\tilde{u}_1, \tilde{u}_2, \tilde{u}_3)$ とすれば

$$\begin{pmatrix} \tilde{u}_1 \\ \tilde{u}_2 \\ \tilde{u}_3 \end{pmatrix} = {}^t\boldsymbol{O} \begin{pmatrix} u_1 \\ u_2 \\ u_3 \end{pmatrix} \xrightarrow[(u_1=u_3=0,\, u_2=d)]{} \begin{pmatrix} 0 \\ -d/\sqrt{2} \\ d/\sqrt{2} \end{pmatrix}$$

したがって，

$$\begin{pmatrix} u_1 \\ u_2 \\ u_3 \end{pmatrix} = \boldsymbol{O} \begin{pmatrix} \tilde{u}_1 \\ \tilde{u}_2 \\ \tilde{u}_3 \end{pmatrix} = \boldsymbol{O} \begin{pmatrix} 0 \\ -(d/\sqrt{2})\cos\omega_+ t \\ (d/\sqrt{2})\cos\omega_- t \end{pmatrix} \qquad (\text{以下略})$$

ただし，$\omega_\pm{}^2 = \lambda_\pm/\mu$．

2.7

$$\begin{pmatrix} \kappa-\lambda & -\kappa & 0 \\ -\kappa & 2\kappa-\lambda & -\kappa \\ 0 & -\kappa & \kappa-\lambda \end{pmatrix} \begin{pmatrix} a \\ b \\ c \end{pmatrix} = 0$$

より，$\lambda=0$ のときは，$(a, b, c)\propto(1, 1, 1)$．これは本文中で説明した．$\lambda=\kappa$ のときは，$(a, b, c,)\propto(1, 0, -1)$．中央が静止し，両側が逆向きに動く運動をする．$\lambda=3\kappa$ のときは，$(a, b, c)\propto(1, -2, 1)$．両側と中央が，重心は動かないように逆向きに動く運動．

2.8　各質量の速度は $ad\theta_i/dt$ だから，

$$T = \frac{1}{2}\mu a^2(\dot{\theta}_1{}^2+\dot{\theta}_2{}^2+\dot{\theta}_3{}^2)$$

$$U = \frac{1}{2}\kappa\{[a(\theta_2-\theta_1)-l]^2+[a(\theta_3-\theta_2)-l]^2+[a(2\pi+\theta_1-\theta_3)-l]^2\}$$

安定点では $2\pi/3$ ずつ離れることを考え

$$\tilde{\theta}_1 \equiv \theta_1, \quad \tilde{\theta}_2 \equiv \theta_2-\frac{2}{3}\pi, \quad \tilde{\theta}_3 \equiv \theta_3-\frac{4}{3}\pi$$

とすると T の形は変わらず，

$$\begin{aligned} U &= U(\tilde{\theta}_1=\tilde{\theta}_2=\tilde{\theta}_3=0)+\frac{1}{2}\kappa a^2\{(\tilde{\theta}_2-\tilde{\theta}_1)^2+(\tilde{\theta}_3-\tilde{\theta}_2)^2+(\tilde{\theta}_1-\tilde{\theta}_3)^2\} \\ &= \text{定数}+\kappa a^2\{\tilde{\theta}_1{}^2+\tilde{\theta}_2{}^2+\tilde{\theta}_3{}^2-\tilde{\theta}_1\tilde{\theta}_2-\tilde{\theta}_2\tilde{\theta}_3-\tilde{\theta}_3\tilde{\theta}_1\} \\ &\Rightarrow \quad \boldsymbol{K} = \begin{pmatrix} 2 & -1 & -1 \\ -1 & 2 & -1 \\ -1 & -1 & 2 \end{pmatrix} \end{aligned}$$

固有値 λ は

$$(2-\lambda)^3-2-3(2-\lambda) = 0 \quad \Rightarrow \quad \lambda = 0, 3(\text{重根})$$

固有ベクトルは

$\lambda=0 \rightarrow (1,1,1)$　　全体の回転

$\lambda=3 \rightarrow (2,-1,-1),(-1,2,-1)$　　1つだけ逆向きに振動する

第3章

3.1　角振動数は

$$\omega^2 = \frac{4\kappa}{\mu}\sin^2\frac{\pi m}{8} = \begin{cases} \dfrac{\kappa}{\mu}(2-\sqrt{2}) & m=1 \\ \dfrac{2\kappa}{\mu} & m=2 \\ \dfrac{\kappa}{\mu}(2+\sqrt{2}) & m=3 \end{cases}$$

これは2.5節の結果と一致する．また，各質点の動き (a_1, a_2, a_3) は

$$a_n \propto \sin\frac{\pi mn}{4} = \begin{cases} (1/\sqrt{2}, 1, 1/\sqrt{2}) & m=1 \\ (1, 0, -1) & m=2 \\ (1/\sqrt{2}, -1, 1/\sqrt{2}) & m=3 \end{cases}$$

これも2.5節で求めた固有ベクトルに比例する．

3.2

$$\sin\frac{\pi mn}{N+1}\sin\frac{\pi m'n}{N+1} = -\frac{1}{4}\{e^{iA(m+m')n}+e^{-iA(m+m')n}-e^{iA(m-m')n}-e^{-iA(m-m')n}\}$$

$$\sum_n e^{iA(m\pm m')n} = -\frac{(-1)^{m\pm m'}-e^{iA(m\pm m')}}{1-e^{iA(m\pm m')}}$$

$$\begin{aligned} \sum_n e^{-iA(m\pm m')n} &= -\frac{(-1)^{m\pm m'}-e^{-iA(m\pm m')}}{1-e^{-iA(m\pm m')}} \\ &= -(-1)^{m\pm m'}\frac{(-1)^{m\pm m'}-e^{iA(m\pm m')}}{1-e^{iA(m\pm m')}} \end{aligned}$$

$m+m'$ が偶数(奇数)ならば，$m-m'$ も偶数(奇数)であることに注意して，偶奇それぞれに対して計算すれば，どちらも0になる．

3.3　基準座標では，エネルギーは単振動の和として書けるのだから，

$$E = \sum_{m=1}^{N}\left(\frac{\mu}{2}\dot{\tilde{u}}_m{}^2+\frac{\mu}{2}\omega_m{}^2\tilde{u}_m{}^2\right)+\text{定数}$$

3.4　(3.1.3)の代わりに，$u_n=a_ne^{\alpha t}$（α は定数），これを与式に代入して3.1節の

ように計算すれば，

$$\mu\alpha^2+\gamma\alpha+4\kappa\sin^2\frac{\pi m}{2(N+1)}=0$$

これは，自由度が1つの減衰振動に現われる式である．これを，各 m ごとに解いて α を計算すれば基準(減衰)振動が求まる．

3.5　m が偶数ならば $\sin(\pi m/2)=0$．初期条件を $u_1=d_1$，$u_N=d_N$ とすると

$$\begin{aligned}\tilde{u}_m &= a_{1m}d_1+a_{Nm}d_N\\ &= \sqrt{\frac{2}{N+1}}\left\{d_1\sin\frac{\pi m}{N+1}+d_N\sin\frac{\pi mN}{N+1}\right\}\\ &= \sqrt{\frac{2}{N+1}}\sin\frac{\pi m}{N+1}\{d_1+(-1)^{m+1}d_N\}\end{aligned}$$

したがって，$d_1=d_N$ のとき m が奇数のみ，$d_1=-d_N$ のとき m が偶数のみの基準振動が起こる．

3.6　角振動数は

$$\omega^2=\frac{4\kappa}{\mu}\sin^2\frac{\pi m}{6}=\begin{cases}0 & m=0\\ \dfrac{\kappa}{\mu} & m=1\\ \dfrac{3\kappa}{\mu} & m=2\end{cases}$$

これは(2.5.4)に一致する．また，各質点の動き (a_1,a_2,a_3) は，

$$a_n\propto\cos\frac{\pi m}{3}\left(n-\frac{1}{2}\right)=\begin{cases}(1,1,1) & m=0\\ (\sqrt{3}/2,0,-\sqrt{3}/2) & m=1\\ (1/2,-1,1/2) & m=2\end{cases}$$

これは問題2.7で求めた固有ベクトルに一致する．

3.7　$a_0=0$ より，$a_n=\sin kn$ とする．

$$a_N=a_{N+1}\ \text{より，}\ kN=(2m+1)\pi-(kN+k)\quad\Rightarrow\quad k=\frac{2m+1}{2N+1}\pi$$

また，

$$\omega_m{}^2=\frac{4\kappa}{\mu}\sin^2\frac{(2m+1)\pi}{2(2N+1)}$$

3.8　$n=1$ のときに式が成り立つためには，$u_0=u_N$．
$n=N$ のときに式が成り立つためには，$u_{N+1}=u_1$．$a_n\propto\sin(kn+\alpha)$ とすれば(α は定数)，

$$\sin\alpha=\sin(kN+\alpha),\qquad \sin(kN+k+\alpha)=\sin(k+\alpha)$$
$$\Rightarrow\quad kN=2m\pi,\qquad \alpha\ \text{は任意}(m=1,\cdots,N)$$

3.9　(3.5.5)の第1式に(3.5.6)を代入すれば(複号同順)

$$\frac{C_B}{C_A}=\frac{-1}{2\mu_A\cos k}\{\mu_B-\mu_A\pm\sqrt{(\mu_A-\mu_B)^2+4\mu_A\mu_B\cos^2 k}\}$$

$|\mu_B-\mu_A|<\sqrt{\cdots}$ だから，C_B/C_A の符号は，ω^2 の符号で決まる．

3.10　$u_n=a_0\cos(kn-\omega t)$ とすれば(3.5.2)と同様の計算により，

$$\omega^2=\frac{2\kappa}{\mu}(1-\cos k)$$

となる．ただし今の場合，ω が与えられ，それから k を求める式である．しかし，$\omega^2>4\kappa/\mu$ だったら，k は実数にはならない．そのときは，

$$u_n=a_0e^{-\gamma n}(-1)^n\cos\omega t$$

とすると($(-1)^n$ を入れないと γ が実数にならない)，運動方程式は

$$-\mu\omega^2 = -\kappa(e^{\gamma}+2+e^{-\gamma}) \quad \Rightarrow \quad e^{-\gamma} = \frac{1}{2}\left\{\left(\frac{\mu\omega^2}{\kappa}-2\right)-\sqrt{\frac{\mu\omega^2}{\kappa}\left(\frac{\mu\omega^2}{\kappa}-4\right)}\right\}$$

2根のうち，現実に意味のある解をとった．右辺は1以下，つまり $\gamma \geqq 0$ となることに注意．つまり，ω が，この質点系の最大基準角振動数 $2\sqrt{\kappa/\mu}$ よりも大きいときは，u_0 の振動は波としては伝わらずに減衰する．

第4章

4.1　(4.2.3)の上の式では，F は単位面積当たりの力，$\varDelta L$ は単位長さ当たりの伸びだから

$$[E] = [\text{力/面積}]/[\text{長さ/長さ}] = \mathrm{kg\,m^{-1}\,s^{-2}}$$
$$[\rho] = [\text{質量}]/[\text{体積}] = \mathrm{kg\,m^{-3}}$$
$$\Rightarrow \quad [E/\rho] = \mathrm{m^2\,s^{-2}}$$

4.2　バネ定数とは，力と伸びの比だから，(4.2.3)より ES/L．

4.3　筒の方向の振動の場合には，体積変化率 $\varDelta V/V$ は伸縮率に等しいので，K はヤング率 E に相当する(ただし，弾性体における F/S を，圧力 P ではなく，その平均値からのずれ $\varDelta P$ に対応させる)．したがって波動方程式も，弾性体の式で E と K を入れ換えればよい．また圧力は，

$$P = P(\text{静止状態})+\varDelta P$$

とすれば，

$$\varDelta P = -K\frac{\varDelta V}{V} = -K\frac{\partial u}{\partial x}$$

したがって，u に対する波動方程式全体を x で偏微分して $-K$ を掛ければ，$\varDelta P$ も同じ波動方程式を満たすことがわかる．同様に

$$\varDelta\rho = \rho\frac{\varDelta V}{V} \simeq \rho(\text{静止})\frac{\partial u}{\partial x}$$

だから，$\varDelta\rho$ も同じ(ただし $\rho(\text{静止}) \gg \varDelta\rho$ とする)．

4.4　1モルの気体に対する関係式 $PV=RT$，$\rho V=m$ より，

$$P/\rho = RT/m$$

したがって，

$$v = \sqrt{\frac{\gamma P}{\rho}} = \sqrt{\frac{\gamma RT}{m}} \simeq \sqrt{\frac{\gamma RT_0}{m}}\left(1+\frac{1}{2}\,\frac{T(\text{摂氏})}{T_0}\right)$$

ただし，$T_0=273(^\circ\mathrm{C})$．これに数値を代入すれば与式が求まる．

4.5

$$\frac{v(\text{ネオン})}{v(\text{空気})} = \sqrt{\frac{5/3\times 28.8}{7/5\times 20}} \simeq 1.3$$

4.6　境界での接続条件により

$$f_+(-v_1 t)+f_-(v_1 t) = g(-v_2 t)$$
$$E_1\{f_+{}'(-v_1 t)+f_-{}'(v_1 t)\} = E_2 g'(-v_2 t)$$

第2式を t で積分すれば

$$\frac{E_1}{v_1}\{-f_+(-v_1 t)+f_-(v_1 t)\} = -\frac{E_2}{v_2}g(-v_2 t)+C$$

C は積分定数であるが，これは f_+ がまだ $x=0$ に到達していないとき($x=0$ で $f_+=f_-=g=0$)も成り立っていなければならないから，$C=0$．以上より，

$$R(\text{反射率}) \equiv f_-(v_1 t)/f_+(-v_1 t) = \frac{E_1/v_1-E_2/v_2}{E_1/v_1+E_2/v_2}$$

$$T(\text{透過率}) \equiv g(-v_2 t)/f_+(-v_1 t) = \frac{2E_1/v_1}{E_1/v_1+E_2/v_2}$$

4.7 仕切りの運動方程式は，質量がゼロだから，

$$0 = -KS\frac{\partial u}{\partial x}-\kappa u \qquad (x=0)$$

ヒントの複素解を代入し $x=0$ とすれば

$$-iKSk(1-r)-\kappa(1+r) = 0$$

$$\Rightarrow \quad r = -\frac{\kappa+iKSk}{\kappa-iKSk} = e^{i(2\theta-\pi)}$$

（ただし，$\tan\theta = KSk/\kappa$）

$$\therefore \quad R = 1, \qquad \phi = \pi-2\theta$$

4.8 音速は，問題 4.4 より，348 m s^{-1}．周波数を f とすれば(4.5.6)で $n=1$ として，

$$f = \frac{\omega}{2\pi} = \frac{v}{4L} = 290\ \text{s}^{-1}\ (=290\ \text{Hz})$$

第5章

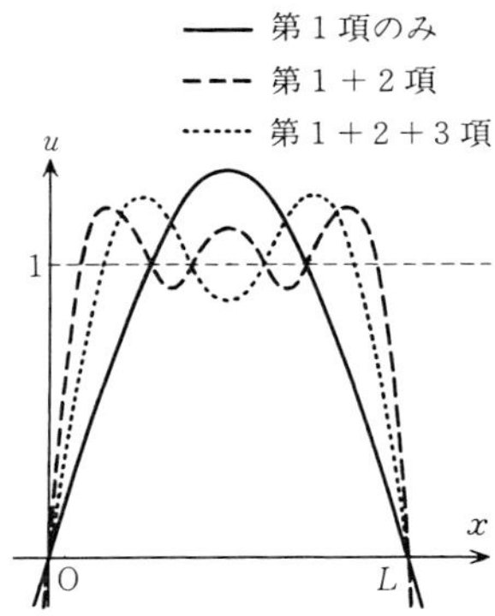

図1　$u=1$ のフーリエ展開

5.1

$$v_m = \frac{2}{L}\int_0^L \sin\left(\frac{\pi m}{L}x\right)dx = \frac{2}{\pi m}\{1-(-1)^m\}$$

$$\Rightarrow \quad u = \frac{4}{\pi}\left\{\sin\frac{\pi x}{L}+\frac{1}{3}\sin\frac{3\pi x}{L}+\frac{1}{5}\sin\frac{5\pi x}{L}+\cdots\right\}$$

(5.2.6)の u_e のみ($u_0=0$)であり，反周期関数になる(図1)．(たとえば，$-L<x<0$ では，$u=-1$．また $x=0, \pm L, \pm 2L, \cdots$ の境界では $u=0$.)

5.2

$$v_m = \frac{2L}{\pi m}(-1)^{m+1}$$

$$\Rightarrow \quad u = \frac{2L}{\pi}\left\{\sin\frac{\pi x}{L}-\frac{1}{2}\sin\frac{2\pi x}{L}+\frac{1}{3}\sin\frac{3\pi x}{L}-\cdots\right\}$$

$-L<x<L$ では，$u=x$ に等しく，あとは周期 $2L$ の周期関数(図2)．(のこぎり型のグラフになる．境界，たとえば $x=L$ では，$u=1$ から -1 へ不連続にジャンプする．$x=L$ では $u=0$.)

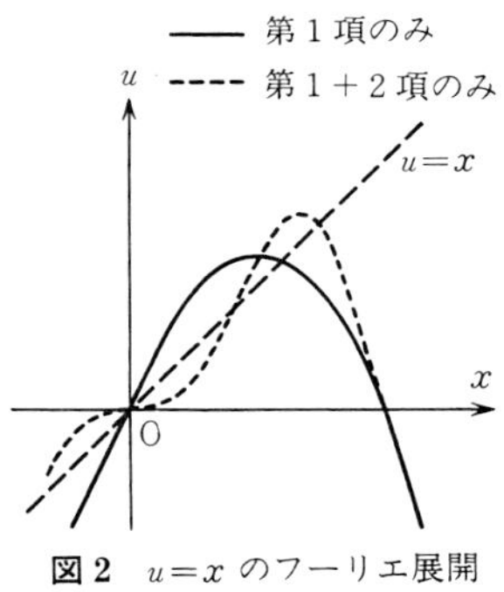

図2　$u=x$ のフーリエ展開

5.3 (4.4.8)で $t=0$ とすれば，$0<x<L$ で

$$u_0(x) = f(x)-f(-x) \qquad (1)$$

そこで $u_0(x)$ を，$0<x<L$ で例題の与式に一致する反周期関数とする．すると $u_0(x)=-u_0(-x)$．したがって

$$f(x) = \frac{1}{2}u_0(x)$$

とすれば，(1)は成り立つ．したがって，一般の t では

$$u(x,t) = \frac{1}{2}u_0(x-vt)-\frac{1}{2}u_0(-x-vt) = \frac{1}{2}u_0(x-vt)+\frac{1}{2}u_0(x+vt)$$

5.4 (5.4.3)を使えばよい．

5.5 5.2 節の連続極限と同様にすればよい．

$$\tilde{u}_m = \sum_n a_{mn}u_n \simeq \frac{N+1}{L}\int_0^L \sqrt{\frac{2}{N}}\cos\left(\frac{\pi m}{L}x\right)u(x)dx$$

$N\to\infty$ の極限を考えるので，$(n-1/2)/N \simeq n/(N+1)$ とした．

次に，$v_m \equiv \sqrt{2}\,\tilde{u}_m/\sqrt{N+1}$ とすれば，

$$v_m = \frac{2}{L}\int_0^L \cos\left(\frac{\pi m}{L}x\right)u(x)dx$$

また

$$u(x) = \sum a_{nm}\tilde{u}_m \simeq \sum_m \sqrt{\frac{2}{N}}\cos\left(\frac{\pi m}{L}x\right)\sqrt{\frac{N+1}{2}}v_m$$

$$\simeq \sum \cos\left(\frac{\pi m}{L}x\right)v_m \quad (v_0 \text{ の項は } \tilde{u}_0 \text{ の項より求まる})$$

5.6

$$\int_{-L}^{L}\cos\left(\frac{\pi m}{L}x\right)\cos\left(\frac{\pi m'}{L}x\right)dx = L\delta_{mm'}$$

$$\int_{-L}^{L}\cos\left(\frac{\pi m}{L}x\right)\sin\left(\frac{\pi m'}{L}x\right)dx = 0$$

$$\int_{-L}^{L}\sin\left(\frac{\pi m}{L}x\right)\sin\left(\frac{\pi m'}{L}x\right)dx = L\delta_{mm'}$$

を頭におき，$u(x)$ に $\cos\left(\frac{\pi m'}{L}x\right)$ あるいは $\sin\left(\frac{\pi m'}{L}x\right)$ を掛けて $-L$ から L まで積分すればよい．

5.7　(1)　$u=1$ のとき，

$$v_0 = 2, \quad v_m = 0\ (m \neq 0)$$

すべての x に対して，$u=1$.

(2)　$u=x$ のとき，

$$v_0 = L, \quad v_m = \frac{2L}{\pi^2 m^2}\{(-1)^m - 1\}$$

$$\Rightarrow \quad u = \frac{L}{2} - \frac{4L}{\pi^2}\left\{\cos\frac{\pi}{L}x + \frac{1}{9}\cos\frac{3\pi}{L}x + \frac{1}{25}\cos\frac{5\pi}{L}x + \cdots\right\}$$

$-L<x<L$ では，$u=|x|$ に等しく，あとは周期 $2L$ の周期関数．v_m が m^2 に反比例して減少することからわかるように，これは問題5.1の級数展開よりも早く $u(x)$ に近づく展開である．

5.8　(1)　$u=1$ のとき，$a_0=2$,　$a_m(m\neq 0)=b_m=0$.

(2)　$u=x$ のとき，$a_0=a_m=0$．b_m は問題5.2の v_m に等しい．

(3)　$u=|x|$ のとき，a_0, a_m は問題5.7の v_0, v_m に等しい．$b_m=0$.

5.9　(5.5.5)の被積分関数は，$k-k_0 \equiv \varDelta k$ とすると

$$\frac{1}{2}e^{-\frac{A}{2}(\varDelta k)^2}(e^{iX}+e^{-iX})$$

ただし，

$$X \simeq (x-\omega_{k_0}'t)\varDelta k + (k_0 x - \omega_{k_0}t)$$

したがって，

$$-\frac{A}{2}(\varDelta k)^2 \pm iX \simeq -\frac{A}{2}\left\{\varDelta k \mp \frac{i}{A}(x-\omega_{k_0}'t)\right\}^2 - \frac{1}{2A}(x-\omega_{k_0}'t)^2 \pm i(k_0x-\omega_{k_0}t)$$

これの指数をとって，

$$\int_{-\infty}^{\infty}e^{-\frac{A}{2}\{\varDelta k \mp \cdots\}^2}dk = (\text{定数})\times\sqrt{\frac{2}{\pi A}}$$

であることを使えば，(5.5.6)が求まる．ただし，上式は，積分変数を k から $\varDelta k \mp \cdots$ に置き換えれば示せる．

5.10　(5.6.2)の表示を使うと，

$$\frac{1}{2}\lambda\frac{\partial f_+}{\partial t}\frac{\partial f_-}{\partial t}+\frac{1}{2}\tilde{\kappa}\frac{\partial f_+}{\partial x}\frac{\partial f_-}{\partial x} = \frac{1}{2}\lambda(-vf_+{}')(vf_-{}')+\frac{1}{2}\tilde{\kappa}f_+{}'f_-{}' = 0$$

ただし，$f_\pm{}'=df_\pm(X)/dX$，$v^2=\tilde{\kappa}/\lambda$ を使った．したがって，エネルギーは f_+ だけの項と f_- だけの項の和になる．

5.11　(5.7.4)のベッセル関数 J_0 の，z の小さいほうから m 番目のゼロ点(J_0 がゼロになる位置)が，鎖の支点に一致するように ω を選んだとき，J は ω が小さいほうから m 番目の基準振動を表わしている．したがって，そのときは，$z=0$ から鎖の支点までに $m-1$ 個のゼロ点，つまり振動の節がある．

5.12

$$u = \sum_{m_x, m_y} C_{m_x, m_y}\sin\frac{m_x\pi}{L}x\sin\frac{m_y\pi}{L}y \qquad (C_{m_x, m_y}\text{は定数})$$

と展開したとき，展開係数は

$$C_{m_x, m_y} = \left(\frac{2}{L}\right)^2\int u\sin\left(\frac{m_x\pi}{L}x\right)\sin\left(\frac{m_y\pi}{L}y\right)dxdy$$

と表わされる．ここでヒントの v を代入するのだが，A が十分大きいので被積分関数は膜の中央以外ではすぐに0に近づく．したがって，積分は $-\infty$ から $+\infty$ までとしてよく，問題5.9と同様に計算でき，

$$C_{m_x, m_y}\propto\exp\left\{-\frac{\pi^2}{4AL^2}(m_x{}^2+m_y{}^2)\right\}$$

となる．つまり m_x や m_y が大きいと，振幅は急速に減る．

5.13　T(張力)$=\sigma v^2=\sigma\omega^2/k^2$．$k=2.4/0.3=8(\mathrm{m}^{-1})$，$\omega=2\pi\cdot10(\mathrm{s}^{-1})$，$\sigma=10(\mathrm{kg}\cdot\mathrm{m}^{-2})$ より

$$T = 6.2\times10^2(\mathrm{N\,m}^{-1})$$

第6章

6.1

$$\nabla\cdot\frac{\boldsymbol{r}}{r^3} = \frac{\partial}{\partial x}\left(\frac{x}{r^3}\right)+\frac{\partial}{\partial y}\left(\frac{y}{r^3}\right)+\frac{\partial}{\partial z}\left(\frac{z}{r^3}\right)$$
$$= \frac{r^2-3x^2}{r^5}+\frac{r^2-3y^2}{r^5}+\frac{r^2-3z^2}{r^5} = 0$$

6.2　回転密度の x 成分は，

$$\frac{\partial}{\partial y}(0)-\frac{\partial}{\partial z}\left(\frac{x}{x^2+y^2}\right) = 0$$

y 成分も同様．z 成分は

$$\frac{\partial}{\partial x}\left(\frac{x}{x^2+y^2}\right)-\frac{\partial}{\partial y}\left(\frac{-y}{x^2+y^2}\right) = \frac{x^2+y^2-2x^2}{(x^2+y^2)^2}+\frac{x^2+y^2-2y^2}{(x^2+y^2)^2} = 0$$

6.3　回転密度の z 成分は

$$\frac{\partial}{\partial x}(x)-\frac{\partial}{\partial y}(0) = 1 \quad (\neq 0)$$

6.1節図4で $a_y>a'_y$ の場合に相当する．(たとえば，このベクトル場を空気の流れだとし，A点に風車を置くと，$a_y>a'_y$ だから回り始める．)

6.4　$\nabla\cdot\boldsymbol{E}=\dfrac{\partial E_x}{\partial x}\neq0$ となるから．

6.5　(6.2.3)より

$$\frac{\partial B_x}{\partial t} = \frac{\partial B_y}{\partial t} = 0$$
$$\frac{\partial B_z}{\partial t} = \frac{\partial E_x}{\partial y} = kE_0\cos(ky-\omega t)$$

そこで，$B_z=-\dfrac{k}{\omega}E_0\sin(ky-\omega t)$ とする．これを(6.2.4)に代入すると，x 成分の

みが意味をもち

$$\frac{\partial B_z}{\partial y} = \frac{1}{c^2}\frac{\partial E_x}{\partial t} \quad \Rightarrow \quad -\frac{k^2}{\omega}E_0 = -\frac{\omega}{c^2}E_0$$

したがって，$\omega = ck$ ならばよい．

6.6

$$左辺 = \frac{\partial}{\partial y}\left(\frac{\partial E_y}{\partial x}-\frac{\partial E_x}{\partial y}\right)-\frac{\partial}{\partial z}\left(\frac{\partial E_x}{\partial z}-\frac{\partial E_z}{\partial x}\right)$$

$$右辺 = \frac{\partial}{\partial x}\left(\frac{\partial E_x}{\partial x}+\frac{\partial E_y}{\partial y}+\frac{\partial E_z}{\partial z}\right)-\left(\frac{\partial^2}{\partial x^2}+\frac{\partial^2}{\partial y^2}+\frac{\partial^2}{\partial z^2}\right)E_x$$

6.7　(6.2.9)は

$$\frac{\partial^2 \boldsymbol{E}}{\partial t^2}-c^2\nabla^2\boldsymbol{E} = -\frac{1}{\varepsilon_0}\frac{\partial \boldsymbol{j}}{\partial t}-\frac{1}{\varepsilon_0{}^2}\nabla\rho$$

となる．((6.2.10)は略.)

6.8　一般に，境界 C をもつ面 S に対して

$$\int_C E_{\parallel}dl = -\frac{d}{dt}\int_S B_{\perp}dS \tag{1}$$

$$\int_C B_{\parallel}dl = \frac{1}{c^2}\frac{d}{dt}\int_S E_{\perp}dS \tag{2}$$

が成り立たなければならない(電磁気学の巻参照)．問題のページの図1の長方形が x 軸に垂直な場合を考えると，z 方向の辺の長さを a として(1)は

$$左辺 = E_z a, \quad 右辺 = cB_x a$$

z 軸に垂直な場合(2)は

$$左辺 = -B_x a, \quad 右辺 = -\frac{1}{c^2}\cdot cE_z a$$

$$\Rightarrow \quad E_z = cB_x$$

($\boldsymbol{B}$ の発生源は電流だが，$\boldsymbol{E}$ の発生源は $\boldsymbol{B}$ が不連続な面が移動していることである.) また，$-ct<y<0$ の領域は

$$E_z = cB_x = -c\mu_0 i/2$$

こうすれば，z 軸に直交する図1のような長方形に対して

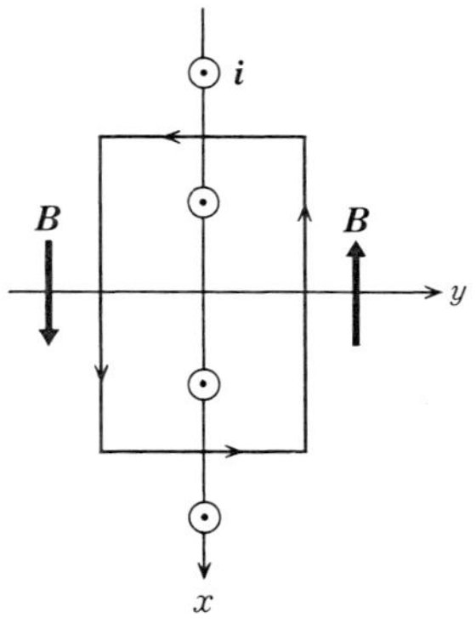

図1　導体板($y=0$)を貫くループ

$$\left.\begin{aligned}\int_C B_{\parallel}dl &= -2aB_x\\ \mu_0\int_S j_{\perp}dS &= \mu_0 a i\end{aligned}\right\} \Rightarrow \quad B_x = -\mu_0 i/2$$

6.9　一般の電場は

$$\boldsymbol{E} = (A\cos(\omega t-\theta_1),\ B\cos(\omega t-\theta_2),\ 0)$$

と書ける．これより $\Delta\theta \equiv \theta_1-\theta_2$ とすれば

$$\left(\frac{E_x}{A}\right)^2+\frac{1}{\sin^2\Delta\theta}\left(\frac{E_y}{B}-\cos\Delta\theta\,\frac{E_x}{A}\right)^2 = 1$$

これは楕円になる．

6.10　調べるべき方程式は

$$\begin{cases}\dfrac{\partial E_z}{\partial y} = -\dfrac{\partial B_x}{\partial t}\\[2ex] -\dfrac{\partial B_x}{\partial y} = \mu_0\sigma E_z+\varepsilon_0\mu_0\dfrac{\partial E_z}{\partial t} \qquad (\varepsilon_0\mu_0 = 1/c^2)\end{cases}$$

ヒントの式を代入すれば

$$\begin{cases} iEk = i\omega B & \left(\Rightarrow \quad B = \dfrac{k}{\omega}E\right) \\ -iBk = \mu_0 \sigma E - \dfrac{1}{c^2}\cdot i\omega E \end{cases}$$

B を消去し，整理すれば

$$k^2 = \frac{\omega^2}{c^2}\left(1+i\frac{\sigma}{\varepsilon_0 \omega}\right)$$

$k \equiv |k|e^{i\theta} \equiv \alpha \pm i\beta \ (\beta > 0)$ より

$$|k| = \frac{\omega}{c}\sqrt{1+\frac{\sigma^2}{\varepsilon_0{}^2\omega^2}}, \quad \tan 2\theta = \frac{\sigma}{\varepsilon_0 \omega}$$

また，$E = |E|e^{i\theta_0}$ とすれば

$$B = \frac{|k|}{\omega}|E|e^{i(\theta+\theta_0)}$$

結局，実数部を取れば

$$E_z = |E|e^{\pm\beta x}\cos(\alpha x - \omega t + \theta_0)$$

$$B_x = \frac{|k|}{\omega}|E|e^{\pm\beta x}\cos(\alpha x - \omega t + \theta_0 + \theta)$$

$e^{\pm\beta x}$ という因子は，$x \to \infty$ または $x \to -\infty$ で電磁波が減衰することを示す．$\sigma = 0$（絶縁体）ならば $\beta = 0$．$\sigma \to \infty$（完全導体）ならば，$e^{-|\beta x|} = 0$．つまり電磁場は存在できない．

第 7 章

7.1　中心からの距離 r における，すき間の間隔 d は

$$d = R - \sqrt{R^2 - r^2} \simeq \frac{r^2}{2R}$$

位相が $2n\pi$ ずれるためには

$$2n\pi = 2\frac{2\pi}{\lambda}\cdot d + \pi \quad \therefore \quad r = \sqrt{\lambda R}\sqrt{\frac{2n-1}{2}}$$

（注：この問題のより厳密な扱いは問題 7.9 参照.）

7.2　スクリーン上の点を xy 座標で表わす．2 つの穴の真うしろにあたる 2 点の座標を，$(0, d/2)$，$(0, -d/2)$ とする．2 つの穴から，点 (x, y) までの距離の差が $n\lambda$（n は整数）となるには

$$\sqrt{l^2 + x^2 + (y + d/2)^2} - \sqrt{l^2 + x^2 + (y - d/2)^2} = n\lambda$$

$$\Rightarrow \quad yd/\sqrt{l^2 + x^2 + y^2} \simeq n\lambda$$

$$\Rightarrow \quad \{d^2 - (n\lambda)^2\}y^2 - (n\lambda)^2 x^2 \simeq (n\lambda)^2 l^2$$

$|n| < d/\lambda$ を満たす整数に対して双曲線になる．

7.3　$\lambda/d > 1/\sqrt{2}$ より，$\lambda > 0.07$ m，周波数 $<$ 4700 Hz.

7.4　(7.2.5)を

$$\int_{-d/2}^{d/2} \cos\{k(r_0 - x\sin\varphi + x\sin\theta) - \omega t + \theta_0\}dx$$

とすればよい．結果は，$\sin\varphi \to \sin\varphi - \sin\theta$，という置き換えをすればよく，図 4 で横に $\sin\theta$ だけずらしたものになる．

7.5　2 つの光源を見たときの角度差を $\Delta\theta$ とすると，上問より

$$2\frac{\lambda}{d} < \Delta\theta$$

ならばよい．$\lambda = 6\times10^{-7}$ m，$d = 2\times10^{-3}$ m，$\Delta\theta \simeq 0.1/x$（$x$ は光源までの距離）とす

れば,

$$x \simeq 170\ \mathrm{m}$$

7.6　波が曲がる方向にある一番端のスリットから順番に, 1, …, N と番号を付ける. n 番目のスリットを通って角度 φ 方向に進む波は, 1番目を通った波に比べて, $(n-1)a\sin\varphi$ だけ長い距離を進むことになる. したがって, 求める波は(7.2.5)を使って

$$\left\{\frac{2}{k\sin\varphi}\sin\left(\frac{d}{2}k\sin\varphi\right)\right\}\sum_{n=1}^{N}\cos\{kr_0-\omega t+\theta_0+k(n-1)a\sin\varphi\}$$

n についての和の部分は

$$\sum_{n=1}^{N}e^{i(\alpha+\beta n)} = e^{i(\alpha+\beta)}\frac{1-e^{iN\beta}}{1-e^{i\beta}} = e^{i(\alpha+\beta)}e^{i\frac{1}{2}(N\beta-\beta)}\frac{\sin N\beta/2}{\sin\beta/2}$$

(ただし, $\alpha=kr_0-\omega t+\theta_0-ka\sin\varphi$, $\beta=ka\sin\varphi$)の実数部だと考え

$$\sum_{n=1}^{N}\cos\{\cdots\} = \frac{\sin\left(\frac{1}{2}Nka\sin\varphi\right)}{\sin\left(\frac{1}{2}ka\sin\varphi\right)}\cos\left\{\alpha+\frac{1}{2}(N+1)\beta\right\}$$

最後の $\cos\{\alpha+\cdots\}$ の部分が振動し, その前の係数が振幅となる.

$$\frac{1}{2}ka\sin\varphi = \frac{\pi}{\lambda}a\sin\varphi = m\pi \quad (m\ \text{は整数})$$

つまり, $\sin\varphi=(\lambda/a)m$ の方向にピークが出る. これは λ によって異なるので, 光を波長によって分離する分光器の役割をする.

7.7　媒質2における波動方程式より

$$\omega^2-c^2(-\kappa^2+k_{2x}{}^2) = 0$$

7.4節の議論より, $k_{2x}=k_{1x}=k\sin\varphi_1$ だから

$$\kappa^2 = k^2\left(\sin^2\varphi_1-\frac{c_1{}^2}{c_2{}^2}\right) \qquad (>0)$$

κ が実数(>0)だから, 媒質2($z<0$)中では電場は減衰する. $\nabla\cdot\boldsymbol{E}_2=0$ より, $E_{2z}\kappa+iE_{2x}k\sin\varphi_1=0$

境界条件(7.6.1)は, $(E_1-E_3e^{i\theta})\cos\varphi_1=E_{2x}$

境界条件(7.6.2)は, $\varepsilon_1(E_1+E_3e^{i\theta})\sin\varphi_1=\varepsilon_2E_{2z}$

以上より

$$\frac{E_3e^{i\theta}}{E_1} = -\frac{1+i\left(\frac{c_1}{c_2}\right)^2\frac{\cos\varphi_1}{\kappa/k}}{1-i\left(\frac{c_1}{c_2}\right)^2\frac{\cos\varphi_1}{\kappa/k}}$$

これより E_3 と θ が E_1 と κ より決まり, 反射波は

$$\boldsymbol{E}_3 \propto E_3\cos(\boldsymbol{k}_3\cdot\boldsymbol{r}-\omega t+\theta)$$

となる. E_{2x}, E_{2z} も決まる.

7.8　(7.6.9)や(7.6.12)で1と2の添字を入れ換えれば R', T' が求まる. それより与式は明らか.

7.9　膜を1往復すると, $2nkd$ の位相差が生じる. 薄膜から大気への透過率と反射率を T_1', R_1' とすれば, すべての可能性を加えると

$$\text{反射波} \propto R_1+\sum_{m=1}^{\infty} T_1(R_1')^{m-1}R_2{}^m T_1' e^{inkdl}$$
$$= R_1+\frac{T_1R_2T_1'e^{inkd}}{1-R_1'R_2e^{inkd}}$$
$$= \frac{R_1+R_2e^{inkd}}{1+R_1R_2e^{inkd}}$$

問題7.8の結果を使った．（$0<R_1$, $-R_2<1$ ならば，$nkd=(2m+1)\pi$ （m は整数）のときに反射波が最大となる．これは問題7.1の結果と合致している.）

第8章

8.1　たとえば x 成分は

$$\frac{\partial E_z}{\partial y}-\frac{\partial E_y}{\partial z} = -\frac{\partial^2\phi}{\partial y\partial z}+\frac{\partial^2\phi}{\partial z\partial y} = 0$$

8.2

$$\nabla\cdot\boldsymbol{B} = \frac{\partial}{\partial x}\left(\frac{\partial A_z}{\partial y}-\frac{\partial A_y}{\partial z}\right)+\frac{\partial}{\partial y}\left(\frac{\partial A_x}{\partial z}-\frac{\partial A_z}{\partial x}\right)+\frac{\partial}{\partial z}\left(\frac{\partial A_y}{\partial x}-\frac{\partial A_x}{\partial y}\right) = 0$$

8.3

$$\Delta\phi = -\frac{\rho}{\varepsilon_0}$$
$$\left(\frac{1}{c^2}\frac{\partial^2}{\partial t^2}-\Delta\right)\boldsymbol{A} = \mu_0\boldsymbol{j}-\varepsilon_0\mu_0\frac{\partial}{\partial t}(\nabla\phi)$$

8.4　8.2節[1]および[2]の解はクーロン条件を満たす．[3]は満たさないので許されない．また，ϕ の方程式は $\Delta\phi=0$（上問参照）．時間微分がないので波動解はない．（解は x, y, z についての1次関数）．

8.5　ϕ の方程式は静電場のときと変わらないから

$$\phi(\boldsymbol{r}, t) = \frac{1}{4\pi\varepsilon_0}\int\frac{\rho(\boldsymbol{r}', t)}{|\boldsymbol{r}-\boldsymbol{r}'|}d^3\boldsymbol{r}'$$

これを $\boldsymbol{A}$ の方程式に代入することにより

$$\boldsymbol{A} = \frac{\mu_0}{4\pi}\int\frac{1}{|\boldsymbol{r}-\boldsymbol{r}'|}\left\{\boldsymbol{j}(\boldsymbol{r}', \tilde{t})+\frac{1}{4\pi}\frac{\partial}{\partial\tilde{t}}\int\frac{(\boldsymbol{r}'-\boldsymbol{r}'')\rho(\boldsymbol{r}'', \tilde{t})}{|\boldsymbol{r}'-\boldsymbol{r}''|^3}d^3\boldsymbol{r}''\right\}d^3\boldsymbol{r}'$$

ただし，$\tilde{t}\equiv t-|\boldsymbol{r}-\boldsymbol{r}'|/c$.

8.6

$$\frac{1}{c^2}\frac{\partial\phi}{\partial t} = \frac{\mu_0}{4\pi}\int\frac{1}{|\boldsymbol{r}-\boldsymbol{r}'|}\frac{\partial\rho}{\partial t}d^3\boldsymbol{r}'$$
$$\nabla\cdot\boldsymbol{A} = \frac{\mu_0}{4\pi}\int\nabla\cdot\frac{\boldsymbol{j}}{|\boldsymbol{r}-\boldsymbol{r}'|}d^3\boldsymbol{r}' \qquad (1)$$

一方，$\boldsymbol{r}'$ についての微分を ∇' で表わすと，$\nabla|\boldsymbol{r}-\boldsymbol{r}'|=-\nabla'|\boldsymbol{r}-\boldsymbol{r}'|$ だから

$$0 = \int\nabla'\cdot\frac{\boldsymbol{j}(\boldsymbol{r}', \tilde{t})}{|\boldsymbol{r}-\boldsymbol{r}'|}d^3\boldsymbol{r}' \qquad \left(\tilde{t}\equiv t-\frac{1}{c}|\boldsymbol{r}-\boldsymbol{r}'|\right)$$
$$= \int\frac{\overrightarrow{\nabla'\cdot\boldsymbol{j}(\boldsymbol{r}', \tilde{t})}}{|\boldsymbol{r}-\boldsymbol{r}'|}d^3\boldsymbol{r}'-\int\nabla\cdot\frac{\boldsymbol{j}(\boldsymbol{r}, \tilde{t})}{|\boldsymbol{r}-\boldsymbol{r}'|}d^3\boldsymbol{r}'$$

矢印は，$\tilde{t}$ の中の $\boldsymbol{r}'$ については微分をしないことを示す．また左辺がゼロなのは，無限遠では電流は流れていないとし，ガウスの定理を使った．これを(1)に代入し，連続方程式

$$\frac{\partial\rho}{\partial t}+\overrightarrow{\nabla'\cdot\boldsymbol{j}(\boldsymbol{r}', t)} = 0$$

を使えば(8.1.8)が求まる．

8.7

$$(\cdots) = \frac{1}{4\pi\varepsilon_0}\frac{1}{c}\int\frac{\boldsymbol{r}-\boldsymbol{r}'}{|\boldsymbol{r}-\boldsymbol{r}'|^2}(\nabla'\cdot\boldsymbol{j})d^3\boldsymbol{r}'$$

$$\underset{(\text{部分積分})}{=}\frac{1}{4\pi\varepsilon_0}\frac{1}{c}\int\frac{2(\boldsymbol{r}-\boldsymbol{r}')\{(\boldsymbol{r}-\boldsymbol{r}')\cdot\boldsymbol{j}\}-|\boldsymbol{r}-\boldsymbol{r}'|^2\boldsymbol{j}}{|\boldsymbol{r}-\boldsymbol{r}'|^4}d^3\boldsymbol{r}'$$

1 行目の被積分関数を

$$\frac{x_i}{|\boldsymbol{x}|^2}\sum_{k=1}^{3}\frac{\partial}{\partial x_k}j_k \qquad (\boldsymbol{x}\equiv\boldsymbol{r}-\boldsymbol{r}')$$

として考えるとわかりやすい．また静電場では $\nabla\cdot\boldsymbol{j}=-\partial\rho/\partial t=0$ だから，この項はゼロになる．

8.8　まず電流は $j_z=q\dot{z}=qa\omega\cos\omega t$．原点からの距離 r，z 軸から θ 傾いた方向の点での磁場を計算する．(8.4.3)より

$$|\boldsymbol{B}|(\text{電磁波}) = -\frac{\mu_0}{4\pi}\frac{1}{c}\frac{\sin\theta}{r}\frac{\partial}{\partial t}j_z(\tilde{t})$$

$$= \frac{\mu_0}{4\pi}\frac{qa\omega^2}{c}\frac{\sin\theta}{r}\sin\left\{\omega\left(t-\frac{r}{c}\right)\right\}$$

方向は，z 軸に垂直な平面内の同心円を描く．また電場は(8.4.4)より

$$|\boldsymbol{E}|(\text{電磁波}) = \frac{1}{4\pi\varepsilon_0}\frac{1}{c^2}\frac{\sin\theta}{r}\frac{\partial}{\partial t}j_z(\tilde{t})$$

$$= \frac{1}{4\pi\varepsilon_0}\frac{qa\omega^2}{c^2}\frac{\sin\theta}{r}\sin\left\{\omega\left(t-\frac{r}{c}\right)\right\}$$

方向は z 軸と $\boldsymbol{r}$ が作る平面内で，$\boldsymbol{r}$ に垂直な方向．球座標で考えると $\boldsymbol{B}$ は φ 方向，$\boldsymbol{E}$ は θ 方向になる．$|\boldsymbol{E}|=c|\boldsymbol{B}|$ であることに注意．

8.9

$$\boldsymbol{j}(\tilde{t}) \simeq \boldsymbol{j}(t)-\frac{|\boldsymbol{r}-\boldsymbol{r}'|}{c}\frac{\partial\boldsymbol{j}}{\partial t}$$

と展開すると，遅れたビオ・サバールの法則は

$$-\frac{(\boldsymbol{r}-\boldsymbol{r}')\times\boldsymbol{j}(\tilde{t})}{|\boldsymbol{r}-\boldsymbol{r}'|^3} \simeq -\frac{(\boldsymbol{r}-\boldsymbol{r}')\times\boldsymbol{j}(t)}{|\boldsymbol{r}-\boldsymbol{r}'|^3}+\frac{1}{c}\frac{(\boldsymbol{r}-\boldsymbol{r}')}{|\boldsymbol{r}-\boldsymbol{r}'|^2}\times\frac{\partial\boldsymbol{j}}{\partial t}$$

この右辺第 2 項は，(8.4.3)と相殺する．(電場に対しても同様の現象がある.)

8.10　原点から AB へおろした垂線の長さを a とする．a は，$\dfrac{|\tilde{\boldsymbol{r}}|}{c}\boldsymbol{v}$ の $\tilde{\boldsymbol{r}}$ に垂直な成分だから，

$$a^2 = \left|\frac{|\tilde{\boldsymbol{r}}|}{c}\boldsymbol{v}\times\frac{\tilde{\boldsymbol{r}}}{|\tilde{\boldsymbol{r}}|}\right|^2 = \left|\frac{\boldsymbol{v}\times\tilde{\boldsymbol{r}}}{c}\right|^2 = \left|\frac{\boldsymbol{v}\times\boldsymbol{r}}{c}\right|^2$$

したがって

$$s_0{}^2 = \boldsymbol{r}^2-a^2 = x^2+y^2+z^2-\frac{v^2}{c^2}(y^2+z^2) = s$$

また，$|\tilde{\boldsymbol{r}}|-s_0$ は $\dfrac{|\tilde{\boldsymbol{r}}|}{c}\boldsymbol{v}$ の $\tilde{\boldsymbol{r}}$ に平行な成分だから

$$s_0 = |\tilde{\boldsymbol{r}}|-\frac{|\tilde{\boldsymbol{r}}|}{c}\boldsymbol{v}\cdot\frac{\tilde{\boldsymbol{r}}}{|\tilde{\boldsymbol{r}}|} = |\tilde{\boldsymbol{r}}|-\frac{\boldsymbol{v}\cdot\tilde{\boldsymbol{r}}}{c}$$

8.11　観測者は原点にいるとし，棒は x 軸に沿って $+x$ の方向に速度 v で近づいてくるとする．$t=0$ での棒の最後部の x 座標を $x_0(<0)$ とする．すると，時刻 t での，棒最後部から x' 手前の位置の x 座標は

$$x = x_0+x'+vt$$

また，$t=0$ での原点の ϕ にきくのは，$x(<0)$ では $t=x/c$ における電荷である．したがって

$$\left(1-\frac{v}{c}\right)x = x'+x_0$$

棒の電荷密度を ρ とすると

$$\int \rho dx' = q$$

であるが，(8.3.3)の積分は(棒に固定されている座標ではなく)空間座標についての積分だから

$$\int \rho dx = \int \rho \frac{dx'}{1-v/c} = \frac{q}{1-v/c}$$

今の状況では，$\boldsymbol{v}\cdot\boldsymbol{r}/r=v$ だから，これはリエナール・ウィーヘルトの式に一致する．

8.12　$\boldsymbol{A}/\!/\boldsymbol{v}$ だから，$A_y=A_z=0$　($\Rightarrow B_x=0$)．また $A_x=\dfrac{\mu_0}{4\pi}\dfrac{qv}{s}$ だから，

$$B_y = \frac{\partial A_x}{\partial z} = \frac{\mu_0}{4\pi}\frac{qvz}{s^3}\left(1-\frac{v^2}{c^2}\right)$$

$$B_z = -\frac{\partial A_x}{\partial y} = -\frac{\mu_0}{4\pi}\frac{qvy}{s^3}\left(1-\frac{v^2}{c^2}\right)$$

8.13　$\left(1-\dfrac{v^2}{c^2}\right)\to 0$ となるので，$s\to 0$ とならない限り，電場・磁場は小さい．

$$s = x^2+\left(1-\frac{v^2}{c^2}\right)(y^2+z^2)$$

であるから，$s\to 0$ となるのは $x=0$．つまり，観測者から電荷の通る直線へおろした垂線のあしの位置を電荷が通る瞬間にのみ，強い電場・磁場を感じる．平面波の山が1つだけ通り過ぎるようなものである．

第9章

9.1　(9.1.5)で T_0 が x に依存するとして部分積分すれば

$$U = -\int \frac{1}{2}u\frac{\partial}{\partial x}\left(T_0\frac{\partial u}{\partial x}\right)dx$$

となる．

9.2　たとえば $\boldsymbol{r}=0$ で

$$\frac{\partial u_1}{\partial x_2} = -\frac{\partial u_2}{\partial x_1} \equiv \alpha \text{（}\ll 1,\ \text{微小な変化）}$$

とすると $\boldsymbol{r}=0$ 近傍(α が定数と考えていい範囲)では

$$\begin{cases} u_1 \simeq \alpha x_2+x_{10} \\ u_2 \simeq -\alpha x_1+x_{20} \end{cases} \qquad (x_{10}, x_{20}\text{は定数})$$

$$\therefore\quad \begin{cases} x_1' = x_1+\alpha x_2+x_{10} \\ x_2' = x_2-\alpha x_1+x_{20} \end{cases}$$

これは，

$$\begin{cases} x_1' = x_1\cos\theta+x_2\sin\theta \\ x_2' = -x_1\sin\theta+x_2\cos\theta \end{cases}$$

という回転で，$\theta\simeq\alpha$（$\ll 1$）とし，さらに原点を（x_{10}, x_{20}）へ平行移動したことに対応する．

9.3　+45度方向への（$1+\varepsilon_+$）倍の伸びは

$$\begin{cases} x_1'+x_2' = (1+\varepsilon_+)(x_1+x_2) \\ x_1'-x_2' = x_1-x_2 \end{cases} \quad\Rightarrow\quad \begin{cases} x_1' = x_1+\dfrac{\varepsilon_+}{2}(x_1+x_2) \\ x_2' = x_2+\dfrac{\varepsilon_+}{2}(x_1+x_2) \end{cases}$$

-45 度方向への $(1-\varepsilon_-)$ 倍の縮みも同様に

$$\begin{cases} x_1' = x_1 - \dfrac{\varepsilon_-}{2}(x_1 - x_2) \\ x_2' = x_2 + \dfrac{\varepsilon_-}{2}(x_1 - x_2) \end{cases}$$

$\varepsilon_+ = \varepsilon_- \equiv \varepsilon/2$ として，この 2 つを組み合わせれば

$$\begin{cases} x_1' = x_1 + \dfrac{\varepsilon}{2} x_2 \\ x_2' = x_2 + \dfrac{\varepsilon}{2} x_1 \end{cases}$$

これに $\theta \simeq -\varepsilon/2$ の回転(問題 9.2 参照)をすれば

$$\begin{cases} x_1' = x_1 \\ x_2' = x_2 + \varepsilon x_1 \end{cases}$$

9.4　対称行列は直交行列で回転することにより，対角行列になる．直交行列で回転するとは，座標系を回転させることに対応する．そして新しい座標系で対角行列であれば，それはその座標軸の方向に伸縮していることになる．

9.5　(9.3.7)からわかるように $\mu=0$ であればずれに対して復元力が働かない．また，一様な膨張では $u_{11}=u_{22}=u_{33}\ (\equiv\varepsilon)$ であるから

$$U = \left(\frac{9}{2}\lambda + 3\mu\right)\varepsilon^2$$

つまり，$\dfrac{9}{2}\lambda+3\mu=0$ ならば復元力は働かない．

9.6　添字 2 と 3 については，内積の形になっていなければならない．ポテンシャルとして許される項は

$$u_{11}^2, \qquad \sum_{i=2}^{3} u_{1i}^2, \qquad u_{11}\cdot\sum_{i=2}^{3} u_{ii}, \qquad \left(\sum_{i=2}^{3} u_{ii}\right)^2, \qquad \sum_{i=2}^{3}\sum_{j=2}^{3} u_{ij}^2$$

で，一般にはこれらの項の一次結合となる．

9.7　(9.4.4)に $\nabla\times$ を掛ければ，$\nabla\times\boldsymbol{u}_l=0$, $\nabla\times\nabla(\nabla\cdot\boldsymbol{u})=0$(一般に $\nabla\times\nabla f=0$)だから

$$\nabla\times\{\rho\ddot{\boldsymbol{u}}_t - \mu(\nabla\cdot\nabla)\boldsymbol{u}_t\} = 0$$

また，$\nabla\cdot\boldsymbol{u}_t=0$ だから，$\nabla\cdot\{\cdots\}=0$．したがって，

$$\rho\ddot{\boldsymbol{u}}_t - \mu(\nabla\cdot\nabla)\boldsymbol{u}_t = 0$$

これは速度が $\sqrt{\mu/\rho}$ の波動方程式である．また，(9.4.6)は $f\equiv\nabla\cdot\boldsymbol{u}\ (=\nabla\cdot\boldsymbol{u}_l)$ とすると

$$\rho\ddot{f} - (\lambda+2\mu)\nabla\cdot\nabla f = 0$$

とも書ける．これは速度 $\sqrt{(\lambda+2\mu)/\rho}$ の波動方程式に他ならない．

9.8　表面に垂直な方向を x，表面上で，かつ入射面内の方向を y，表面上で，かつ入射面に垂直な方向を z とする．$\boldsymbol{n}_i, \boldsymbol{n}_l, \boldsymbol{n}_t$ を，それぞれ，入射波，反射波(縦波)，反射波(横波)の振動の方向を向く単位ベクトルとする．($\boldsymbol{n}_i, \boldsymbol{n}_l$ は波の進行方向，$\boldsymbol{n}_t$ は，それに垂直かつ入射面に平行な方向である．) すると変位ベクトルは

$$\boldsymbol{u} = A_i\boldsymbol{n}_i\sin(\boldsymbol{k}_i\cdot\boldsymbol{r}-\omega t) + A_l\boldsymbol{n}_l\sin(\boldsymbol{k}_l\cdot\boldsymbol{r}-\omega t) + A_t\boldsymbol{n}_t\sin(\boldsymbol{k}_t\cdot\boldsymbol{r}-\omega t)$$

ただし，A_i, A_l, A_t は振幅で，また

$$\boldsymbol{k}_i = k(-\cos\theta_i, \sin\theta_i, 0) = k\cdot\boldsymbol{n}_i$$

$$\boldsymbol{k}_l = k(\cos\theta_i, \sin\theta_i, 0) = k\cdot\boldsymbol{n}_l$$

$$\boldsymbol{k}_t = k'(\cos\theta_t, \sin\theta_t, 0), \qquad \boldsymbol{n}_t = (\sin\theta_t, -\cos\theta_t, 0)$$

ただし，$k'/k = v_l/v_t = \sin\theta_i/\sin\theta_t$ である．表面上($x=0$ とする)で，$\boldsymbol{u}=0$ という

条件より，

$$-A_i\cos\theta_i+A_l\cos\theta_i+A_t\sin\theta_t=0$$
$$A_i\sin\theta_i+A_l\sin\theta_i-A_t\cos\theta_t=0$$

したがって，

$$\frac{A_l}{A_i}=\frac{\cos(\theta_i+\theta_t)}{\cos(\theta_i-\theta_t)},\qquad \frac{A_t}{A_i}=\frac{\sin 2\theta_i}{\cos(\theta_t-\theta_i)}$$

$\theta_i+\theta_t=\pi/2$ のときに，縦波は完全に横波になることに注意(その幾何学的な理由を考えよ)．また，この問題は固定端の境界条件だが，自由端の場合は $\boldsymbol{u}$ から σ_{ij} を計算し，表面での応力テンソルがゼロという条件($\sigma_{zz}=\sigma_{xy}=\sigma_{xz}=0$)を考えればよい．

9.9　(9.5.5)の第1式で

$$\frac{\partial u_2}{\partial x_2}=\frac{\partial u_3}{\partial x_3}=0$$

とすれば，ヤング率が $\lambda+2\mu$ であることがわかる．(9.5.6)の E との差は $\lambda^2/(\lambda+\mu)>0$.

9.10　棒は x_3 軸上にあるとし，その上端を $x_3=0$ とする．棒の内部では，重力(x_3 方向)と復元力 f_i が釣り合っている．つまり，

$$\sum_i\frac{\partial\sigma_{i1}}{\partial x_i}=\sum_i\frac{\partial\sigma_{i2}}{\partial x_i}=0,\qquad \sum_i\frac{\partial\sigma_{i3}}{\partial x_i}=\rho g$$

σ_{ij} が x_3 にしか依存していないときは

$$\frac{\partial\sigma_{31}}{\partial x_3}=\frac{\partial\sigma_{21}}{\partial x_3}=0,\qquad \frac{\partial\sigma_{33}}{\partial x_3}=\rho g$$

また，側面上には力がかかっていないので σ_{33} 以外はすべてゼロ．また上端面では $\sigma_{33}=\rho lg$. したがって，$\sigma_{33}=\rho g(l+z)$，他の σ_{ij} はすべてゼロ．

$$\begin{cases}\sigma_{ij}(i\neq j)=0 \;\Rightarrow\; u_{ij}(i\neq j)=0\\ \sigma_{11}=0=\lambda(u_{11}+u_{22}+u_{33})+2\mu u_{11}\\ \sigma_{22}=0=\lambda(u_{11}+u_{22}+u_{33})+2\mu u_{22}\\ \sigma_{33}=\rho g(l+z)=\lambda(u_{11}+u_{22}+u_{33})+2\mu u_{33}\end{cases}$$

以上より

$$u_{11}=u_{22}=-\frac{1}{2\mu}\frac{\lambda\rho g(l+z)}{3\lambda+2\mu}=-\frac{\sigma}{E}\rho g(l+z)$$
$$u_{33}=\frac{1}{E}\rho g(l+z),\qquad u_{ij}(i\neq j)=0$$

これを積分すれば u_1, u_2, u_3 が求まる．

9.11　まず，正準運動量は

$$p_{x_i}\equiv\frac{\partial L}{\partial\dot{x}_i}=m\dot{x}_i+qA_i$$
$$p_{A_i}\equiv\frac{\partial L}{\partial\dot{A}_i}=\varepsilon_0\left(\dot{A}_i+\frac{\partial\phi}{\partial x_i}\right)$$

したがって，

$$\begin{aligned}H&=p_{x_i}\dot{x}_i+p_{A_i}\dot{A}_i-L\\&=\int\left\{\frac{\varepsilon_0}{2}\sum_i\left(\dot{A}_i+\frac{\partial\phi}{\partial x_i}\right)^2+\frac{1}{4\mu_0}\sum_{i,j}F_{ij}{}^2\right\}d^3x\\&\quad+\sum\frac{1}{2}m\dot{x}_i{}^2+q\phi-\varepsilon_0\int\sum_i\frac{\partial\phi}{\partial x_i}\left(\dot{A}_i+\frac{\partial\phi}{\partial x_i}\right)d^3x\end{aligned}$$

第1項は電場のエネルギー，第2項は磁場のエネルギー，第3項は粒子の運動エネルギー．また，部分積分により，

$$第5項 = -\varepsilon_0 \int \phi \nabla\cdot\boldsymbol{E} d^3x$$

これは，$\varepsilon_0 \nabla\cdot\boldsymbol{E}=\rho\left(q=\int\rho d^3x\right)$ を考えれば第4項と相殺することがわかる．（注意：静電場のエネルギー，つまりクーロンエネルギーは，第1項の電場のエネルギーの中に含まれている．）

第10章

10.1　L は $\dot{\psi}^*$ は含んでいないから $\partial L/\partial\dot{\psi}^*=0$．また，(10.1.4)，その左の注の式も参考にすれば $\partial L/\partial\psi^*=0$ は(10.1.1)そのものになる．

10.2　（i）

$$\begin{aligned} a(a^\dagger)^n &= a^\dagger a(a^\dagger)^{n-1}+(aa^\dagger-a^\dagger a)(a^\dagger)^{n-1} \\ &= a^\dagger a(a^\dagger)^{n-1}+(a^\dagger)^{n-1} \end{aligned}$$

これを繰り返せば，

$$a(a^\dagger)^n = (a^\dagger)^n a+n(a^\dagger)^{n-1} \tag{1}$$

$$\Rightarrow\quad a^\dagger a(a^\dagger)^n = (a^\dagger)^{n+1}a+n(a^\dagger)^n$$

$$\Rightarrow\quad a^\dagger a\psi_n = n\psi_n \qquad (\psi_0\text{ を右から掛けて，}a\psi_0=0\text{ を使う})$$

$$\Rightarrow\quad H\psi_n = \hbar\omega\left(a^\dagger a+\frac{1}{2}\right)\psi_n = \hbar\omega(n+1)\psi_n$$

（ii）(1)より

$$a^n(a^\dagger)^n = (a^\dagger)^n a^n+n!$$

また，$x\to\pm\infty$ で0となる任意の関数に対して，部分積分により

$$\int(af)g dx = \int fa^\dagger g dx$$

また，$\psi_0\left(\propto e^{-\frac{\mu\omega}{2\hbar}x^2}\right)$ も，また任意の n に対する ψ_n も $x\to\pm\infty$ でゼロとなる．したがって，ψ_0 が規格化されていれば

$$\int\{(a^\dagger)^n\psi_0\}^2 dx = \int\psi_0 a^n(a^\dagger)^n\psi_0 dx = n!\int\psi_0{}^2 dx = n!$$

（iii）(10.3.7)は

$$\begin{aligned} 左辺 &= \frac{1}{\sqrt{n!}}a(a^\dagger)^n\psi_0 = \frac{n}{\sqrt{n!}}(a^\dagger)^{n-1}\psi_0 \\ &= \sqrt{n}\frac{1}{\sqrt{(n-1)!}}(a^\dagger)^{n-1}\psi_0 = 右辺 \end{aligned}$$

(10.3.8)も同様．

10.3

$$\cos x = \frac{e^{ix}+e^{-ix}}{2},\qquad \sin x = \frac{e^{ix}-e^{-ix}}{2i}$$

を使えば(5.4.6)は

$$u(x) = a_0+\sum_{m=1}^{\infty}\left\{\frac{a_m-ib_m}{2}e^{i\frac{\pi m}{L}x}+\frac{a_m+ib_m}{2}e^{-i\frac{\pi m}{L}x}\right\}$$

したがって，$c_0\equiv a_0$，$c_m=\dfrac{a_m-ib_m}{2}$，$c_{-m}=\dfrac{a_m+ib_m}{2}$ とすれば，問題の第1式になる．また与式に $e^{-i\frac{\pi m'}{L}x}$ を掛けて，$-L<x<L$ で積分すると $m\neq m'$ ならば

$$\int_{-L}^{L}e^{i\frac{\pi}{L}(m-m')x}dx = \frac{1}{i\frac{\pi}{L}(m-m')}\{e^{-i\pi(m-m')}-e^{i\pi(m-m')}\} = 0$$

$m=m'$ ならば，この積分は $2L$．したがって問題の第2式が求まる．また，u が実数ならば，a_m, b_m は実数だから

$$c_m = c_{-m}{}^*$$

は明らか(直接，問題の第1式を $u=u^*$ に代入しても求まる).

10.4 c_m で表わすと，系の長さを $-L_0<x<L_0$ として

$$L = AL_0 \sum_{m=-\infty}^{\infty} (\dot{c}_m \dot{c}_{-m} - \omega_m{}^2 c_m c_{-m}) \qquad (\omega_m = v|k_m|)$$

これより，

$$p_m \equiv \frac{\partial L}{\partial \dot{c}_m} = 2AL_0 \dot{c}_{-m} \quad (\textstyle\sum \text{の中の}\ m\ \text{と}\ -m\ \text{の項がきくことに注意})$$

したがって，

$$H \equiv \sum p_m \dot{c}_m - L = \frac{1}{4AL_0}\left(\sum p_m p_{-m}\right) + AL_0\left(\sum \omega_m{}^2 c_m c_{-m}\right)$$

次に，量子化し，γ_m etc. を問題のように定義すれば，$[c_m, p_m]=i\hbar, [c_m, p_{-m}]=0$ etc. を使って，

$$[\gamma_m, \gamma_m{}^\dagger] = [\gamma_{-m}, \gamma_{-m}{}^\dagger] = 1$$
$$[\gamma_m, \gamma_{-m}{}^\dagger] = [\gamma_m, \gamma_{-m}] = 0$$

また，

$$c_m = \sqrt{\frac{\hbar}{4\mu\omega_m}}(\gamma_m + \gamma_{-m}{}^\dagger), \qquad p_m = -i\sqrt{\hbar\mu\omega_m}(\gamma_{-m} - \gamma_m{}^\dagger)$$

これを上の H に代入すれば，$\mu=AL_0$ とすると

$$H = \sum \hbar\omega_m\left(\gamma_m{}^\dagger \gamma_m + \frac{1}{2}\right)$$

10.5

$$|1_{m_1}, 1_{m_2}\rangle = \tilde{\varphi}_{m_1}{}^* \tilde{\varphi}_{m_2}{}^* |0\rangle$$

だから

$$\Psi_{m_1 m_2}(x_1, x_2) = \left\langle 0 \middle| \left\{\sum_m f_m(x_1)\tilde{\varphi}_m\right\}\left\{\sum_{m'} f_{m'}(x_2)\tilde{\varphi}_{m'}\right\}\tilde{\varphi}_{m_1}{}^*\tilde{\varphi}_{m_2}{}^* \middle| 0\right\rangle$$

ボーズ粒子の場合，

$$[\tilde{\varphi}_{m_1}, \tilde{\varphi}_{m_1}{}^*] = [\tilde{\varphi}_{m_2}, \tilde{\varphi}_{m_2}{}^*] = 1$$

また $m \neq m'$ であれば

$$[\tilde{\varphi}_m, \tilde{\varphi}_{m'}] = [\tilde{\varphi}_m, \tilde{\varphi}_{m'}{}^*] = 0$$

であることを使えば，$m=m_1$, $m'=m_2$ の場合と $m=m_2$, $m'=m_1$ の場合を加えて，与式が求まる．フェルミ粒子の場合は，同じ議論を反交換関係を使って行なえばよい．

索　引

ナ　行

ハ　行

マ　行

ヤ　行

ラ　行

■岩波オンデマンドブックス■

物理講義のききどころ 5
振動・波動のききどころ

1995 年 8 月25日　第 1 刷発行
2004 年 12月 6 日　第 8 刷発行
2019 年 12月10日　オンデマンド版発行

著　者　和田純夫（わだすみお）

発行者　岡 本　厚

発行所　株式会社 岩波書店
〒101-8002 東京都千代田区一ツ橋 2-5-5
電話案内 03-5210-4000
https://www.iwanami.co.jp/

印刷／製本・法令印刷

ISBN 978-4-00-730962-5　　Printed in Japan